U0175993

暨南大学本科教材资助项目

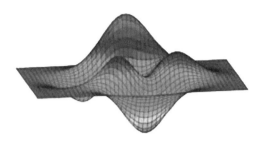

计算物理学基础

李 华 编著

Basics of Computational Physics

暨南大学出版社
JINAN UNIVERSITY PRESS

中国·广州

图书在版编目（CIP）数据

计算物理学基础/李华编著. —广州：暨南大学出版社，2022.12
ISBN 978 - 7 - 5668 - 3530 - 7

Ⅰ. ①计…　Ⅱ. ①李…　Ⅲ. ①物理学—数值计算—计算方法—高等学校—教材
Ⅳ. ①O411

中国版本图书馆 CIP 数据核字（2022）第 193436 号

计算物理学基础
JISUAN WULIXUE JICHU

编著者：李　华

出 版 人：张晋升

责任编辑：曾鑫华　张馨予

责任校对：孙劭贤　陈慧妍

责任印制：周一丹　郑玉婷

出版发行：暨南大学出版社（511443）

电　　话：总编室（8620）37332601

　　　　　营销部（8620）37332680　37332681　37332682　37332683

传　　真：（8620）37332660（办公室）　37332684（营销部）

网　　址：http://www.jnupress.com

排　　版：广州市广知园教育科技有限公司

印　　刷：佛山家联印刷有限公司

开　　本：787mm×1092mm　1/16

印　　张：13.25

字　　数：346 千

版　　次：2022 年 12 月第 1 版

印　　次：2022 年 12 月第 1 次

定　　价：42.80 元

前 言

　　本书是由笔者多年来在暨南大学物理学系开设的本科生选修课"计算物理学基础"的讲义汇集而成，内容包括基于 Matlab 环境下的数值计算、符号运算、图形处理、程序设计、计算方法程序实现。这些内容以 Matlab 基础的程序语句和应用实例予以展示，通过编制简单的程序，处理实验数据，获得简单物理问题的符号解和数值解，为应用物理和材料物理专业三年级的本科生提供实用的学习材料。

　　由于笔者在攻读博士学位期间，对非线性物理中的分形感兴趣，因此，本书的应用实例中包含了规则分形和二分叉分形的程序编制，以抛砖引玉的形式供读者参考。本书所有程序的运行结果都是基于 Matlab 2016b 得到的。自大学本科毕业以来，笔者一直从事着与计算物理相关的工作，对计算物理有着特别的偏爱，因此，笔者希望本书的出版能对有志于在计算物理相关专业进一步深造或工作的本科生提供帮助。

　　暨南大学的本科生选修课"计算物理学基础"是物理学系计算物理模块的主干课程，2003 年以前由暨南大学的张春粦教授和张杰副教授开设，笔者有幸传承和延续了该课程的讲授，也相信后续有人能将该课程继续传承和发展。在此特别感谢张春粦教授和张杰副教授！本书的出版得到了物理学系主任麦文杰研究员和暨南大学教务处的大力支持以及暨南大学出版社曾鑫华编辑、张馨予编辑等人的帮助，在此一并感谢！最后，衷心感谢我的家人给予的支持和鼓励！

　　没有最好，只有更好。由于笔者学识的局限，本书难免存在不足和错误之处，希望读者批评指正！

李　华

2022 年 7 月于暨南大学物理学系

目　录

1 绪 论

1.1 计算物理学基础简介

计算物理学是基于物理原理，运用计算数学的方法，借助计算机编制程序或应用程序进行数值计算和模拟，以研究复杂物理问题的一门学科。计算物理与理论物理、实验物理一样，在物理研究中具有重要的作用。

本书的计算物理学主要以 Matlab 语言为基础，介绍数值计算、符号运算、图形处理相关的编程语句、结构化程序设计、计算方法程序实现，进而给出多个计算物理问题实例的数值计算程序编制、程序运行、数值结果显示以及结果图示，为计算物理的相关工作奠定基础。

1. 基于物理原理的数值计算和模拟
（1）成为了联系理论物理和实验物理的桥梁；
（2）渗透到了物理学的各个领域；
（3）是揭示多层次复杂体系物理规律的重要手段。
2. 计算物理作用类比
（1）工业革命：机械是对体力的延伸；
（2）信息革命：计算机是对脑力的延伸；
（3）计算物理：计算模拟是对物理研究方法的延伸。
3. 计算物理学基础的主要内容
（1）Matlab 计算语言及其编程：
①数值计算；
②符号运算；
③图形处理；
④程序设计。
（2）基本数值计算方法的 Matlab 程序实现。
（3）物理问题的计算、模拟实例。
4. Matlab 程序结果验证
（1）是否与预估结果一致？是否合理？
（2）与已知的解析解或在极端条件下的解是否相符？
（3）仔细检查程序以确保结果正确。

以下举例说明 Matlab 中的数值计算、符号运算以及图形处理。从简单的三个实例可以看出：Matlab 语言简单，程序编制容易，犹如在演草纸上书写数学公式或文字；数值计算快捷，可实现向量、矩阵、数组所有元素的计算；简单定义符号量后，可实现符号的相关运算；绘图功能强大，二维、三维图形的绘制简单易行，并配有与数值相应的颜色。

例 1.1 数值计算：计算水在温度为 0、20、40、60、80 摄氏度时的黏度。已知水的黏度随温度的变化公式为：$u = u_0 / (1 + aT + bT^2)$，其中 u_0 为 0 摄氏度水的黏度，其值为 1.785×10^{-3}，参数 $a = 0.03368$，$b = 0.000221$。

解： 根据题意，对参数 a、b 和 u_0 直接赋值，向量 T 给出多个温度值，直接由黏度随温度变化的表达式计算不同温度水的黏度 u，计算由 Matlab 程序 ex1_1. m 实现。

Matlab 程序 ex1_1. m 如下。

```
%ex1_1.m
u0=1.785e-3; a=0.03368; b=0.000221;    %已知参数
u0ab==table(u0,a,b)
T=0:20:80; T1=0:1:80;                   %自变量
u=u0./(1+a.*T+b.*T.^2)                  %表达式计算
uT=sprintf('%6.4e  ', u)                %保留至小数点后3位数字结果
%plot the results
u1=u0./(1+a.*T1+b.*T1.^2);
plot(T,u,'or','linewidth',2); line(T1,u1)
legend('uT', 'u=u_0/(1+aT+bT^2)')
xlabel T, ylabel u, set(gca, 'fontsize',15)
```

可以看出，Matlab 语言编程如同在演草纸上书写等式或表达式，同一行可以有多条程序语句，程序编制清晰、简单、易行。但在程序书写中，大多数标点符号都有运算作用，例如："%"后的内容为注释，";"表示运行结果不在命令行窗口显示，"./"表示点除运算，即矩阵（数组）元素的除法运算，等等。

Matlab 命令行窗口运行程序 ex1_1. m，得到数值结果和结果图 1 - 1。

```
>> ex1_1

u0ab =
        u0          a           b
     _____    _____    _____
     0.001785    0.03368     0.000221

u =
     0.0018    0.0010    0.0007    0.0005    0.0003

uT =
1.785e-03   1.013e-03   6.609e-04   4.677e-04   3.494e-04
```

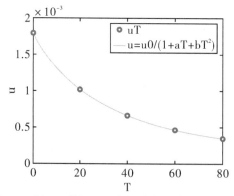

图 1 - 1　例 1.1 结果图：水的黏度 u 随温度 T 的变化

从程序 ex1_1. m 运行的数值结果可以看出，水温度分别为 0、20、40、60、80 摄氏度时，计算得到的黏度分别为 1.785×10^{-3}、1.013×10^{-3}、6.609×10^{-4}、4.677×10^{-4}、3.494×10^{-4}，这些数值结果以向量 u 和 uT 在工作窗口显示，u 是默认的保留至小数点后 4 位数字显示，uT 是科学计算法的形式保留至小数点后 3 位数字显示，这些计算结果如图 1 - 1 所示。

例 1.2　符号运算：求方程 $3x^2 - \exp(x) = 0$ 的精确解和不同精度的近似解。

解：若所需求解的方程有解析解，在 Matlab 环境中可调用内置函数 solve，得到方程的符号解，由此得到方程的精确解、不同精度的近似解。

本题求解中，将方程定义为符号函数 equ(x)，直接调用 solve 内置函数，得到待求解的方程在 [-1,1] 内的符号解，通过符号的数值结果显示、符号绘图函数 ezplot 和 fplot 的调用，得出不同精度的数值结果和结果图示。

编制的 Matlab 程序 ex1_2. m 如下。

```
%ex1_2.m
syms equ(x); equ=3*x^2-exp(x);
s=solve(equ)
si=vpa(s)                    %显示符号解的数值形式
s6=vpa(s,6)                  %显示符号解的6位有效数字的数值形式
%plot the results
ezplot('0'); title('')       %绘出 x 轴
hold on, fplot(equ)          %符号绘出函数曲线
legend('x-axis','3x^2-exp(x)','location','NW')
xlim([-1,4]);ylim([-2,10])
xlabel x, ylabel y, set(gca,'fontsize',15)
```

在 Matlab 的命令行窗口运行程序 ex1_2. m，得到数值结果和结果图 1 – 2。

```
>> ex1_2
s =
  -2*lambertw(0, -3^(1/2)/6)
  -2*lambertw(0, 3^(1/2)/6)
si =
    0.91000757248870906065733829575937
 -0.45896226753694851459857243243406
s6 =
    0.910008
 -0.458962
```

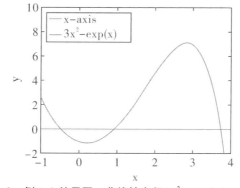

图 1 – 2　例 1.2 结果图：非线性方程 $3x^2 - \exp(x) = 0$ 的解

程序 ex1_2. m 在 Matlab 环境下运行，得到非线性方程 $3x^2 - \exp(x) = 0$ 的两个符号解（精确解）结果和结果图 1 – 2。从结果可以看出，s 以符号形式显示，si 以符号的数值形式显示 32 位有效数值，s6 以符号的数值形式显示 6 位有效数值，其结果分别是 0.910008 和 −0.458962；从结果图 1 – 2 可以看出，非线性函数 $3x^2 - \exp(x)$ 与 x 轴有三个交点，而数值结果只显示了两个，这是因为调用 solve 得到的结果默认状态下是在 [−1,1] 范围内，第三个解在该区域范围外。

例 1.3　图形处理：绘制 $z = x \cdot \exp(-x^2 - y^2)$ 的三维图，其中：$-2 \leq x \leq 2$，$-2 \leq y \leq 2$。

解： 通过调用二维网格划分内置函数 meshgrid，给出变量 x 和 y 在范围 [−2,2] 内等间距 0.1 的节点矩阵，由函数表达式 $z = x \cdot \exp(-x^2 - y^2)$ 直接计算与 x 和 y 同维的节点上的函数值 z，调用三维点图函数 plot3 和面图函数 surf，绘出函数 z 随 x 和 y 变化的两个三维图，第一个子图 $subplot(1,2,1)$ 是三维点连线图，第二个子图 $subsurf(1,2,2)$ 是三维面图，其第三维 z 的值与颜色棒的值对应。

Matlab 程序 ex1_3. m 如下。

```
%ex1_3.m
[x,y]=meshgrid(-2:0.1:2,-2:0.1:2);   %set Mtr x,y
z=x.*exp(-x.^2-y.^2);                %calculating
%plot the figure
subplot(1,2,1), plot3(x,y,z), title('plot3(x,y,z)')
xlabel x, ylabel y, zlabel z, set(gca, 'fontsize',15)
subplot(1,2,2), surf(x,y,z)
text(-4,3,0.8,'z=xexp(-x^2-y^2)', 'fontsize',15)
title('surf(x,y,z)'), colorbar
xlabel x, ylabel y, zlabel z, set(gca, 'fontsize',15)
```

在 Matlab 的命令行窗口运行程序 ex1_3. m，得到结果图 1 - 3。

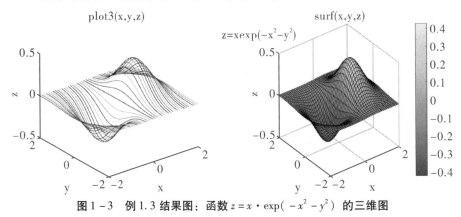

图 1 - 3　例 1.3 结果图：函数 $z = x \cdot \exp(-x^2 - y^2)$ 的三维图

从图 1 - 3 可以看出，第一个子图 plot3 给出各个 x 节点位置上 z 随 y 值变化的一系列曲线，曲线颜色由系统默认颜色依次变化；第二个子图 surf 给出 x、y 取值区域范围内各个节点上 z 值连成的曲面，z 值与颜色棒的值对应。

1.2　Matlab 环境

1.2.1　Matlab 简介

1. Matlab 语言特点

（1）源于 MATrixLABoratory 一词；

（2）功能强大：集数值计算、符号运算、图形处理于一体；

（3）语言简单：以数学形式的语言编程（如下 ex1_1. m 所示）；

（4）扩充能力强、可开发性强：具有 Fortran、C、Java 语言接口；

（5）编程容易、效率高：程序是纯文本文件（. m）、调试方便简单。

例如：Matlab 程序 ex1_1. m 中的部分程序语句。

```
%ex1_1.m 计算水在温度为0,20,40,60,80度时的黏度。
%          已知水的黏度随温度的变化公式为：u=u0/(1+aT+bT²),
%          其中u0为0度水的黏度，值为1.785e-3，参数a=0.03368, b=0.000221。
u0=1.785e-3; a=0.03368; b=0.000221;   %已知参数
T=0:20:80;                            %自变量
u=u0./(1+a.*T+b.*T.^2)                %表达式计算
uT=sprintf('%6.4e ', u)               %小数点后3位数字结果
```

从 ex1_1. m 中这些语句可以看出：Matlab 程序编制时，一行可写入多条语句，同一行不同语句用"；"分开，程序中可加入注释，注释以"%"开头。Matlab 编程语言简单、易读。

2. Matlab 语言中常用的命令和技巧

（1）通用命令。

①clear，清除内存中的变量；

②clc，清除命令行窗口；

③clf，清除图形窗口；

④quit，退出 Matlab；

⑤path，显示搜索目录；

⑥hold，图形保持开关；

⑦disp，显示变量或文字内容；

⑧save，保存变量；

⑨type，显示文件内容。

（2）常用操作技巧。

①→，←，↑，↓，光标按箭头方向移动；

②Ctrl + C，退出程序运行；

③Ctrl + R，设置光标所在行为注释行；

④Ctrl + T，解除光标所在行的注释。

（3）标点等符号。

①：冒号，具有多种功能，如表示矩阵中的所有行或列元素、向量元素中的等间距等；

②；分号，行分隔或取消运行结果显示等；

③，逗号，列分隔或函数参数分隔等；

④．小数点，小数点或域访问符等；

⑤… 三点，标记续行；

⑥% 百分号，注释标记；

⑦（ ）小括号，指定运算先后次序或标记函数变量等；

⑧［ ］中括号，定义矩阵或标记矩阵元素等；

⑨ ¦¦ 大括号，定义单元数组或标记单元数组元素等；

⑩ ′单引号，字符串标记或矩阵转置等；

⑪ = 等号，赋值标记。

3．Matlab 发展史

（1）20 世纪 70 年代中期，Clever Moler 及其同事在美国国家科学基金资助下开发；

（2）1983 年开发第二代专业版；

（3）1984 年 Mathworks 公司成立；

（4）1993 年 Matlab 4.0 版问世；

（5）1997 年 Matlab 5.0 版问世；

（6）2000 年 Matlab 6.0 正式版推出；

（7）现在每年 3 月、9 月分别推出当年的 a、b 版。

4．Matlab 的应用

（1）Matlab 内含科学研究和工程计算的工具箱；

（2）应用范围：序号处理、系统标识、图形处理、光谱分析、金融管理、地图工具、概率统计、偏微分方程求解等。

5．Matlab 的网上资源

（1）Mathworks 公司网站 http://www.mathworks.com 为获得许可证用户提供网上服务和资源。

（2）提供不同 Matlab 版本的网上付费下载。

1.2.2　Matlab 桌面平台

Matlab 的安装对计算机硬件有一定的要求，主要是硬盘和内存大小；对计算机软件也有一定的要求，不同操作系统如 Windows、MacOS、Linux 要对应相应的版本，文字系统要求使用 Microsoft Word 和 Adobe Reader 软件。Matlab 安装需由 setup. exe 文件启动，并按提示一步步进行，直至安装完成。

1. 启动进入 Matlab 桌面平台的三种方式

（1）双击系统桌面的 Matlab 标志性图标，如图 1 - 4 所示；

（2）程序列表中选择 Matlab 快捷方式；

（3）在 Matlab 安装路径的 bin 子目录双击执行文件 matlab. exe。

MATLAB

图 1 - 4　Matlab 标志性图标

2. Matlab R2016b 桌面平台窗口

（1）当前文件夹窗口：显示和改变当前目录、打开已有文件等；

（2）命令行窗口：" ≫ "为运算提示符；

（3）工作区窗口：显示内存中的变量；

（4）桌面平台窗口如图 1 - 5 所示。

图 1 - 5　Matlab 默认平台窗口

1.2.3　Matlab 路径与帮助系统

1. 程序运行路径

（1）Matlab 的一切操作都是在它的当前路径和搜索路径中进行；

（2）需运行的程序所在目录应在当前路径或搜索路径中。

2. 默认路径

（1）Matlab 搜索路径是 Matlab 安装主目录及所有工具箱的路径；

（2）打开文件 ∗. m 所在目录。

3．Matlab 的搜索路径

（1）通过对话框 File—Set 设置选定的搜索路径；

（2）在命令行窗口通过 pathtool 命令设置搜索路径。

4．启动联机帮助系统的方式

（1）Matlab 窗口主页中的"?"按钮；

（2）Help 下拉菜单；

（3）命令行窗口执行 demo 演示界面；

（4）命令行窗口执行 helpwin；

（5）命令行窗口执行 helpdesk 或 doc。

5．命令行窗口查询帮助

（1）help 系列；

（2）lookfor 函数；

（3）what 等。

1.3　应用实例

本节介绍的应用实例是编程绘出的一种规则分形——Koch 曲线。

分形（fractal）是法国数学家曼德勃罗（Benoit B. Mandelbort）在 20 世纪 70 年代为表征复杂图形和复杂过程引入自然科学领域的，其原意表示不规则的、支离破碎的物体。分形可分为规则分形和不规则分形。规则分形有 Koch 曲线、Sierpinski Gasket 等，它们具有严格的自相似性，是一种无限多层次自相似的、支离破碎的、奇异的图形，它们的几何维数是分数。

自相似性是指从不同的空间尺度或时间尺度观测到的某种结构或过程的特征是相似的，或者某系统或结构的局域性质或局域结构与整体类似。

例 1.4　采用 Matlab 语言编程，绘出分形中的 Koch 曲线。

解：（1）Koch 曲线是最简单的确定分形。Koch 曲线质量 M 与长度 L 的关系为 $M(bL) = b^d M(L)$；其分维 $d = \ln 4/\ln 3 = 1.3$，具有自相似性（n 层）；每次循环（n 重自相似），其线长以 4/3 因子增长，原一条线段变为四条更小的等长线段；循环次数 $n \to \infty$，其线长 $L \to \infty$；Koch 曲线可视为海岸线的数学模型。

（2）Koch 曲线的数学模型。对于图 1 – 6 中的线段 ae，由式（1 – 1）计算出 a、b、c、d、e 五个端点坐标，a 是线段 ae 的起端点，e 是末端点，b 和 d 是线段 ae 长度的 1/3 和 2/3 点，c 是等边三角形 cbd 的一个顶点。用如上同样的方法进行循环，得到进一层 $n=2$ 时线段 ab、bc、cd、de 的四条线段及 a、b、c、d、e 五个端点坐标（见图 1 – 6）。根据自相似性，进一步地得到 $n > 2$ 的四条线段的五个端点坐标。

$\text{edge}(j, 1:4)$ 是一条线段的起末点

$$a = \text{edge}(j, 1:2)$$

$$e = \text{edge}(j, 3:4)$$

$$b = a \cdot 2/3 + e/3$$

$$d = a/3 + e \cdot 2/3$$ 　　　　　　　　　　　　　（1 – 1）

$$c = (a + e)/2 + (e - a)/3 \cdot [0, 1; -1, 0] \cdot (\text{sqrt}(3)/2)$$

图 1 – 6　Koch 曲线

（3）程序流程。由 Koch 曲线数学模型构建绘出 Koch 曲线的程序流程，见图 1 - 7。

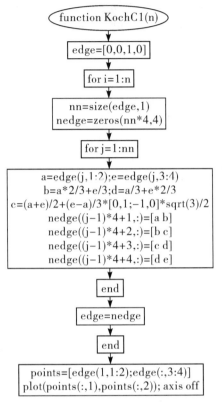

图 1 - 7　*n* 重自相似 Koch 曲线绘图程序流程图

（4）程序编制及运行结果。根据图 1 - 7 所示的计算流程，编制 Matlab 程序 ex1_4_1. m，绘出一个 *n* 重自相似的 Koch 曲线图。

```matlab
%例1.4 Koch Curve with n self-similarity
function ex1_4_1(n)
edge = [0 0 1 0];        %设置一条直线的两个点
for i = 1 : n            % n重自相似的循环
nums = size(edge, 1);    newEdge = zeros(nums * 4, 4);    %行数设置直线新数目
    for j = 1 : nums
        a = edge(j, 1:2);      e = edge(j, 3:4);          %获取起末点坐标
        b = a*2/3 + e/3;       d = a/3 + e*2/3;           %计算中间点坐标
        c = (a+e)/2 + (e - a)/3*[0 1; -1 0]*(sqrt(3)/2);
        newEdge((j-1)*4 + 1, :) = [a b];                  %设置新直线1
        newEdge((j-1)*4 + 2, :) = [b c];                  %设置新直线2
        newEdge((j-1)*4 + 3, :) = [c d];                  %设置新直线3
        newEdge((j-1)*4 + 4, :) = [d e];                  %设置新直线4
    end
edge = newEdge;
points = [edge(1, 1:2); edge(:, 3:4)];        %获取已有直线x、y坐标
plot(points(:, 1), points(:, 2)+0.3);
axis([0 1 0 1]); axis off;
    text(0.02, 0.5, 'Koch Curve ', 'fontsize', 15)
    text(0.8,0.5,['n= ' num2str(n)], 'fontsize', 15)
end
```

在 Matlab 命令行窗口运行 ex1_4_1(8)，得到 $n=8$ 的 Koch 曲线，见图 1-8。

图 1-8　$n=8$ 的 Koch 曲线

为绘出不同 n 重自相似的 Koch 曲线图，编制函数文件 ex1_4_2.m，其中，主函数 ex1_4_2 调用子函数 KochCurve，程序如下。

```
%例1.4    To draw N+1 self-similarity Koch curve
function ex1_4_2 ()
N=5;     %N=4;
for n=0:N
    edge=KochCurve(n);
    points = [edge(1, 1:2); edge(:, 3:4)];
    subplot(2,3,n+1)      %N=5
    plot(points(:, 1), points(:, 2)+0.3,'linewidth',2);
    text(0.8, 0.6, ['n= ' num2str(n)], 'fontsize', 15)
    axis([0 1 0 1]); axis off
end
function edge=KochCurve(n)
edge = [0 0 1 0];
for i = 1 : n
    nums = size(edge, 1);
    newEdge = zeros(nums * 4, 4);
    for j = 1 : nums
        a = edge(j, 1:2); e = edge(j, 3:4);
        b = a * 2/3 + e/3; d = a/3 + e * 2/3;
        c = (a + e)/2 + (e - a)/3 *[0 1; -1 0] * (sqrt(3)/2);
        newEdge((j-1)*4 + 1, :) = [a b];
        newEdge((j-1)*4 + 2, :) = [b c];
        newEdge((j-1)*4 + 3, :) = [c d];
        newEdge((j-1)*4 + 4, :) = [d e];
    end
    edge = newEdge;
end
```

在 Matlab 命令行窗口运行 ex1_4_2，得到 $n=0\sim5$ 的 Koch 曲线，见图 1-9。

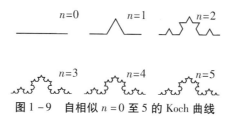

图 1-9　自相似 $n=0$ 至 5 的 Koch 曲线

（5）结果说明。Matlab 是值得学习和掌握的编程语言。由 Koch 曲线的 Matlab 编程可以看出，Matlab 程序代码编写容易，代码简练、易读，运行得到的结果图可被存为 bmp、tif、jpg、png、pdf 等多种形式的文件。

2 数值计算

2.1 Matlab 数据类型

本节介绍 Matlab 语言中的基本数据类型：变量与常量、字符与字符串、矩阵和数组、单元型变量、结构型变量。通过举例，具体说明这些不同的数据类型。

2.1.1 变量与常量

1. 变量（程序设计语言的基本元素之一）

（1）变量的类型：由赋予的值确定变量类型；

（2）变量命名遵循的原则：

①区分大小写，长度不超过 63 位；

②名字开头用字母，名中可包括字母、数字、下划线，但不能使用标点符号。

（3）变量作用域：有局部变量和全局变量（定义关键词 global）之分。

2. 常量

（1）Matlab 中有一些预定义的内置变量，这些特殊的变量称为常量。例：i，j，pi，eps（2^{-52}），NaN，Inf，Realmin（2^{-1022}），Realmax（2^{1023}）；

（2）常量值可以改变，也可由"clear + 常量名"恢复；

（3）定义变量时，一般应避免与常量名相同。

3. 数字变量及运算

（1）简单情形直接输入赋值数字变量，数字是构成数值矩阵的基本单元；

（2）较复杂或重复出现时，先定义变量，再由变量表达式计算得到数值结果。

（3）注意：

①"%"起注释作用，";"结束时不显示结果；

②四则运算："+、−、×、∕ 或 \"，此处除法有"∕"右除、"\"左除；

③乘方和开方："^"和"sqrt"；

④计算中运算的优先级顺序是：先乘方、开方，再乘除，最后是加减运算。

4. 不同数字类型的转换

（1）十进制数转换：dec2bin 十进制转二进制，dec2hex 十进制转十六进制；

（2）二进制数转换：bin2dec 二进制转十进制；

（3）十六进制数转换：hex2num 十六进制转双精度数，hex2dec 十六进制转十进制。

5. 数字的输入和输出格式

（1）所有数字变量均由双精度的长型格式存储，即准确到 1×10^{-15}；

（2）显示格式有多种，缺省时以整型显示整数，保留到小数点后 4 位数字显示实数；

（3）输出格式由 format 命令控制，其只影响显示结果，不影响内部存储和运算精度。

例 2.1 常量与变量实例。

（1）常量与变量实例——常量 pi 可通过赋值而改变，见如下程序语句。

```
%ex2_1.m 例2.1 常量与变量实例
%常量pi可通过赋值而改变
pi
vpa(pi,5)
pi=5
```

```
pi
clear pi
vpa(pi,5)
```

在 Matlab 命令行窗口运行 ex2_1. m 的这些语句，得到如下结果。可以看出，圆周率 *pi* 在 Matlab 中是常量 355/113，缺省时其显示为 3. 1416；若赋值变量 *pi* 为 5，则常量 *pi* 被替换为 5；清除变量 *pi* 后，Matlab 中的常量 *pi* 为 3. 1416 不变。

```
ans =       355/113
ans = 3.1416
pi =        5
pi =        5
ans = 3.1416
```

（2）常量与变量实例——变量赋值、运算及结果见如下程序语句。

```
%ex2_1.m 例2.1 常量与变量实例
%变量赋值、运算、及结果显示
u0=1.785e-3;
a=0.03368;
b=0.000221;
T=0:20:80;
u=u0./(1+a.*T+b.*T.^2)
uT=sprintf('%6.4e  ', u)     %4 digits results
```

在 Matlab 命令行窗口运行 ex2_1. m 的这些语句，得到如下结果。*u* 为 Matlab 命令行窗口默认短型数值显示，*uT* 为格式化的保留至小数点后 4 位数字的科学计数法数值显示，这些定义的变量中除 *uT* 为字符串变量外，其他都是数字变量。

```
%变量赋值、运算、及结果显示
u =0.0018     0.0010     0.0007     0.0005     0.0003
uT =1.7850e-03   1.0131e-03   6.6092e-04   4.6772e-04   3.4940e-04
```

（3）常量与变量实例——输出格式见如下程序语句。

```
%ex2_1.m 例2.1 常量与变量实例
%输出格式  format short    ( long, short e, short g, rational )
format short; sqt1=sqrt(2)
format long; sqt2=sqrt(2)
format short e; sqt3=sqrt(2)
format short g; sqt4=sqrt(2)
format rational; sqt5=sqrt(2)
```

在 Matlab 命令行窗口运行 ex2_1. m 的这些语句，得到如下结果。可以看出，设定不同输出格式时，如短型（format short）、长型（format long）、短型科学计数（format short e）、短型十进制（format short g）以及分数形式（format rational），数值 2 的开方值显示不同的结果。

```
%输出格式  format short    ( long, short e, short g, rational )
sqt1 =      1.4142
sqt2 =      1.414213562373095
sqt3 =      1.4142e+00
sqt4 =      1.4142
sqt5 =      1393/985
```

2.1.2 字符与字符串

字符和字符串是符号运算表达式的基本构成单元，也是图形绘制中文字的表述方式。

1. 字符串的约定

（1）用单引号设定后输入或赋值；

（2）每个字符都是字符矩阵或数组的一个元素；

（3）字符串和字符矩阵基本等价；

（4）调用内置函数 char 可生成字符矩阵。

2．字符串和数字间的转换

（1）由内置函数 double 将字符串转换为数字代码；

（2）由内置函数 cellstr 将字符数组转换为单元型变量数组；

（3）数字数组和字符串之间的转换可由 num2str，int2str，mat2str，str2num，sprintf，sscanf 等内置函数实现。

3．字符串操作

（1）字符串操作的内置函数有 strcat，strvcat，strcmp，strncmp，findstr，strjust，strmatch，strrep，strtok，upper，lower，blanks，deblank；

（2）执行字符串的功能由内置函数 eval 实现；

（3）字符串检验的内置函数有 ischar，iscellstr，isletter，isspace；

（4）这些内置函数的具体用法由帮助查询可知。

例 2.2　字符串操作实例。

（1）字符串操作实例——赋值字符与字符串见如下的程序语句。

```
%ex2_2.m 字符串操作实例
%字符串操作实例----赋值字符与字符串
s1='matrix laboratory'
s2=['matlab']
s3=char('s','y','m','b','o','l','i','c')
s1s2s2_size=[size(s1);size(s2);size(s3)]
```

在 Matlab 命令行窗口运行 ex2_2.m 的这些语句，得到如下赋值字符与字符串结果。

```
s1 = matrix laboratory
s2 = matlab
s3 = symbolic
s1s2s2_size =
     1    17
     1     6
     1     8
```

（2）字符串操作实例——字符串和数组间的转换见如下的程序语句。

```
%ex2_2.m 字符串操作实例
%字符串操作实例----字符串和数组间的转换
a=[1:5]
b=num2str(a)
a2=a*2
b2=b*2
ab2=str2num(b)*2
A =[33:64]; S = char(A)
S = reshape(S,2,16)
```

在 Matlab 命令行窗口运行 ex2_2.m 的这些语句，得到如下字符串和数组间转换的结果：a 是数字变量，b 是字符串变量；$a2$ 是数字变量的运算结果，$b2$ 是字符串存储的相应数字的运算结果，$ab2$ 是先将 b 由字符串变量转换为数字变量后再运算的结果；S 为数字矩阵 A 的元素定义为字符串的显示，进而将 S 变形为 2 行 16 列的字符串数组。

```
a =      1     2     3     4     5
b =1  2  3  4  5
a2 =      2     4     6     8     10
b2 =
      98    64    64   100    64    64   102    64    64   104    64    64   106
ab2 =     2     4     6     8     10
S = !"#$%&'()*+,-./0123456789:;<=>?@
S =
!#%')+-/13579;=?
"$&(*,.02468:<>@
```

（3）字符串操作实例——由内置函数 eval 执行字符串的功能，见如下的程序语句。

```
%ex2_2.m  字符串操作实例
%字符串操作实例----由函数eval执行字符串的功能
t='a+b'
a=1; b=2; tv=eval(t)
d='cd'
eval(d)
```

在 Matlab 命令行窗口运行 ex2_2. m 中的这些语句，得到如下结果。

```
t = a+b
tv =        3
d = cd
E:\教学\课程-学期2\计算物理学基础(本科)\2021《计算物理学基础》讲义-22\第2章 数值计算
```

例 2.3　字符串应用实例：格式化读取字符串文件名"ex2_3. dat"内的数据，并通过定义的运算表达式进行计算。

字符串文件名"ex2_3. dat"的文件存在当前路径的文件夹内，具体内容如下。

```
%exchar.dat
the value of x
1    2    3
```

格式化读取文件名"ex2_3. dat"内的数据，编制 Matlab 程序 ex2_3. m 如下。

```
%ex2_3.m    读取文件名'ex2_3.dat'内的数据
%数据文件名及其打开
filename='ex2_3.dat';        %字符串定义文件名
fid=fopen(filename,'r');
%读取文件名内的字符和数据
L1=fscanf(fid,'%s',[1,1])
L2=fscanf(fid,'%s',[1,4])
x=fscanf(fid,'%f',[1,inf])
%根据运算表达式计算y值
ysym='x.^2+x+1'              %字符串定义运算表达式
y=eval(ysym)                 %计算y值
```

在 Matlab 命令行窗口运行程序 ex2_3. m，根据文件"ex2_3. dat"输入的数据和定义的运算表达式 $y = x^2 + x + 1$，计算得到变量 y 的值，结果如下。

```
>> ex2_3
L1 = %exchar.dat
L2 = thevalueofx
x =       1     2     3
ysym = x.^2+x+1
y =       3     7     13
```

2.1.3 矩阵（数组）

（1）矩阵（数组）是 Matlab 数据存储的基本单元。

（2）数字矩阵可有多种运算形式，如向量运算、矩阵运算以及数组运算。

（3）Matlab 中的数值计算是基于数字矩阵或数组的运算，后面专门介绍。

2.1.4 单元型变量

单元型变量是一种以任意形式的数组为元素的多维数组。

1. 单元型变量的定义

（1）由赋值语句直接定义，并使用大括号；

（2）由 cell 函数先分配存储空间，再对单元型变量的元素逐个赋值。

2. 单元型变量与矩阵的区别

（1）单元型变量的元素不以指针方式保存，而矩阵的元素则是以指针方式保存；

（2）单元型变量可嵌套，即元素可以是单元型变量，而矩阵不可嵌套，即矩阵元素不能是矩阵。

3. 单元型变量的相关函数

（1）单元型变量的内置函数有 cell、cellfun、celldisp、cellplot、num2cell、cell2struct、struct2cell、iscell、deal、reshape 等；

（2）这些内置函数的具体用法由帮助查询可知。

例 2.4 单元型变量应用实例。

（1）单元型变量应用实例——单元型变量的定义，见如下程序语句。

```
% ex2_4.m 单元型变量应用实例
%单元型变量应用实例----单元型变量的定义
A=[1,2;3,4];            %矩阵
B={1:4,A,'abcd'}        %单元型变量
B{2}
B(2)
B1{1,1}=1:4;  B1{1,2}=A;  B1{1,3}='abcd'
B1{2}
```

在 Matlab 命令行窗口运行 ex2_4.m 中的这些语句，得到如下结果。可以看出：$B\{2\}$ 显示单元型变量 B 的第二个元素，即 A 矩阵的所有元素；$B(2)$ 显示单元型变量 B 的第二个元素类型，即为 2×2 双精度数的单元型变量。另外，B1 与 B 是相同的单元型变量，B1$\{2\}$ 与 $B\{2\}$ 的显示结果相同。

```
B =
  1×3 cell 数组
    [1×4 double]    [2×2 double]    'abcd'
ans =
      1      2
      3      4
ans =
  cell
    [2×2 double]
B1 =
  1×3 cell 数组
    [1×4 double]    [2×2 double]    'abcd'
ans =
      1      2
      3      4
```

（2）单元型变量应用实例——单元型变量的嵌套，见如下程序语句。

```
% ex2_4.m 单元型变量应用实例
%单元型变量应用实例----单元型变量的嵌套
```

```
A=[1,2;3,4];   B={1:4,A,'abcd'};   C={1:4,A,B};
C{3}
C{3}{3}
```

在 Matlab 命令行窗口运行 ex2_4. m 中的这些语句，得到如下结果。可以看出：$C\{3\}$ 显示单元型变量 C 的第三个元素，它是有三个元素的单元型变量；$C\{3\}\{3\}$ 显示单元型变量 C 的第三个元素（单元型变量）中的第三个元素，即为字符串 *abcd*。

```
ans =
  1×3 cell 数组
    [1×4 double]    [2×2 double]    'abcd'
ans = abcd
```

（3）单元型变量应用实例——单元型变量的内置函数运用，见如下程序语句。

```
% ex2_4.m 单元型变量应用实例
%单元型变量应用实例----单元型变量的内置函数运用
A=[1,2;3,4];   B={1:4,A,'abcd'};
celldisp(B)
cellplot(B)
```

在 Matlab 命令行窗口运行 ex2 _4. m 中的这些语句，得到如下结果。可以看出：celldisp(B) 显示单元型变量 B 的元素，即分别显示该单元型变量的三个元素；*cellplot*(B) 在图形窗口生成单元型变量 B 的结构图示，如图 2 -1 所示。

```
B{1} =      1      2      3      4
B{2} =
            1      2
            3      4
B{3} = abcd
```

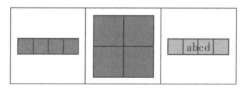

图 2 -1　单元型变量 B 的结构图示

2.1.5　结构型变量

结构型变量由不同类型的数据组合构成，它以指针方式传递数据。

1. 结构型变量的定义

（1）直接赋值定义，并以指针操作符 "." 连接变量名与属性名；

（2）由函数 struct 定义，结构型变量名 = struct（'元素名1'，元素值1，'元素名2'，元素值2，…）；

（3）结构型变量和单元型变量相似，也可以嵌套。

2. 结构型变量的相关函数

（1）结构型变量的函数有 struct、fieldnames、getfield、setfield、rmfield、struct2cell、isfield、isstruct 等；

（2）这些函数的具体用法由帮助查询可知。

例 2.5　结构型变量应用实例。

（1）结构型变量应用实例——结构型变量的定义，见如下程序语句。

```
% ex2_5.m 结构型变量应用实例
%结构型变量应用实例----结构型变量的定义
A.a1= 'abcd';   A.a2=1;   A.a3=[1,2;3,4]
A1=struct('a1','abcd','a2',1,'a3',[1,2;3,4])
B.b1=A;   B.b2= 'abcd';   B.b3=[1,2;3,4]
```

在 Matlab 命令行窗口运行 ex2_5. m 中的这些语句，有如下的结果。可以看出：A 是由直接赋值定义的结构型变量，A1 是由函数 struct 定义的与 A 相同的变量，B 是嵌套了结构型变量的结构型变量，其元素包含结构型变量、字符串、双精度数矩阵三种不同的数据类型。

```
A =
  包含以下字段的 struct:
    a1: 'abcd'
    a2: 1
    a3: [2×2 double]
A1 =
  包含以下字段的 struct:
    a1: 'abcd'
    a2: 1
    a3: [2×2 double]
B =
  包含以下字段的 struct:
    b1: [1×1 struct]
    b2: 'abcd'
    b3: [2×2 double]
```

（2）结构型变量应用实例——结构型变量的内置函数运用，见如下程序语句。

```
% ex2_5.m 结构型变量应用实例
%结构型变量应用实例----结构型变量的内置函数运用
A.a1='abcd';  A.a2=1;  A.a3=[1,2;3,4]
B.b1=A;  B.b2='abcd';  B.b3=[1,2;3,4];
getfield(B,'b1')
B=setfield(B,'b1',2); getfield(B,'b1')
```

在 Matlab 命令行窗口运行 ex2_5. m 中的这些语句，得到如下结果。可以看出：A 为直接定义的结构型变量，其元素分别是字符串、数字、双精度数矩阵，B 为直接定义的结构型变量，其第一个元素嵌套了 A；调用内置函数 getfield 获取 B 的 b1 元素域分别为字符串变量 a1、数字变量 a2 以及双精度矩阵 a3，调用内置函数 setfiled 设置 B 的 b1 元素域为数字 2，由此 B 形变为不嵌套 A 的结构型变量，由 getfield 获取 B 的 b1 元素域为数字 2。

```
A =
  包含以下字段的 struct:
    a1: 'abcd'
    a2: 1
    a3: [2×2 double]
ans =
  包含以下字段的 struct:
    a1: 'abcd'
    a2: 1
    a3: [2×2 double]
ans =
     2
```

2.2　矩阵运算

本节介绍 Matlab 中数值计算的主要内容，包括矩阵的定义及其相关运算。

2.2.1　向量及其运算

向量是组成矩阵的基本元素之一，它是单行或单列的矩阵；向量运算是矢量运算的基础。

1. 向量概念回顾

（1）向量（矢量）：既有数值，又有方向的量；

（2）向量的点积（数量积）：两向量 A 和 B 的模和它们夹角余弦的乘积，也可看成一个向量在另一个向量上的投影与该向量模的乘积，即 $|C| = |A| \cdot |B| \cdot \cos(A\hat{,}B)$；

（3）向量的叉积（矢量积）：由两向量 A 和 B 得到另一个新向量 C，它的长度为 $|C| = |A| \cdot |B| \cdot \sin(A\hat{,}B)$，它垂直于由 A 和 B 所确定的平面，方向由"右手规则"确定。

2．向量的生成

（1）直接输入向量：向量元素在格式上用中括号"［ ］"括起来，列元素之间用空格或逗号分隔，行元素用回车或分号分隔；

（2）利用冒号表达式生成等间距 step 的从 $x0$ 到 xn 的行向量：$x = x0 : step : xn$；

（3）调用函数 linspace 生成线性等分向量：$x = \mathrm{linspace}(x1, x2, n)$；

（4）调用函数 logspace 生成对数等分向量：$x = \mathrm{logspace}(x1, x2, n)$；

（5）向量也可以从矩阵中抽取。

3．向量的基本运算

（1）与数的加减：向量的每一个元素与数加减；

（2）数乘：向量的每一个元素与数相乘；

（3）点积：调用内置函数 dot 实现 $\mathrm{dot}(a, b)$，或由内置函数 sum 实现 $\mathrm{sum}(a. * b)$；

（4）叉积：调用函数 cross 实现 $\mathrm{cross}(a, b)$，此处向量 a 和 b 必须是三维向量；

（5）混合积：由点积和叉积两个函数混合调用实现 $\mathrm{dot}(a, \mathrm{cross}(b, c))$。

例 2.6 向量实例。

（1）向量实例——向量的生成，见如下程序语句。

```
%ex2_6.m 向量实例----向量的生成
a=[1,3,5,7,9,11]
a=1:2:12
a=12:-2:1
a1=linspace(1,100,6)
a2=logspace(1,5,6)
a3=a([2:4])
```

在 Matlab 命令行窗口运行 ex2_6. m 中的这些语句，以不同方式生成向量结果如下。

```
a =     1      3      5      7      9     11
a =     1      3      5      7      9     11
a =    12     10      8      6      4      2
a1 =    1.0000    20.8000    40.6000    60.4000    80.2000   100.0000
a2 =
   1.0e+05 *
     0.0001     0.0006     0.0040     0.0251     0.1585     1.0000
a3 =    10      8      6
```

（2）向量实例——向量的基本运算，见如下程序语句。

```
%ex2_6.m 向量实例----向量的基本运算
a=[1,3,5,7,9,11];
a1=a-1
a2=a*2
a=[1,2,3];   b=[3,4,5];
ab1=dot(a,b)
ab2=sum(a.*b)
c=cross(a,b)
abc=dot(a,cross(b,c))
```

在 Matlab 命令行窗口运行 ex2_6. m 中的这些语句，得到向量基本运算的结果如下。

```
a1 =       0       2       4       6       8      10
a2 =       2       6      10      14      18      22
ab1 =     26
ab2 =     26
c =       -2       4      -2
abc = 24
```

2.2.2　矩阵的生成

1. 直接输入

（1）从键盘上直接输入创建矩阵，矩阵元素位于中括号"［　］"内；

（2）矩阵大小可不预设，矩阵元素可为运算表达式，无任何元素的空矩阵也合法。

2. 大矩阵输入

（1）创建 M 文件输入大矩阵，将要输入的矩阵按格式写入 M 文件中，并在 Matlab 命令行窗口运行该 M 文件，创建好的大矩阵会存入内存中；

（2）在 Matlab 命令行输入大矩阵，存为 *.mat 文件，调用该 *.mat 文件可得到大矩阵。

3. 特殊矩阵

（1）空阵：在 Matlab 中定义［］为空阵，一个变量可以被赋予空阵，空阵中不包含任何元素，它的阶维数是 0×0，Matlab 中空阵常用于矩阵的传递、扩维、缩维等；

（2）几种常用的工具阵：

①全 0 阵：zeros(n)，zeros(m,n)，zeros($m,n,p,\cdots$)，zeros(size(A))；

②单位阵：eye(n)，eye(m,n)，eye(size(A))；

③全 1 阵：ones(n)，ones(m,n)，ones($m,n,p,\cdots$)，ones(size(A))；

④（0,1）区间均匀分布随机阵：rand，rand(n)，rand(m,n)，rand($m,n,p,\cdots$)，rand(size(A))，S = rand('state')，rand('state',sum(100 * clock))；

⑤正态分布的随机阵：randn，randn(n)，…

（3）其他特殊矩阵：在一定领域内有特殊功用的数学上的特殊矩阵：

①Hilbert 矩阵及反 Hilbert 矩阵：hilb、invhilb；

②魔方矩阵：magic；

③Toeplitz 矩阵：toeplitz；

④经典对称特征值测试矩阵：rosser 等。

例 2.7　矩阵的生成。

（1）矩阵的生成——直接输入矩阵和大矩阵的生成。在 Matlab 当前运行的目录中存有记录大矩阵的文件 ex2_7m. m 如下。

```
%ex2_7m.m
B = [456, 468,    873,   2,579, 55
      21, 687,    54,488,  8, 13
      65,4656,    88, 98, 21,   5
      475,  68, 4596,654,  5,987
      5488,  10,     9,   6, 33, 77]
```

矩阵生成的程序语句如下。

```
%ex2_7.m 矩阵的生成----直接输入矩阵
a=[1 2 3;2 3 4;3 4 5]
run ex2_7m.m        %已有ex2_7m.m 文件
save ex2_7m.mat B %将矩阵B存入ex2_7m.mat 文件
clear B              %清除矩阵B
load ex2_7m.mat     %调用文件ex2_7m.mat
B
```

在 Matlab 命令行窗口运行 ex2_7. m 中的这些语句，得到直接生成的矩阵 a、运行文件 exm2_7. m 得到的大矩阵 B、调用 exm2_7. mat 得到的大矩阵 B 如下。

```
a =
    1    2    3
    2    3    4
    3    4    5
B =
        456        468        873          2        579         55
         21        687         54        488          8         13
         65       4656         88         98         21          5
        475         68       4596        654          5        987
       5488         10          9          6         33         77
B =
        456        468        873          2        579         55
         21        687         54        488          8         13
         65       4656         88         98         21          5
        475         68       4596        654          5        987
       5488         10          9          6         33         77
```

（2）矩阵的生成——空阵的生成及其用于扩维和缩维，见如下程序语句。

```
%ex2_7.m 矩阵的生成----特殊矩阵的生成
%空阵
a=[]
a=[a;1:4]
a=[a;2:5]
a(:,[2,3])=[]
```

在 Matlab 命令行窗口运行 ex2_7. m 中的这些语句，得到如下矩阵。

```
a =     []
a =    1    2    3    4
a =
    1    2    3    4
    2    3    4    5
a =
    1    4
    2    5
```

（3）矩阵的生成——几种常用的工具矩阵的调用，见如下程序语句。

```
%ex2_7.m 矩阵的生成----特殊矩阵的生成
%几种常用的工具阵的生成
A1=zeros(2,3)
A2=ones(2,3)
A3=eye(2)
A4=rand(2,3)
A5=randn(2,3)
```

在 Matlab 命令行窗口运行 ex2_7. m 中的这些语句，得到如下的常用矩阵。

```
A1 =
    0    0    0
    0    0    0
A2 =
    1    1    1
    1    1    1
A3 =
    1    0
    0    1
A4 =
    0.8147    0.1270    0.6324
    0.9058    0.9134    0.0975
```

```
A5 =
   -0.4336      3.5784     -1.3499
    0.3426      2.7694      3.0349
```

（4）矩阵的生成——随机数取值比较由如下程序语句实现。

```
%ex2_7.m 矩阵的生成
%comparing the rand and randn by figure
xrand=rand(10000,1); xrandn=randn(10000,1);
subplot(2,2,1); plot(rand(10000,1),'.')
xlabel 'n';ylabel 'rand'; set(gca,'fontsize',15)
subplot(2,2,2); plot(randn(10000,1),'.')
xlabel 'n';ylabel 'randn'; set(gca,'ylim',[-4,4],'fontsize',15)
subplot(2,2,3); hist(xrand)
xlabel 'rand'; ylabel 'p(r)'; set(gca,'fontsize',15)
subplot(2,2,4); hist(xrandn)
xlabel 'randn'; ylabel 'p(r)'; set(gca,'fontsize',15)
```

在 Matlab 命令行窗口运行 ex2_7. m 中的这些语句，分别抽取（0,1）均匀分布的 10000 个随机数 xrand、正态分布的 10000 个随机数 xrandn，如图 2-2 所示：

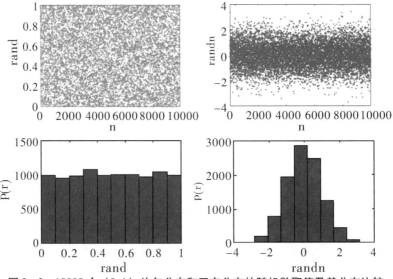

图 2-2 10000 个（0,1）均匀分布和正态分布的随机数取值及其分布比较

（5）矩阵的生成——其他特殊矩阵调用，见如下的程序语句。

```
%ex2_7.m 矩阵的生成----特殊矩阵的生成 %其他特殊矩阵
B1=hilb(2)
B2=invhilb(2)
B3=magic(2)
B4=toeplitz(1:3)
```

在 Matlab 命令行窗口运行 ex2_7. m 中的这些语句，生成数学上的特殊矩阵如下。

```
B1 =
    1.0000      0.5000
    0.5000      0.3333
B2 =
    4          -6
   -6          12
B3 =
    1           3
    4           2
B4 =
    1           2           3
```

2	1	2
3	2	1

2.2.3　矩阵的基本运算

1．矩阵基本数学运算

矩阵基本数学运算包括矩阵的四则运算、逆运算、行列式运算、幂和开方运算、指数和对数运算等。

（1）四则运算：矩阵的四则运算与数字变量的四则运算相同，但需满足一定的条件。

①矩阵的加法"＋"和减法"－"要求相加减的矩阵同维；

②矩阵的乘法"＊"要求相乘的矩阵相邻维相同；

③矩阵除法有两种形式：

A．右除"／"是先计算矩阵的逆再进行矩阵的乘法；

B．左除"＼"是直接除法，通常比右除快，且可避免被除矩阵奇异性带来的问题。

④矩阵与常数的运算包括数加减、数乘、数除（常数通常只能为除数）。

（2）逆运算：是矩阵运算中的重要运算，它在线性代数和计算方法中均有应用。

①定义：如果方阵 B 满足 $BA = AB = E$，则 B 称为 A 的逆矩阵；

②在 Matlab 中，矩阵逆运算由内置函数 inv 实现。

（3）行列式运算：行列式源于线性方程组的解和排列组合。

①定义：由 $n \times n$ 个元素排成 n 行 n 列，在其两边各画一条竖线，并把它定义为：

$$|A| = \begin{vmatrix} a_{11} & a_{12} & \cdots & a_{1n} \\ a_{21} & a_{22} & \cdots & a_{2n} \\ \vdots & \vdots & & \vdots \\ a_{n1} & a_{n2} & \cdots & a_{nn} \end{vmatrix} = \sum_{s_1 s_2 \cdots s_n} (-1)^{\tau(s_1 s_2 \cdots s_n)} a_{1s_1} a_{2s_2} \cdots a_{ns_n}$$

这样的数学表达式称为 n 阶行列式，它是一个含有 $n!$ 项的代数和；

②在 Matlab 中，矩阵行列式运算由内置函数 det 实现。

（4）幂和开方运算。

①矩阵幂运算的形式与数字变量的幂运算形式相同，用运算符"＾"实现；

②矩阵开方运算由内置函数 sqrtm 实现。

（5）指数和对数运算。

①矩阵指数运算由内置函数 expm 实现；

②矩阵对数运算与指数运算互为逆运算，由内置函数 logm 实现。

例 2.8　矩阵基本数学运算。

（1）矩阵基本数学运算——四则运算。

```
%ex2_8.m 矩阵基本数学运算----四则运算
a=[1 2 3;2 3 4;3 4 5]; b=[1 1 1;2 2 2;3 3 3]; c=[b,[5 5 5]'];
d=a+b
e=a-b
f=a*b
g=a*c
```

在 Matlab 命令行窗口运行 ex2_8. m 中的这些语句，得到如下结果，其中：矩阵 d、e、f 与矩阵 a、b 同维，矩阵 g 与矩阵 c 同维。

d =		
2	3	4
4	5	6
6	7	8
e =		
0	1	2

0	1	2	
0	1	2	

f =

14	14	14
20	20	20
26	26	26

g =

14	14	14	30
20	20	20	45
26	26	26	60

（2）矩阵基本数学运算——逆运算、行列式运算。

```
%ex2_8.m 矩阵基本数学运算
%矩阵基本数学运算----逆运算
a=[2,1,-3;3,1,7;2,4,-2];
b=inv(a)
c=round(a*b); c==eye(3)
%矩阵基本数学运算----行列式运算
a1=det(a)
a2=det(inv(a))
round(a1*a2)==1
```

在 Matlab 命令行窗口运行 ex2_8.m 中的这些语句，得到如下结果。可以看出：矩阵 a 与它的逆 b 的乘积是单位矩阵，矩阵 a 的行列式 $a1$ 与矩阵 a 的逆的行列式 $a2$ 乘积为 1。这些判断通过逻辑数组的元素值为真（值为 1）得到。

```
b =
     0.4286     0.1429    -0.1429
    -0.2857    -0.0286     0.3286
    -0.1429     0.0857     0.0143
ans =
  3×3 logical 数组
   1   1   1
   1   1   1
   1   1   1
a1 =   -70.0000
a2 =    -0.0143
ans =
  logical
   1
```

（3）矩阵基本数学运算——幂和开方运算、指数和对数运算。

```
%ex2_8.m 矩阵基本数学运算
%矩阵基本数学运算----幂和开方运算
a=[2,1,-3;3,1,7;2,4,-2];
b1=a^2
b2=sqrtm(b1)
round(b2^2)==b1
%矩阵基本数学运算----指数和对数运算
b=magic(3);
c=exp(b)
c1=expm(b)
c2=expm1(b)
d=logm(c1)
round(d)==b
```

在 Matlab 命令行窗口运行 ex2_8.m 中的这些语句，得到如下结果。从 round($b2^2$) = = $b1$ 可以看出：矩阵的幂运算与开方运算互为逆运算；从 round(d) = = b 可以看出：矩阵的指数运算与对数运算互为逆运算。另外，c 是矩阵 b 元素的指数运算结果，而 $c1$、$c2$ 是矩阵 b 的不同方法的指数运算结果，它们的运算结果不同。

```
%矩阵基本数学运算----幂和开方运算
b1 =
      1      -9       7
     23      32     -16
     12      -2      26
b2 =
    1.8681   -1.1465    0.7412
    3.3061    5.9826   -1.6846
    1.7543    0.0010    4.9700
ans =
  3×3 logical 数组
   1   1   1
   1   1   1
   1   1   1
%矩阵基本数学运算----指数和对数运算
c =
   1.0e+03 *
    2.9810    0.0027    0.4034
    0.0201    0.1484    1.0966
    0.0546    8.1031    0.0074
c1 =
   1.0e+06 *
    1.0898    1.0896    1.0897
    1.0896    1.0897    1.0897
    1.0896    1.0897    1.0897
c2 =
   1.0e+03 *
    2.9800    0.0017    0.4024
    0.0191    0.1474    1.0956
    0.0536    8.1021    0.0064
d =
    8.0000    1.0000    6.0000
    3.0000    5.0000    7.0000
    4.0000    9.0000    2.0000
ans =
  3×3 logical 数组
   1   1   1
   1   1   1
   1   1   1
```

例 2.9 采用矩阵除法求解恰定线性方程组，并比较右除与左除得到的结果和误差，程序 ex2_9.m 如下，其中线性方程组由 100 个方程构成，系数矩阵为 100 行 100 列 0 到 1 均匀分布的随机数 $+1.0 \times 10^{10}$，常数项由 100 列的全 1 向量与系数矩阵的乘积得到。

```
%ex2_9.m  比较右除与左除求解恰定线性方程组
a=rand(100)+1.0e+10; x=ones(1,100); b=x*a;
tic; x1=b/a; t1=toc;          %右除得到线性方程组的解、求解耗时
err1=norm(x-x1);              %绝对误差
rerr1=norm(x1*a-b)/norm(b)    %相对误差
x=x'; b=a*x;
tic; x2=a\b; t2=toc;          %左除得到线性方程组的解、求解耗时
err2=norm(x-x2);              %绝对误差
rerr2=norm(a*x2-b)/norm(b)    %相对误差
%showing the results
tabie([t1;t2],[err1;err2],[rerr1;rerr2],'variablename',{'time','err','rerr'})
```

在 Matlab 命令行窗口运行 ex2_9.m，得到如下结果。可以看出：左除耗时 $t2$ 较少，右除

和左除得到的线性方程组解的绝对误差 *err*、相对误差 *rerr* 在同一量级。

```
>> ex2_9
ans =
        time          err          rerr

     0.0003996      0.0042419     2.1665e-16
      0.000242      0.0077899     2.7459e-16
```

例 2.10   矩阵除法用于数据拟合，也相当于超定线性方程组的求解。已知表 2 – 1 所列的一组数，采用 $y = ax^2 + b$ 对该组数据（x,y）进行拟合，并绘出拟合曲线。

表 2 – 1   矩阵除法求解超定线性方程组的数据

x	19	25	31	38	44
y	19	32	49	70	92

该例题表 2 – 1 中的 x 和 y 满足 $y = ax^2 + b$，由此可列出 5 个方程构成的线性方程组，其求解采用矩阵除法，得到用于数据拟合的参数 a 和 b，程序 ex2_10. m 如下。

```
%ex2_10.m   矩阵除法用于数据拟合，即求解超定线性方程: (x2 1)(a b)'=y。
% 线性方程 AX'=B，则 A=(x^2,1)，未知数矩阵为 X=(a,b)，常数项为 B=y。
x=[19,25,31,38,44]'; y=[19,32,49,70,92]';
A=[x.^2,ones(5,1)]; B=y;
X=A\B            %%矩阵除法计算拟合参数
%plot the fitting line
x1=19:0.1:44;        %给出拟合曲线的点
y1=X(1)*x1.^2+X(2);
plot(x,y,'ro','markersize',10); line(x1,y1)
legend('已知数据','y=ax^2+b','location','NW')
text(19,75,['a= ' num2str(X(1),2)],'fontsize',13)
text(19,68,['b= ' num2str(X(2),2)],'fontsize',13)
xlabel x; ylabel y; set(gca,'fontsize',15)
```

在 Matlab 命令行窗口运行 ex2_10. m 程序，得到如下数值结果和结果图 2 – 3。可以看出：得到的拟合参数 $a = 0.0462$、$b = 3.1929$，图 2 – 3 给出了已知数据点和拟合曲线。

```
>> ex2_10
X =
     0.0462
     3.1929
```

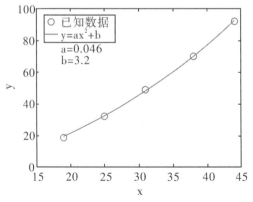

图 2 – 3   例 2.10 矩阵除法用于数据拟合的结果图

例 2.11　矩阵除法可用于求解如下的欠定线性方程组。

$$\begin{bmatrix} 19 & 25 & 31 & 38 & 44 \\ 1 & 1 & 1 & 1 & 1 \end{bmatrix} \begin{bmatrix} x1 \\ x2 \\ x3 \\ x4 \\ x5 \end{bmatrix} = \begin{bmatrix} 1 \\ 1 \end{bmatrix}$$

用矩阵除法求解欠定线性方程组与求解恰定线性方程组的方法一样，该程序 ex2_11.m 如下。

```
%ex2_11.m　矩阵除法用于求解欠定线性方程组: AX=B。
a=[19,25,31,38,44];
A=[a; ones(1,5)];
B=[1;1];
x=A\B
```

在 Matlab 命令行窗口运行程序 ex2_11.m，得到如下结果。可以看出，该欠定线性方程组的解有 3 个不确定量，以 0 值给出。

```
>> ex2_11
x =
    1.7200
         0
         0
         0
   -0.7200
```

2. 矩阵基本函数运算

本节介绍的矩阵基本函数运算包括：特征值和奇异值函数、条件数函数、伪逆函数、范数函数、矩阵的秩与迹函数、矩阵的空间函数以及矩阵的通用函数形式。

（1）特征值和奇异值函数。

①矩阵特征值和特征向量：设 T 是矢量空间 V 的线性变换，由矩阵 A 表示，如果对于数 λ_0 和非零矢量 x 有 $Ax = \lambda_0 x$，则 λ_0 称为线性变换 T 的一个特征值（或特征根，或本征值），而 x 称为变换 T 属于该特征根的一个特征向量；

②矩阵的特征值 λ_0 和特征向量 x 由 eig 或 eigs 内置函数调用得到；

③矩阵的奇异值函数有两种形式：svd 和 svds。

（2）条件数函数。

①条件数在数值分析中有着重要的作用，线性方程组系数矩阵的条件数是判断其病态程度的量度。

②Matlab 中有三个函数可实现条件数的计算：

A. cond：计算矩阵条件数的值；

B. condest：计算矩阵的 1 范数条件数的值；

C. rcond：计算矩阵条件数的倒数值。

（3）特征值条件数和伪逆函数。

①求矩阵 A 的特征值时，若遇到矩阵的条件数很大或很小的病态问题，Matlab 中有专用于求解特征值条件数的内置函数 condeig，其调用形式为 condeig(A) 或 $[V,D,S]=$ condeig(A)；

②在求解系数矩阵 A 为严重病态问题（$Ax=b$）时，可调用内置的伪逆函数 pinv，有 $x=$ pinv$(A)*b$，由此避免伪解的产生。

（4）范数函数。

①范数是矩阵或向量的一种量度。矩阵的范数分为 1 范数、2 范数、无穷范数和 F 范数等，范数的计算由函数 norm 和 normest 实现；

②*A* 为矩阵时，有：

A. norm(A,1) 返回 max(sum(abs(A)))；

B. norm(A,2) 返回 max(svd(A))；

C. norm(A,*inf*) 返回 max(sum(abs(A')))；

D. norm(A,*fro*) 返回 sqrt(sum(diag($A'*A$)))；

③*A* 为向量时，有：

A. norm(A,p) 返回 sum(abs(A).^p)^(1/p)，for $1 \leqslant p \leqslant \infty$；

B. norm(A) 返回 norm(A,2)；

C. norm(A,*inf*) 返回 max(abs(A))；

D. norm(A,$-inf$) 返回 min(abs(A))。

（5）矩阵的秩与迹函数。

①矩阵的秩是矩阵的一切非零子行列式的最高阶数。在高等数学中，对矩阵进行一系列变换得到矩阵的秩，在 Matlab 中求矩阵秩的内置函数为 rank；

②矩阵的迹是方矩阵主对角线上的元素和，Matlab 中求矩阵迹的内置函数为 trace。

（6）矩阵的空间函数。

①矩阵的零空间函数为 null；

②矩阵的正交空间函数 orth 可用于求矩阵的一组正交基。

（7）矩阵的通用函数形式。

①Matlab 中函数调用的通用格式为：funm(A,'funname')，其中 A 为输入矩阵，funname 为调用的函数名；

②内置的基本函数有：exp，log，log10，sin，asin，sqrt，fix，floor，ceil，round，mod，rem，sign，等等；

③内置的特殊函数有：besselj，bessely，besselh，beta，gamma，legendre，erf，等等。

例 2.12　矩阵基本函数运算。

（1）矩阵基本函数运算——特征值和奇异值函数。

```
%ex2_12.m  矩阵基本函数运算---- 特征值和奇异值函数
A=[7,3,-2;3,4,-1;-2,-1,3];
[x,y]=eig(A)                % A*x=x*y or A=x*y*x'
d=eigs(A)
[u,s,v]=svd(A)             % A*v=u*s  or A=u*s*v'
sd=svds(A)
```

在 Matlab 命令行窗口运行 ex2_12.m 中的这些语句，得到如下结果。

```
x =
    0.5774    -0.0988    -0.8105
   -0.5774     0.6525    -0.4908
    0.5774     0.7513     0.3197
y =
    2.0000         0         0
         0    2.3944         0
         0         0    9.6056
d =
    2.0000
    2.3944
    9.6056
u =
   -0.8105     0.0988     0.5774
   -0.4908    -0.6525    -0.5774
    0.3197    -0.7513     0.5774
s =
    9.6056         0         0
```

```
           0      2.3944           0
           0           0      2.0000
v =
   -0.8105      0.0988      0.5774
   -0.4908     -0.6525     -0.5774
    0.3197     -0.7513      0.5774
sd =
    9.6056
    2.3944
    2.0000
```

（2）矩阵基本函数运算——条件数。

```
%ex2_12.m    矩阵基本函数运算----条件数
h=hilb(9);
hc1=cond(h)
hc2=condest(h)
hc3=rcond(h)
```

在 Matlab 命令行窗口运行 ex2_12. m 中的这些语句，得到如下结果。

```
hc1 =    4.9315e+11
hc2 =    1.0997e+12
hc3 =    9.0938e-13
```

（3）矩阵基本函数运算——特征值条件数和伪逆函数。

```
%ex2_12.m    矩阵基本函数运算
% 特征值条件数
A=[-149,-50,-154;537,180,546;-27,-9,-25];
Dc=condeig(A)
[V,D,S]=condeig(A)              % [V,D]=eig(A); S=condeig(A).
% 伪逆函数
a=magic(4); b=a*[1,1,1,1]'; d=cond(a)
xab=[a\b, inv(a)*b, pinv(a)*b]
```

在 Matlab 命令行窗口运行 ex2_12. m 中的这些语句，得到如下结果。可以看出：矩阵 A 的特征值条件数 Dc＝S，V 和 D 分别是矩阵 A 的特征向量和特征值矩阵。从伪逆函数的调用可以看出，线性方程组的系数矩阵 a 的条件数 d 很大时，采用矩阵除法求解会产生伪解，而伪逆函数求得的解为真解，如矩阵 xab 的第三列所示。

```
% 特征值条件数
Dc =
  603.6390
  395.2366
  219.2920
V =
    0.3162     -0.4041     -0.1391
   -0.9487      0.9091      0.9740
   -0.0000      0.1010     -0.1789
D =
    1.0000           0           0
         0      2.0000           0
         0           0      3.0000
S =
  603.6390
  395.2366
  219.2920

% 伪逆函数
d =
    8.1480e+16
```

```
警告: 矩阵接近奇异值, 或者缩放错误。结果可能不准确。RCOND = 1.306145e-17。
警告: 矩阵接近奇异值, 或者缩放错误。结果可能不准确。RCOND = 1.306145e-17。
xab =
     1.5000      1.0000      1.0000
     2.5000      6.0000      1.0000
    -0.5000     -2.0000      1.0000
     0.5000           0      1.0000
```

（4）矩阵基本函数运算——范数函数。

```
%ex2_12.m   矩阵基本函数运算 ---- 范数函数
A=[1,2;3,4;5,6]        % 矩阵
nA1=norm(A,1)          % max(sum(abs(A)))
nA2=norm(A,2)          % max(svd(A))
nA3=normest(A)         % max(svd(A))
nA4=norm(A,inf)        % max(sum(abs(A')))
nA5=norm(A,'fro')      % sqrt(sum(diag(A'*A)))

B=A(:,1)               %向量
nB1=norm(B,1)          % sum(abs(B).^p)^(1/p), for 1 <= p <=∞
nB2=norm(B,2)          % norm(B,2)
nB3=norm(B,inf)        % max(abs(B))
nB4=norm(B,-inf)       % min(abs(B))
nB5=norm(B,'fro')      % sqrt(sum(diag(B'*B)))
```

在 Matlab 命令行窗口运行 ex2_12. m 中的这些语句，得到如下结果。

```
A =
     1      2
     3      4
     5      6
nA1 =   12
nA2 =   9.5255
nA3 =   9.5255
nA4 =   11
nA5 =   9.5394
B =
     1
     3
     5
nB1 =      9
nB2 =   5.9161
nB3 =      5
nB4 =      1
nB5 = 5.9161
```

（5）矩阵基本函数运算——矩阵的秩与迹函数。

```
%ex2_12.m   矩阵基本函数运算 ---- 矩阵的秩与迹函数
exm=[456,468,873,2,579,55; 21,687,54,488,8,13; 65,4656,88,98,21,5
    475,68,4596,654,5,987; 5488,10,9,6,33,77]        % or load exm27   %
nm=rank(exm)
tnm=trace(exm(1:nm,1:nm))
```

在 Matlab 命令行窗口运行 ex2_12. m 中的这些语句，得到矩阵 exm 的秩和迹结果如下。

exm =					
456	468	873	2	579	55
21	687	54	488	8	13
65	4656	88	98	21	5
475	68	4596	654	5	987
5488	10	9	6	33	77

```
nm =      5
tnm =              1918
```

（6）矩阵基本函数运算——矩阵的空间函数。

```
%ex2_12.m   矩阵基本函数运算 ---- 矩阵的空间函数
A=[1,2,3;1,2,3;1,2,3]; Z=null(A);     %零空间矩阵
A*Z
Z'*Z
load exm27; B=orth(exm);              %正交矩阵
B'*B
```

在 Matlab 命令行窗口运行 ex2_12. m 中的这些语句，得到如下结果。

```
ans =
    1.0e-15 *
    0.2220      0.2220
    0.2220      0.2220
    0.2220      0.2220
ans =
    1.0000      0.0000
    0.0000      1.0000
ans =
    1.0000     -0.0000     0.0000      0.0000     -0.0000
   -0.0000      1.0000    -0.0000     -0.0000     -0.0000
    0.0000     -0.0000     1.0000     -0.0000      0.0000
    0.0000     -0.0000    -0.0000      1.0000      0.0000
   -0.0000     -0.0000     0.0000      0.0000      1.0000
```

（7）矩阵基本函数运算——矩阵的通用函数。

```
%ex2_12.m   矩阵基本函数运算 ---- 矩阵的通用函数
a=magic(3)
afsin=funm(a,'sin')
afix=fix(a/10)
around=round(a/10)
abes0=besselj(0,a)
abes1=besselj(1,a)
```

在 Matlab 命令行窗口运行 ex2_12. m 中的这些语句，得到如下结果，afsin 是 3 阶魔方阵 a 的正弦函数矩阵，afix 是矩阵 $a/10$ 各元素取整的矩阵，around 是矩阵 $a/10$ 各元素四舍五入的矩阵，abes0 和 abes1 分别是矩阵 a 的 0 阶和 1 阶球谐贝塞尔函数值。

```
a =
     8     1     6
     3     5     7
     4     9     2
afsin =
   -0.3850      1.0191      0.0162
    0.6179      0.2168     -0.1844
    0.4173     -0.5856      0.8185
afix =
     0     0     0
     0     0     0
     0     0     0
around =
     1     0     1
     0     1     1
     0     1     0
abes0 =
    0.1717      0.7652      0.1506
   -0.2601     -0.1776      0.3001
```

-0.3971	-0.0903	0.2239
abes1 =		
0.2346	0.4401	-0.2767
0.3391	-0.3276	-0.0047
-0.0660	0.2453	0.5767

2.2.4 矩阵分解及特殊操作

1. 矩阵分解

（1）特征值分解。

①矩阵 X 的特征值分解：$[V,D]=\mathrm{eig}(X)$、$[V,D]=\mathrm{eig}(X,\mathrm{'nobalance'})$，此时矩阵的特征值分解满足 $X\times V=V\times D$，V 是特征向量以列排成的矩阵，D 是特征值位于对应的主对角线的特征值矩阵；

②矩阵 A 和 B 的广义特征值分解：$[V,D]=\mathrm{eig}(A,B)$，即矩阵分解满足 $A\times V=B\times V\times D$；

③复数特征值对角阵与实数特征值对角阵的转换，即当特征值矩阵出现复数时，可由函数调用 $[V,D]=\mathrm{cdf2rdf}(V,D)$ 将复数转成实数；也可由 $[U,T]=\mathrm{rsf2csf}(U,T)$ 将实数转成复数。

（2）其他的矩阵分解。

①奇异值分解：矩阵 X 的奇异值分解：$[U,S,V]=\mathrm{svd}(X)$，此时矩阵分解满足 $X=U\times S\times V'$；

②LU 分解：矩阵的 LU 分解是将一个矩阵 A 分解为左上三角和右上三角的两个同维矩阵 L 和 U：$[L,U]=\mathrm{lu}(A)$，即矩阵分解满足 $A=L\times U$；

③Chol 分解：若 A 为 n 阶对称正定矩阵，调用函数 $L=\mathrm{chol}(A)$ 可将 A 分解为一个非奇异下三角实矩阵 L 与它转置矩阵的乘积，L 的对角元素为正，即 $A=L'\times L$；

④QR 分解：实矩阵 A 可分解为正交阵 q 和上三角阵 r 的乘积，若 r 的对角线元素为正值，则分解唯一，即 $[q,r]=\mathrm{qr}(A)$，有 $A=q\times r$。

例 2.13 矩阵分解。

（1）矩阵分解——矩阵特征值分解。

```
%ex2_13.m   矩阵分解----矩阵特征值分解
a=[-149,-50,-154;537,180,546;-27,-9,-25];
[v,d]=eig(a)
round(a*v)==round(v*d)
```

在 Matlab 命令行窗口运行 ex2_13.m 中的这些语句，得到如下结果，由 ans 矩阵的各元素均显示为逻辑 1 可知，$a\times v$ 与 $v\times d$ 相等。

```
v =
    0.3162   -0.4041   -0.1391
   -0.9487    0.9091    0.9740
   -0.0000    0.1010   -0.1789
d =
    1.0000         0         0
         0    2.0000         0
         0         0    3.0000
ans =
  3×3 logical 数组
   1   1   1
   1   1   1
   1   1   1
```

（2）矩阵分解——矩阵特征值分解。

```
%ex2_13.m   矩阵分解
% 双矩阵的广义特征值分解
```

```
a=[-149,-50,-154;537,180,546;-27,-9,-25]; b=[2,10,2;10,5,-8;2,-8,11];
[v,d]=eig(a,b)
round(a*v)==round(b*v*d)
% 复数特征值矩阵与实数特征值矩阵的转换
c=[1 -3;2,2/3];
[v,d]=eig(c)
[vs,ds]=cdf2rdf(v,d)
[vr,dr]=rsf2csf(vs,ds)
[c*v-v*d; c*vs-vs*ds; c*vr-vr*dr]
```

在 Matlab 命令行窗口运行 ex2_13. m 中的这些语句，得到如下结果。由 3×3 逻辑矩阵 ans 的各元素均显示为 1 可知，在双矩阵的广义特征值分解中，$a \times v$ 与 $b \times v \times d$ 相等；在复数特征值矩阵与实数特征值矩阵的转换运算中，在 Matlab 计算误差范围内，$c \times v - v \times d$ 各元素均为 0，即 $c \times v$ 与 $v \times d$ 相等，同样地 $c \times vs$ 与 $vs \times ds$ 相等，$c \times vr$ 与 $vr \times dr$ 相等。

```
% 双矩阵的广义特征值分解
v =
    -1.0000    -0.3305    -0.0202
     0.4204     1.0000    -1.0000
     0.5536    -0.0046     0.3485
d =
    12.9030          0          0
          0    -0.0045          0
          0          0     0.0706
ans =
  3×3 logical 数组
   1   1   1
   1   1   1
   1   1   1
% 复数特征值矩阵与实数特征值矩阵的转换
v =
    0.7746 + 0.0000i    0.7746 + 0.0000i
    0.0430 - 0.6310i    0.0430 + 0.6310i
d =
    0.8333 + 2.4438i    0.0000 + 0.0000i
    0.0000 + 0.0000i    0.8333 - 2.4438i
vs =
    0.7746          0
    0.0430    -0.6310
ds =
    0.8333     2.4438
   -2.4438     0.8333
vr =
    0.0000 + 0.5477i    0.5477 + 0.0000i
    0.4462 + 0.0304i    0.0304 + 0.4462i
dr =
    0.8333 + 2.4438i    0.0000 + 0.0000i
    0.0000 + 0.0000i    0.8333 - 2.4438i
ans =
   1.0e-15 *
   -0.1110 + 0.0000i   -0.1110 + 0.0000i
   -0.2220 - 0.0555i   -0.2220 + 0.0555i
   -0.1110 + 0.0000i    0.0000 + 0.0000i
   -0.2220 + 0.0000i   -0.0555 + 0.0000i
   -0.2220 + 0.0555i    0.0555 - 0.2220i
    0.1110 + 0.0000i    0.0000 + 0.1110i
```

（3）矩阵分解——其他的矩阵分解。

```
%ex2_13.m   矩阵分解
%矩阵奇异值分解
a=[1;1];
[u,s,v]=svd(a)
a==round(u*s*v')
%LU分解
a=[1,2,3;2,4,1;4,6,7];
[l,u]=lu(a)
a==l*u
%Chol分解
a=[4,-1,1;-1,4.25,2.75;1,2.75,3.5];
l=chol(a)
a==l'*l
%QR分解
a=[1,1,1;2,-1,-1;2,-4,5];
[q,r]=qr(a)
a==round(q*r)
```

在 Matlab 命令行窗口运行 ex2_13. m 中的这些语句，得到如下结果。

```
%矩阵奇异值分解
u =
    0.7071    -0.7071
    0.7071     0.7071
s =
    1.4142
         0
v =
     1
ans =
  2×1 logical  数组
   1
   1
%LU分解
l =
    0.2500    0.5000    1.0000
    0.5000    1.0000         0
    1.0000         0         0
u =
    4.0000    6.0000    7.0000
         0    1.0000   -2.5000
         0         0    2.5000
ans =
  3×3 logical  数组
   1   1   1
   1   1   1
   1   1   1
%Chol分解
l =
    2.0000   -0.5000    0.5000
         0    2.0000    1.5000
         0         0    1.0000
ans =
  3×3 logical  数组
   1   1   1
   1   1   1
```

```
     1    1    1
%QR分解
q =
    -0.3333    -0.6667    -0.6667
    -0.6667    -0.3333     0.6667
    -0.6667     0.6667    -0.3333
r =
    -3     3    -3
     0    -3     3
     0     0    -3
ans =
  3×3 logical  数组
   1    1    1
   1    1    1
   1    1    1
```

2. 矩阵的特殊操作

运算中常常需要对矩阵进行特殊操作，如矩阵的变维和变向、矩阵的抽取、矩阵的扩维和缩维等。

（1）矩阵的变维。

①矩阵 X 的变维可通过调用内置函数 reshape($X,m,n,p,\cdots$) 实现，变维后的矩阵与原矩阵具有相同个数的元素；

②矩阵的变维也可采用 "："，通过维数一致的两矩阵之间的运算实现。

（2）矩阵的变向：其操作包括矩阵的旋转、左右翻转和上下翻转。

①矩阵 A 旋转内置函数为 rot90(A) 或 rot90(A,k)，其中 k 为顺时针或逆时针的标记。$k=0$ 时矩阵 A 不旋转，$k=1$（函数默认值）时矩阵 A 逆时针旋转 90 度，$k=-1$ 时矩阵 A 顺时针旋转 90 度；

②矩阵 A 左右翻转内置函数为 fliplr(A)；

③矩阵 A 上下翻转内置函数为 flipud(A)；

④矩阵 A 第 dim 维翻转内置函数为 flipdim(A, dim)。

（3）矩阵的抽取。

①对角元素抽取内置函数：diag(A,k)，diag(A)，diag(diag(A))，k 为对角线的标记，k 为正整数表示上对角线，k 为负整数则表示下对角线；

②左下三角矩阵抽取函数：tril(A)，tril(A,k)，右上三角矩阵抽取函数：triu(A)，triu(A,k)，k 的取值同上。

（4）矩阵的扩维和缩维。

①对矩阵标识块赋值 $X(m1:m2,\ n1:n2)=A$，可用于扩维或缩维，缩维时 A 为空阵；

②利用小矩阵组合生成匹配的大矩阵，可用于矩阵扩维。

例 2.14 矩阵的特殊操作。

（1）矩阵的特殊操作——矩阵的变维、变向。

```
%ex2_14.m  矩阵的特殊操作
%矩阵的变维
a=[1:12]
b=reshape(a,2,6)
c=zeros(3,4);          % 预定义维数
c(:)=a(:)              % 赋值
%矩阵的变向
```

```
c=reshape(1:12,3,4)
r90c=rot90(c)                    %矩阵逆时针旋转90度
r90cd=rot90(c,-1)
flr=fliplr(c)                    %矩阵左右对换
fud=flipud(c)                    %矩阵上下对换
fudd=flipdim(c,2)
```

在 Matlab 命令行窗口运行 ex2_14. m 中的这些语句，有如下结果。可以看出，矩阵的变维中，矩阵 a、b、c 具有相同个数的矩阵元素；矩阵的变向中，$\mathrm{rot90}(c)$ 为 c 矩阵逆时针旋转 90 度，不需要输入 $k=1$；当输入 $k=-1$ 时，矩阵 c 顺时针旋转 90 度。

```
%矩阵的变维
a =
     1    2    3    4    5    6    7    8    9   10   11   12
b =
     1    3    5    7    9   11
     2    4    6    8   10   12
c =
     1    4    7   10
     2    5    8   11
     3    6    9   12
%矩阵的变向
c =
     1    4    7   10
     2    5    8   11
     3    6    9   12
r90c =
    10   11   12
     7    8    9
     4    5    6
     1    2    3
r90cd =
     3    2    1
     6    5    4
     9    8    7
    12   11   10
flr =
    10    7    4    1
    11    8    5    2
    12    9    6    3
fud =
     3    6    9   12
     2    5    8   11
     1    4    7   10
fudd =
    10    7    4    1
    11    8    5    2
    12    9    6    3
```

（2）矩阵的特殊操作——矩阵的抽取。

```
%ex2_14.m   矩阵的特殊操作----矩阵的抽取
a=pascal(4)
v1=diag(a)              % 矩阵对角线元素抽取
v2=diag(a,2)
v3=diag(diag(a))
b1=tril(a)              % 左下对角矩阵元素抽取
b2=triu(a)              % 右上对角矩阵元素抽取
b3=tril(a,1)
```

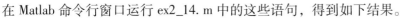
在 Matlab 命令行窗口运行 ex2_14. m 中的这些语句，得到如下结果。

```
%矩阵的抽取
a =
     1     1     1     1
     1     2     3     4
     1     3     6    10
     1     4    10    20
v1 =
     1
     2
     6
    20
v2 =
     1
     4
v3 =
     1     0     0     0
     0     2     0     0
     0     0     6     0
     0     0     0    20
b1 =
     1     0     0     0
     1     2     0     0
     1     3     6     0
     1     4    10    20
b2 =
     1     1     1     1
     0     2     3     4
     0     0     6    10
     0     0     0    20
b3 =
     1     1     0     0
     1     2     3     0
     1     3     6    10
     1     4    10    20
```

（3）矩阵的特殊操作——矩阵的扩维和缩维。

```
%ex2_14.m  矩阵的特殊操作
%矩阵的扩维
v=[1,2,6,20];
a1=compan(v)                    % v 向量的伴随矩阵，3 阶方阵
a2=[-v(2:4);eye(2),zeros(2,1)]   % v 向量及小矩阵组合成 3 阶方阵
a3=-v(2:4);
a3(2:3,1:2)=eye(2)              % 标识块赋值扩维成 3 阶方阵
%矩阵的缩维
A=[-2,-6,-20;1,0,0;0,1,0]
V1=A(1,:)                       % 矩阵 A 缩维成 V1 向量
V2=[1,-V1]                      % 向量 V1 扩维成 V2 向量
V2([1,1])=[]                    %  向量 V2 缩维
```

在 Matlab 命令行窗口运行 ex2_14. m 中的这些语句，得到如下结果。

```
%矩阵的扩维
a1 =
    -2    -6   -20
     1     0     0
     0     1     0
a2 =
    -2    -6   -20
```

```
            1        0        0
            0        1        0
a3 =
           -2       -6      -20
            1        0        0
            0        1        0

%矩阵的缩维
A =
           -2       -6      -20
            1        0        0
            0        1        0
V1 =
           -2       -6      -20
V2 =
            1        2        6       20
V2 =
            2        6       20
```

2.3   数组运算

Matlab 中数组的建立和存储与矩阵相同，但数组运算不同于矩阵运算，数组的运算是针对矩阵元素的运算，表现在运算符号不同。数组运算中包含矩阵元素的逻辑运算，而矩阵运算中无相关的逻辑运算。

2.3.1   数组基本运算

数组基本运算包括四则运算、与常数的运算、幂运算、指数运算、对数运算以及开方运算。

1. 数组的四则运算

（1）数组的加减运算与矩阵的加减完全相同，即矩阵相应元素的加减；

（2）数组的乘除运算是指同维数组对应元素的乘除运算，运算符为"．＊"和"./"或".\"。

2. 数组与常数的运算

（1）数组与常数的加、减、乘运算和矩阵与常数的运算完全相同，也可在相应运算符前加"．"，此时常数须写在运算符前；

（2）在数组与常数除法的运算中，常数可为被除数，此时除法运算符为"./"或".\"；若常数为除数，除法运算与矩阵的相同。

3. 数组的幂运算

（1）数组的幂运算符为"．^"，它表示每个数组元素的幂运算；

（2）数组的幂运算与矩阵的幂运算结果有很大的差别。

4. 数组的指数运算、对数运算和开方运算

（1）数组的指数运算、对数运算和开方运算分别调用内置函数 exp、log 和 sqrt 实现，而相应的矩阵运算的内置函数为 expm、logm 和 sqrtm；

（2）数组运算是数组每个元素的运算，而矩阵运算是函数展开成多项式后的矩阵运算。

例 2.15   数组运算。

（1）数组运算——数组除法运算。

```
% ex2_15.m 数组运算----数组除法运算
a1=[1 2 3;4 5 6;7 8 9]; b1=[1 1 1;2 2 2;3 3 3];
ba1=b1./a1
ba2=a1.\b1
c1=b1.\9
```

在 Matlab 命令行窗口运行 ex2_15. m 中的这些语句,得到如下结果。可以看出,数组的左除 *ba*1 和右除 *ba*2 结果一样,不需要矩阵转置;在数组除法中常数可以是被除数,见 *c*1。

```
ba1 =
    1.0000    0.5000    0.3333
    0.5000    0.4000    0.3333
    0.4286    0.3750    0.3333
ba2 =
    1.0000    0.5000    0.3333
    0.5000    0.4000    0.3333
    0.4286    0.3750    0.3333
c1 =
    9.0000    9.0000    9.0000
    4.5000    4.5000    4.5000
    3.0000    3.0000    3.0000
```

(2) 数组运算——幂运算。

```
% ex2_15.m 数组运算----幂运算
a=[2 1 -3 -1;3 1 0 7;-1 2 4 -2;1 0 -1 5];
a3=a.^3
```

在 Matlab 命令行窗口运行 ex2_15. m 中的这些语句,得到如下结果。可以看出,矩阵 *a*3 各元素是矩阵 *a* 各元素的三次幂。

```
a =
    2    1    -3    -1
    3    1     0     7
   -1    2     4    -2
    1    0    -1     5
a3 =
    8    1   -27    -1
   27    1     0   343
   -1    8    64    -8
    1    0    -1   125
```

(3) 数组运算——数组的指数、对数运算。

```
% ex2_15.m 数组运算
%数组的指数运算
A=[1 2 3;2 3 4;3 4 5]
Ae=exp(A)
%矩阵的指数运算
Aem=expm(A)
%数组的对数运算
a=[2 1 -3 -1;3 1 0 7;-1 2 4 -2;1 0 -1 5];
A1=log(a)
```

在 Matlab 命令行窗口运行 ex2_15. m 中的这些语句,得到如下结果。可以看出,数组 *A* 的指数运算结果与矩阵 *A* 的结果存在很大的差异,如 *Ae* 和 *Aem* 所示。

```
%数组的指数运算
A =
    1    2    3
    2    3    4
    3    4    5
Ae =
    2.7183     7.3891    20.0855
    7.3891    20.0855    54.5982
   20.0855    54.5982   148.4132
%矩阵的指数运算
Aem =
    1.0e+03 *
```

2.2421	3.2565	4.2720
3.2565	4.7326	6.2067
4.2720	6.2067	8.1423

%数组的对数运算

A1 =

0.6931 + 0.0000i	0.0000 + 0.0000i	1.0986 + 3.1416i	0.0000 + 3.1416i
1.0986 + 0.0000i	0.0000 + 0.0000i	-Inf + 0.0000i	1.9459 + 0.0000i
0.0000 + 3.1416i	0.6931 + 0.0000i	1.3863 + 0.0000i	0.6931 + 3.1416i
0.0000 + 0.0000i	-Inf + 0.0000i	0.0000 + 3.1416i	1.6094 + 0.0000i

2.3.2 数组函数运算

1. 通用函数形式

数组函数运算通用形式为 funname(A)，funname 为函数名。

2. Matlab 中的内置函数

（1）基本函数：exp，log，log10，sin，asin，cos，sqrt，fix，floor，ceil，round，mod，rem，sign，等等。各函数的具体调用可由 Matlab 的帮助信息得到；

（2）特殊函数：besselj，bessely，besselh，beta，gamma，legendre，erf，等等。

例 2.15　（4）数组运算——球谐贝塞尔函数运算。

```
% ex2_15.m 数组运算----球谐贝塞尔函数运算
b=0:0.2:1;        %自变量
b12=[ besselj(0,b); besselj(1,b); besselj(2,b)]
```

在 Matlab 命令行窗口运行 ex2_15.m 中的这些语句，得到如下结果：

```
%球谐贝塞尔函数运算
b12 =
    1.0000    0.9900    0.9604    0.9120    0.8463    0.7652
         0    0.0995    0.1960    0.2867    0.3688    0.4401
         0    0.0050    0.0197    0.0437    0.0758    0.1149
```

2.3.3 数组逻辑运算

逻辑运算是数组特有的一种运算形式，它包括逻辑关系运算和逻辑关系函数运算。

1. 逻辑关系运算

逻辑关系运算指高级语言普遍适用的逻辑运算，即大小的比较（=，≈，<，>，≤，≥），逻辑与或非（&，|，~）等逻辑关系运算。

（1）同维数组的比较是数组元素的比较，其结果也为同维数组；

（2）数组与常数的比较是数组元素与常数依次比较，其结果与数组同维；

（3）数组运算优先级次序为：比较运算、算术运算、逻辑与或非运算。

2. 逻辑关系的函数运算

（1）逻辑关系的函数运算中，大部分函数是 Matlab 所特有的内置函数；

（2）逻辑关系函数：any，all，find，logical，xor；

（3）逻辑判断函数：isempty，isequal，isnumeric，islogical，isnan，isinf，isfinite，等等。

例 2.15　（5）数组运算——逻辑关系运算。

```
% ex2_15.m 数组运算----逻辑关系运算
a=[1:3;4:6;7:9];   x=5;
xa=x<=a
b=[0,1,0;1,0,1;0,0,1];
ab=a&b
n_b=~b
```

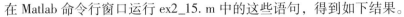

在 Matlab 命令行窗口运行 ex2_15. m 中的这些语句，得到如下结果。

```
xa =
  3×3 logical 数组
   0   0   0
   0   1   1
   1   1   1
ab =
  3×3 logical 数组
   0   1   0
   1   0   1
   0   0   1
n_b =
  3×3 logical 数组
   1   0   1
   0   1   0
   1   1   0
```

例 2.15 （6）数组运算——逻辑关系的函数运算。

```
% ex2_15.m 数组运算----逻辑关系的函数运算
a=magic(5); a(:,3)=zeros(5,1)
a1=all(a(:,1)<10)
b=1:5; b=1./b
b1=find(abs(b)>0.4|abs(b)<0.23)
```

在 Matlab 命令行窗口运行 ex2_15. m 中的这些语句，得到如下结果。结果中 $a1$ 表示矩阵 a 的第一列小于 10 的元素不存在；$b1$ 表示向量 b 中的第一、第二和第五个元素满足其绝对值大于 0.4 或小于 0.23。

```
a =
   17    24     0     8    15
   23     5     0    14    16
    4     6     0    20    22
   10    12     0    21     3
   11    18     0     2     9
a1 =
  logical
   0
b =    1.0000    0.5000    0.3333    0.2500    0.2000
b1=    1    2    5
```

2.4 多项式运算

多项式相关运算在数据的插值与拟合、数值积分与微分中应用广泛。Matlab 中多项式 $P(x) = a_0 x^n + a_1 x^{n-1} + \cdots + a_{n-1} x + a_n$ 由其降幂形式的系数向量 $P = [a_0, a_1, \cdots, a_{n-1}, a_n]$ 表示，由此将多项式的运算转化为系数向量的相关运算。

2.4.1 多项式系数向量

1. 多项式的表示
Matlab 中多项式通常由其降幂形式的系数构成的向量表示。

2. 多项式系数向量的创建
（1）直接输入系数创建向量：直接输入降幂形式的多项式的系数创建向量 P，通过 P 调用内置函数 poly2sym(P) 给出多项式的符号表达式；

（2）特征多项式创建向量：已知多项式伴随矩阵 A（n 阶方阵），通过 $p1 = \text{poly}(A)$ 的内置函数调用，得到矩阵 A 的特征多项式 $p1$（n 次多项式），$p1$ 为 $n+1$ 个元素的向量，矩阵 A 的

特征值 $eig(A)$ 与多项式 $p1$ 的根 $solve(poly2sym(p1))$ 相同；

（3）由根创建多项式系数向量：若给定了多项式的根，通过调用内置函数 poly 创建根对应的多项式系数向量；若要创建实系数多项式，则根中的复数必须对应共轭。

2.4.2 多项式运算

多项式系数向量的多项式运算包括多项式求值、多项式求根、多项式乘除以及多项式微分。

1. 多项式求值

多项式求值分为以下两种形式：

（1）数组为单元的运算：多项式求值调用内置函数 polyval；

（2）矩阵为单元的运算：多项式求值调用内置函数 polyvalm。

2. 多项式求根

多项式求根有以下两种方法：

（1）方法一：直接调用内置函数 roots 求多项式的所有根；

（2）方法二：先调用 compan 内置函数求得多项式的伴随矩阵，再求该矩阵的特征值。

3. 多项式乘除运算

（1）多项式的乘法：调用内置函数 conv 实现，等同于系数向量的卷积；

（2）多项式的除法：调用内置函数 deconv 实现，等同于系数向量的解卷函数求值。

4. 多项式微分

（1）方法一：调用内置函数 polyder 实现；

（2）方法二：调用内置函数 diff 实现。

例 2.16 多项式运算。

（1）多项式运算——多项式系数向量创建。

```
% ex2_16.m 多项式运算----多项式系数向量创建
%1
p1=[1,-5,6,-33]
p1s=poly2sym(p1)
% 2
a=[1 2 3;2 3 4; 3 4 5]; p2=poly(a)
p2s=poly2sym(p2)
roots3=[roots(p2),eig(a),double(solve(p2s))]
% 3
root=[-5 -3+4i -3-4i]; p3=poly(root)
p3s=poly2sym(p3)
```

在 Matlab 命令行窗口运行 ex2_16. m 中的这些语句，得到如下结果。可以看出，通过直接输入系数、伴随矩阵以及根三种方法，均可创建多项式的系数向量。

```
%多项式系数创建
%1
p1 =      1     -5      6     -33
p1s = x^3 - 5*x^2 + 6*x - 33
% 2
p2 =      1.0000    -9.0000    -6.0000    -0.0000
p2s = x^3 - 9*x^2 - 6*x - 8399472656541061/2535301200456458802993406410752
% 3
roots3 =
     9.6235    -0.6235     9.6235
    -0.6235    -0.0000    -0.6235
    -0.0000     9.6235    -0.0000
p3 =      1     11     55    125
p3s = x^3 + 11*x^2 + 55*x + 125
```

（2）多项式运算——多项式求值、求根。

```
% ex2_16.m 多项式运算
%多项式求值
p=[1 11 55 125]; b=[1 1;1 1];
pv=polyval(p,b)          %数组运算多项式求值
pvm=polyvalm(p,b)        %矩阵运算多项式求值
%多项式求根
p=[2,-5,6,-1,9]; rt1=roots(p)    %直接多项式求根
p1=compan(p); rt2=eig(p1)        %多项式伴随矩阵特征值求根
```

在 Matlab 命令行窗口运行 ex2_16. m 中的这些语句，得到如下结果。可以看出，多项式求值的数组运算结果 *pv* 与矩阵运算结果 *pvm* 差别很大，多项式求根的直接调用结果 *rt*1 与多项式伴随矩阵特征值求根结果 *rt*2 一致。

```
%多项式求值
pv =
    192    192
    192    192
pvm =
    206     81
     81    206
%多项式求根
rt1 =
    1.6024 + 1.2709i
    1.6024 - 1.2709i
   -0.3524 + 0.9755i
   -0.3524 - 0.9755i
rt2 =
    1.6024 + 1.2709i
    1.6024 - 1.2709i
   -0.3524 + 0.9755i
   -0.3524 - 0.9755i
```

（3）多项式运算——多项式乘除法、微分。

```
% ex2_16.m 多项式运算
%多项式乘除法
p=[2,-5,6,-1,9]; ps=poly2sym(p)
d=[3,-90,-18]; ds=poly2sym(d)
pd=conv(p,d)        %多项式乘法
pds=poly2sym(pd)
p1=deconv(pd,d)      %多项式除法
p1s=poly2sym(p1)
%多项式微分
p=[2,-5,6,-1,9]
ps=poly2sym(p)
Dp=polyder(p)
Dps=poly2sym(Dp)
```

在 Matlab 命令行窗口运行 ex2_16. m 中的这些语句，得到如下结果。

```
%多项式乘除法
ps =2*x^4 - 5*x^3 + 6*x^2 - x + 9
ds =3*x^2 - 90*x - 18
pd =        6   -195    432   -453      9   -792   -162
```

```
pds =6*x^6 - 195*x^5 + 432*x^4 - 453*x^3 + 9*x^2 - 792*x - 162
p1 =     2    -5     6     -1     9
p1s =2*x^4 - 5*x^3 + 6*x^2 - x + 9
%多项式微分
p =      2    -5     6     -1     9
ps =2*x^4 - 5*x^3 + 6*x^2 - x + 9
Dp =     8    -15    12     -1
Dps =8*x^3 - 15*x^2 + 12*x - 1
```

2.4.3　多项式拟合

1. 多项式拟合

多项式拟合的方法有两种：

（1）方法一：由矩阵除法解超定方程组得到多项式拟合系数；

（2）方法二：直接调用内置函数 polyfit，得到降幂形式的多项式拟合系数。

2. 多项式拟合的具体形式

（1）方法一：已知需进行多项式拟合的 n 组数 (x_i, y_i)，$i = 1, 2, \cdots, n$，由矩阵除法求解超定方程组得到 m $(m < n)$ 阶多项式的拟合系数 $A = [a_0, a_1, \cdots, a_m]$：

$$\begin{cases} a_0 x_1^m + a_1 x_1^{m-1} + a_2 x_1^{m-2} + \cdots + a_m x_1^0 = y_1 \\ a_0 x_2^m + a_1 x_2^{m-1} + a_2 x_2^{m-2} + \cdots + a_m x_2^0 = y_2 \\ \vdots \\ a_0 x_n^m + a_1 x_n^{m-1} + a_2 x_n^{m-2} + \cdots + a_m x_n^0 = y_n \end{cases}, \quad n > m \quad (2-1)$$

（2）方法二：已知需进行多项式拟合的 n 组数 (x_i, y_i)，$i = 1, 2, \cdots, n$，调用内置函数 polyfit 进行 $m(m < n)$ 阶多项式拟合，得到拟合系数向量 p，具体形式为：$p = \text{polyfit}(x, y, m)$，或 $[p, s] = \text{polyfit}(x, y, m)$，或 $[p, s, mu] = \text{polyfit}(x, y, m)$。

例 2.17　多项式拟合：用五阶多项式对 $[0, \pi/2]$ 上的正弦函数进行最小二乘拟合，分别采用矩阵除法解超定方程组、调用函数 polyfit 实现，并给出拟合结果图示。

基于区间 $[0, \pi/2]$ 上的正弦函数 $y = \sin(x)$，取从 0 到 $\pi/2$、间隔 $\pi/20$ 的 11 个等间距离散点 x_i 及其函数值 y_i 为已知数据 (x_i, y_i)，$i = 1, 2, \cdots, 11$，见表 2-2。

表 2-2　离散点 x 及其正弦函数值 y

x	0	$\pi/20$	$2\pi/20$	$3\pi/20$	$4\pi/20$	$5\pi/20$	$6\pi/20$	$7\pi/20$	$8\pi/20$	$9\pi/20$	$\pi/2$
$y = \sin(x)$	0	0.1564	0.3090	0.4540	0.5878	0.7071	0.8090	0.8910	0.9511	0.9877	1.0000

采用矩阵除法解超定方程组、调用函数 polyfit 实现五阶多项式的正弦函数拟合，编制的 Matlab 程序见 ex2_17.m。运行程序 ex2_17.m，得到拟合结果图 2-4。

方法一：矩阵除法解超定方程组。

$$\begin{cases} a_0 x_1^m + a_1 x_1^{m-1} + a_2 x_1^{m-2} + \cdots + a_m x_1^0 = y_1 \\ a_0 x_2^m + a_1 x_2^{m-1} + a_2 x_2^{m-2} + \cdots + a_m x_2^0 = y_2 \\ \vdots \\ a_0 x_n^m + a_1 x_n^{m-1} + a_2 x_n^{m-2} + \cdots + a_m x_n^0 = y_n \end{cases}, \quad n = 11, \ m = 5 \quad (2-2)$$

求得五阶多项式的六个系数 a_0，a_1，a_2，a_3，a_4，a_5。

方法二：直接调用内置函数 polyfit$(x, y, 5)$，实现五阶多项式的拟合，求得多项式拟合的六个系数 a_0，a_1，a_2，a_3，a_4，a_5。

$$y = a_0 x_1^5 + a_1 x_1^4 + a_2 x_1^3 + a_3 x_1^2 + a_4 x_1 + a_5 \quad (2-3)$$

编制的 Matlab 程序 ex2_17. m 如下。

```
% ex2_17.m 五阶多项式的正弦函数拟合
x=0:pi/20:pi/2; y=sin(x);          %样本点[0,pi/2]
x1=0:pi/30:pi*2; y1=sin(x1);    % [0,pi*2] sin函数值
method={'方法一  解超定方程组','方法二  polyfit拟合'};
for meth=1:2
    subplot(2,1,meth)
    switch meth
        case 1       %方法一  解超定方程组
            A=[x'.^5, x'.^4, x'.^3, x'.^2, x', x'.^0]; B=y';
            ab=A\B;    p1=ab'
            y2=polyval(p1,x1);
        case 2       %方法二  polyfit拟合
            p2=polyfit(x,y,5)
            y2=polyval(p2,x1);
    end
    %拟合结果图示
    plot(x,y,'bo', x1,y2,'b-',x1,y1,'r-')
    legend('已知数据点', '拟合曲线','曲线sin(x)')
    text(pi/10,3,method{meth},'fontsize',15)
    xlabel 'x'; ylabel 'sin(x)'; axis([0,7,-1.2,4]);
    set(gca,'fontsize',15,'fontweight','bold')
end
```

在 Matlab 命令行窗口运行 ex2_17. m 程序，得到如下所示的多项式拟合结果。可以看出，两种方法得到的五阶多项式拟合系数 $p1$ 和 $p2$ 一致。在已知数据点区域 $[0,\pi/2]$ 范围内，拟合曲线与正弦函数曲线一致；但已知数据点超出该范围，拟合曲线则偏离了正弦函数曲线，拟合曲线失真。

```
>> ex2_17
p1 =      0.0057    0.0060    -0.1721    0.0021    0.9997    0.0000
p2 =      0.0057    0.0060    -0.1721    0.0021    0.9997    0.0000
```

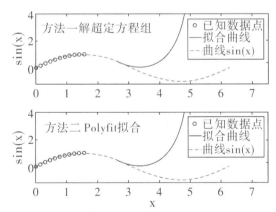

图 2 - 4　区间 $[0,\pi/2]$ 的正弦函数五阶多项式拟合结果

2.5　应用实例

例 2. 18　采用 Matlab 语言编程，绘出分形中的 Sierpinski Gasket。

解：（1）Sierpinski Gasket 是一种确定分形，其质量 M 与边线长 L 的关系为 $M(bL) = b^d M(L)$，$M(\frac{1}{2}L) = \frac{1}{3}M(L)$；其分维 $d = \ln3/\ln2 = 1.585$，具有自相似性；每次循环，原三角形会变为四个更小的等边三角形。

（2）数学模型。在图 2-5 所示的 Sierpinski Gasket 中，每次循环，等边三角形 $a01a02a03$ 边长半折，由式（2-4）计算得到新增三个中点 $at1$、$at2$、$at3$；原三角形变为 4 个更小的等边三角形，边上被黑色填充的三个三角形保留，待继续循环划分；新的等边三角形逆时针由三个顶点确定，如三角形 $a01at1at3$。

$$a01=[0, 0]；a02=[1, 0]；a03=[0.5, sqrt(3)/2]；$$
$$at1=(a01+a02)/2；at2=(a02+a03)/2；at3=(a03+a01)/2；\qquad(2-4)$$

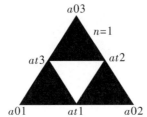

图 2-5　Sierpinski Gasket 1 重（$n=1$）自相似图

（3）程序流程。根据 Sierpinski Gasket 数学模型式（2-4），编制 Matlab 程序流程图 2-6。

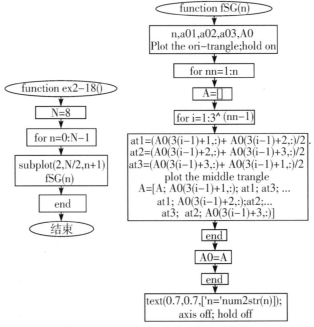

图 2-6　Sierpinski Gasket **程序流程图**

（4）编制程序及运行结果：根据图 2-6 的程序流程，编制 Sierpinski Gasket 的 Matlab 程序 ex2_18. m，该程序可绘出 n 重自相似的 Sierpinski Gasket 图。在 Matlab 命令行窗口运行函数文件 ex2_18. m，得到如图 2-7 所示的 Sierpinski Gasket。

```
% ex2_18.m Sierpinski Gasket plotting
function ex2_18()
N=8;
for n=0:N-1
        subplot(2,N/2,n+1); fSG(n)
end
function fSG(n)
xm=1; ym=sqrt(3)/2; %N=2^n; M=3^n;
a01=[0,0]; a02=[xm,0]; a03=[0.5,ym];
A0=[a01;a02;a03];
%Sierpinski Gasket n=0 plotting
```

```
Ap=A0;          %plot filled zone
fill(Ap(:,1),Ap(:,2),'k'); hold on
%for the Sierpinski Gasket n>0
for nn=1:n
    A=[];
    for i=1:3^(nn-1)
        a01=A0(3*(i-1)+1,:);
        a02=A0(3*(i-1)+2,:);
        a03=A0(3*(i-1)+3,:);
        %the added points
        at1=(a01+a02)/2; at2=(a02+a03)/2;   at3=(a03+a01)/2;
        Ap=[at1;at2;at3];           %plot filled zone
        fill(Ap(:,1),Ap(:,2),'w')
        %the new matrix
        A=[A; a01;at1;at3;at1;a02;at2; at3;at2;a03];
    end
    A0=A;
end
text(0.7,0.7, ['n=' num2str(n)],'fontsize',18)
axis off; hold off
```

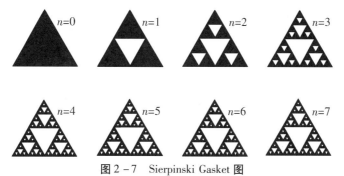

图 2 - 7　Sierpinski Gasket 图

例 2.19　根据表 2 - 3 给出的某地 1750—2000 年人口普查数据，采用五阶多项式拟合模型，对表中的数据进行多项式最小二乘拟合，并给出拟合结果图示。

表 2 - 3　某地 1750—2000 年人口普查数据

year	1750	1775	1800	1825	1850	1875	1900	1925	1950	1975	2000
pop ×10^8	7.91	8.56	9.78	10.5	12.62	15.44	16.5	25.32	61.22	81.7	115.6

解：（1）问题分析：已知表 2 - 3 中所列某地 1750—2000 年人口普查数据，采用五阶多项式拟合，调用内置函数 polyfit，实现该组数据的多项式最小二乘拟合。

（2）计算流程：根据已知数据编制五阶多项式拟合程序，程序流程见图 2 - 8。

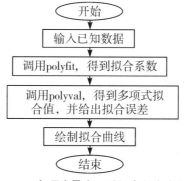

图 2 - 8　多项式最小二乘拟合程序流程图

（3）程序编制及运行：根据流程图 2 - 8 编制如下所示的 Matlab 程序 ex2_19. m，程序中调用了［p,s,mu］= polyfit（）进行五阶多项式拟合，将误差的相关量 s 和 mu 计入多项式最小二乘拟合中，避免了不合理的拟合结果，同时调用［popf,delt］= polyval（$p,year,s,mu$），得到相应于已知数据表中 year 对应的拟合人口数 popf 和拟合误差 delt。

```
% ex2_19.m 例2.19 人口普查数据的五阶多项式拟合 [p,s,mu]=polyfit(x,y,5)
year = (1750:25:2000)';
year1 = (1750:5:2000)';
pop = 1e6*[791 856 978 1050 1262 1544 1650 2532 6122 8170 11560]';
% to fit a 5th-degree polynomial
[p,s,mu] = polyfit(year, pop, 5);
[popf,delt]= polyval(p,year,s,mu);
fline= polyval(p,year1,s,mu);
% show the fitted results
rcsults=tablc(ycar, pop, popf, dclt)
% plot the result
plot(year,pop,'*r',year,popf,'ob',year1,fline,'-b'); hold on
errorbar(year,popf,delt,'.'); hold off
legend('pop-data','fitdata','fitline','location','NW')
xlabel 'year'; ylabel 'num-pop'; set(gca, 'fontsize',15)
```

在 Matlab 命令行窗口运行 ex2_19. m，得到如下数值结果和结果图 2 - 9。

```
>> ex2_19
results =
    year        pop          popf          delt

    1750      7.91e+08      8.2761e+08     6.5031e+08
    1775      8.56e+08      7.3083e+08     5.9339e+08
    1800      9.78e+08      1.0448e+09     5.5139e+08
    1825      1.05e+09      1.2178e+09     5.4742e+08
    1850      1.262e+09     1.1941e+09     5.4742e+08
    1875      1.544e+09     1.2361e+09     5.3449e+08
    1900      1.65e+09      1.747e+09      5.4742e+08
    1925      2.532e+09     3.0924e+09     5.4742e+08
    1950      6.122e+09     5.4232e+09     5.5139e+08
    1975      8.17e+09      8.4976e+09     5.9339e+08
    2000      1.156e+10     1.1504e+10     6.5031e+08
```

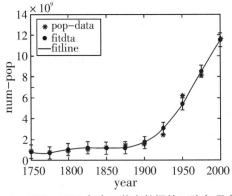

图 2 - 9 1750—2000 年人口普查数据的五阶多项式拟合

（4）结果分析：从程序 ex2_19. m 运行得到的数值结果和结果图 2 - 9 可以看出，五阶多项式可以较好地拟合表 2 - 3 给出的人口普查数据，原已知数据与拟合数据之差在拟合误差范围之内，拟合误差为图 2 - 9 所示的误差棒。

例2.20 由直径为 1 的圆内规则 n 边形的周长（π_n）计算圆周率 π_∞，已知 $\pi_8 = 3.061467$，$\pi_{16} = 3.121445$，$\pi_{32} = 3.136548$，$\pi_{64} = 3.140331$。

解：（1）问题分析：已知直径为1的圆内多边形周长π_n与圆的周长（$2\pi_\infty R = \pi_\infty$）或圆周率$\pi_\infty$关系如下，其中$L$为规则$n$边形的边长，$\theta$为边长对应的圆周角，见图2–10。

$$\pi_n = n \cdot L = n \cdot 2 \cdot R \cdot \sin\frac{\theta}{2} = n \cdot 2 \cdot \frac{1}{2} \cdot \sin\frac{2\pi_\infty}{2n} = n \cdot \sin\frac{\pi_\infty}{n} = n \cdot \sin\left(0 + \frac{\pi_\infty}{n}\right)$$

对正弦函数在0处进行泰勒展开，有：

$$\pi_n = \pi_\infty + \frac{a_1}{n^2} + \frac{a_2}{n^4} + \frac{a_3}{n^6} + \cdots \tag{2-5}$$

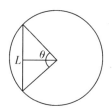

图2–10　直径为1的圆内多边形周长计算示意图

（2）数学模型：由式（2–5）获得圆周率π_∞求值的数学模型，π_∞求值的方法有两种。

方法一：根据式（2–5），调用polyfit函数进行3阶多项式拟合，得到拟合系数a_3、a_2、a_1和π_∞，从而求得圆周率的值π_∞。

方法二：根据式（2–5），代入已知四个多边形的周长值，构成线性方程组式（2–6）。采用矩阵除法求解恰定线性方程组式（2–6），得到圆周率的值π_∞。

$$\Rightarrow \begin{cases} \pi_8 = \pi_\infty + a_1\left(\dfrac{1}{8}\right)^2 + a_2\left(\dfrac{1}{8}\right)^4 + a_3\left(\dfrac{1}{8}\right)^6 \\[2mm] \pi_{16} = \pi_\infty + a_1\left(\dfrac{1}{16}\right)^2 + a_2\left(\dfrac{1}{16}\right)^4 + a_3\left(\dfrac{1}{16}\right)^6 \\[2mm] \pi_{32} = \pi_\infty + a_1\left(\dfrac{1}{32}\right)^2 + a_2\left(\dfrac{1}{32}\right)^4 + a_3\left(\dfrac{1}{32}\right)^6 \\[2mm] \pi_{64} = \pi_\infty + a_1\left(\dfrac{1}{64}\right)^2 + a_2\left(\dfrac{1}{64}\right)^4 + a_3\left(\dfrac{1}{64}\right)^6 \end{cases} \tag{2-6}$$

（3）计算流程：分别采用多项式拟合内置函数polyfit调用和矩阵除法求解线性方程组，实现圆周率π_∞的求值。

多项式拟合具体过程：列出自变量$\dfrac{1}{n^2}$、因变量π_n的四个取值，调用polyfit得到3阶多项式系数param1，得到圆周率$\pi1_\infty$。

矩阵除法求解线性方程组具体过程：构造系数矩阵A、常数项向量B，采用矩阵除法求解线性方程组，得到圆周率$\pi2_\infty$。

以上两种方法的计算流程见图2–11所示。

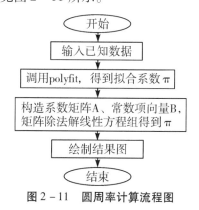

图2–11　圆周率计算流程图

（4）程序编制及运行结果：根据计算流程图 2 - 11，编制 Matlab 计算程序 ex2_20. m 如下。

```
%ex2_20.m the ancient Chinese method to calculate pi
%already known data
pi8 = 3.061467; pi16=3.121445; pi32=3.136548; pi64=3.140331;
n=2.^[3:6]; x=(1./n.^2)'; y=[pi8;pi16;pi32;pi64];
pi=pi;
%method 1: polyfit
param1=polyfit(x, y, 3); pif1=param1(4); deltpi1=pif1-pi;
model=vpa(subs(poly2sym(param1),'x','1/n^2'),7)
%method 2: equation solve
A=[ones(4,1), x, x.^2, x.^3]; B=y;
param2=A\B; pif2=param2(1); deltpi2=pif2-pi;
%show the results
table(pi,pif1,deltpi1,pif2,deltpi2)
pival={['\pi1_\infty=' num2str(pif1,7)]; ...
       ['\pi2_\infty=' num2str(pif2,7)]; [' \pi_\infty=',num2str(pi,7)]};
%show the results in figure
plot(x,y,'ob',0,pif1,'r*',0,pif2,'k<','markersize',8); hold on
n1=7.2:2:65; plot(1./n1.^2,polyval(param1, 1./n1.^2),'b-'); hold off
legend('已知数据点','polyfit \pi1_\infty','equsol \pi2_\infty', 'model')
text(0.002,3.04,[pival{1};pival{2};pival{3}],'fontsize',15)
xlabel '1/n^2'; ylabel '\pi_n'; set(gca,'ylim',[3,3.2],'fontsize',15)
```

在 Matlab 命令行窗口运行程序 ex2_20. m，得到两种方法求得的圆周率数值结果和结果图 2 - 12。

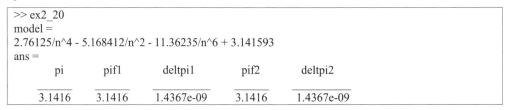

```
>> ex2_20
model =
2.76125/n^4 - 5.168412/n^2 - 11.36235/n^6 + 3.141593
ans =
        pi        pif1        deltpi1        pif2        deltpi2
      3.1416     3.1416     1.4367e-09     3.1416     1.4367e-09
```

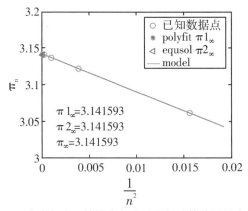

图 2 - 12　由直径为 1 的圆内多边形周长计算的圆周率结果图

（5）结果分析：从结果可以看出，两种方法求得的圆周率的数值 $\pi1_\infty$ 和 $\pi2_\infty$ 均为 3. 141593，与七位有效位数的圆周率理论值 π = 3. 141593 一致。从数值结果误差 deltpi1 和 deltpi2 可以看出：两种方法得到的圆周率计算值与理论值在 10^{-9} 量级上存在误差。

例 2. 21　假如一束粒子强度为 I_0，通过厚度为 dx 的物体后，其强度减少量正比于吸收体的厚度，也正比于束流的强度，求强度 I = 0 时物体的厚度。

解：（1）问题分析：根据题意，假如一束粒子入射吸收体前的强度为 I_0，吸收体影响粒子强度示意图见图 2 - 13。

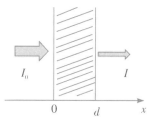

图 2 - 13　吸收体影响粒子强度示意图

在吸收体内，被吸收的粒子强度 $I(x + \Delta x) - I(x)$ 与粒子束经过的吸收体厚度增量Δx、入射粒子束流强度 $I(x)$ 成正比，有：

$$I(x + \Delta x) - I(x) = -\mu I(x)\Delta x$$

由此得到经过吸收体厚度 $x + \Delta x$ 的透射粒子强度为：

$$I(x + \Delta x) = I(x) - \mu I(x)\Delta x \qquad (2-7)$$

当已知入射粒子束流强度 $I(x)$ 和吸收体的吸收系数 μ 时，通过式（2 - 7）数值计算可得到透射粒子强度 $I(x + \Delta x)$。

当$\Delta x \rightarrow 0$，有：$-\dfrac{\mathrm{d}I(x)}{\mathrm{d}x} = \mu I(x)$，积分并代入初始条件 $I(0) = I_0$，得到吸收体 x 位置的粒子束流强度 $I(x)$ 的解析解：

$$I(x) = I_0 \mathrm{e}^{-\mu x} \qquad (2-8)$$

（2）数值计算方法：根据式（2 - 7），通过循环计算得到 $I = 0$ 时吸收体的厚度 L，具体方法：定义变量矩阵 I_1 和 I_0 分别表示 $I(x + \Delta x)$ 和 $I(x)$，吸收体厚度变量初始位置 $x_0 = 0$，其标记值 $j = 0$，初始粒子强度 I_0、参数 μ 赋值，数值计算迭代式见式（2 - 9）。

$$j = 0, \ I_0, \ x_0$$
$$j = j + 1, \ I_1 = I_0 - \mu I_0 \Delta x, \ x_1 = x_0 + \Delta x, \qquad (I_1 > 0) \qquad (2-9)$$

重复计算直到 $I_1 = 0$。

（3）计算流程：根据数值计算式（2 - 9）构建计算流程图 2 - 14，其中 eps 为给定误差，ddx 为给定的吸收体厚度增量Δx，物理量的单位均采用国际单位制。

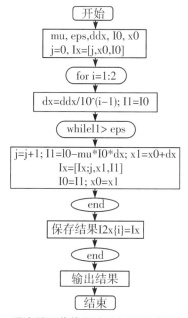

图 2 - 14　强度随吸收体厚度增加而衰减的计算流程图

（4）程序编制及运行：基于粒子强度随吸收体厚度增加而衰减的计算流程图2-14，编制透射的粒子强度变化的 Matlab 程序 ex2_21. m 如下。

```
%ex2_21.m    例2.21 xraydecay % variables I1,I2,dx; cell variable I2x
% initialize variables
mu=0.1; ddx=5; eps=1e-4; I00=100; x00=0;
% Do the calculation
for i=1:2
        j=0; x0=x00;I0=I00;Ix=[j,x0,I0];
        dx=ddx/10^(i-1); I1=I0;
        while I1 > eps
            j=j+1; I1=I0-mu*I0*dx; x1=x0+dx;
            Ix=[Ix; j,x1,I1];
            I0=I1; x0=x1;
        end
        I2x{i}=Ix;
end
% results storing and showing
res=Ix(end,:); given=table(mu,dx,eps,x00,I00)
results=table(res(1),res(2),res(3),'VariableNames',{'j' 'L' 'Iend'})
semilogy(I2x{1}(:,2),I2x{1}(:,3),'bo'); hold on
x=I2x{2}(:,2); I2dx=I2x{2}; II=I00*exp(-mu*x);
semilogy(x(1:5:end,1),I2dx(1:5:end,3),'b<'); semilogy(x,II,'r-');
legend('dx=5','dx=0.5','I(x)=I_0exp(-\mux)'); hold off
text(5,1e-4,['\mu= ' num2str(mu),',   eps=' num2str(eps)],'fontsize',15)
text(5,1e-5,['I_0= ' num2str(I00),', dx=' num2str(dx), ...
        ', Iend=' num2str(res(3),1),',   L=' num2str(res(2))],'fontsize',15)
xlabel x,ylabel 'ln I(x)',set(gca,'fontsize',15)
```

在 Matlab 命令行窗口运行程序 ex2_21. m，得到如下数值结果和结果图2-15。

```
>> ex2_21
given =
    mu        dx        eps        x00       I00
   ____      ____      _____     ___      _____
   0.1       0.5       0.0001       0        100
results =
    j         L         Iend
   ___      _____      _____
   270       135       9.6688e-05
```

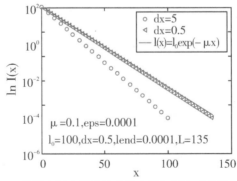

图2-15 粒子束强度随吸收体厚度增加而衰减的计算结果图

（5）结果及分析：从结果图2-15可以看出：当 $dx=5$ 时，数值计算得到的 $I(x)$ 随 x 的增大而偏离 $I(x)$ 的解析解 $I(x)=I_0\exp(-\mu x)$；当 $dx=0.5$ 时，数值计算得到的 $I(x)$ 与解析解相近；当初始强度 $I_0=100$，吸收系数 $\mu=0.1$，误差取 $eps=0.0001$，$dx=0.5$，粒子束强度的数值计算值为 $Iend=0.0001$，即在误差范围内粒子束强度为0，吸收体厚度 $L=135$。

习 题

1. 已知 a = [2 3 4]，b = [5 6 7]，求：

（1）向量 a、b 的点乘值、叉乘值；

（2）矩阵 a 和 b' 的乘积；

（3）数组 a 和 b 的乘积；

（4）多项式 a 和 b 的乘积，并给出其表达式。

2. 在区间 [0，32] 生成间隔为 4 的递增向量 A，求：

（1）由 A 变维而成的方阵 B；

（2）矩阵 B 的特征值和特征向量矩阵；

（3）矩阵 B 和数组 B 的自然对数值，并判断它们是否相等。

3. 以长型和短型显示出你感兴趣的三行三列的两个特殊矩阵 A 和 B，并给出它们相应的逆矩阵和转置矩阵。

4. 利用数组特殊函数运算完成球谐贝塞尔函数 $J_0(x)$ 和 $J_1(x)$ 在 $x=1:5$ 的求值。

5. 用 3 阶多项式对 $[0，\pi/2]$ 上的余弦函数进行拟合，并通过图示在区间 $[0，2\pi]$ 内与原函数进行比较。

6. 试算：一筐鸡蛋，每次拿 1 个，正好拿完；每次拿 2 个，还剩 1 个；每次拿 3 个，正好拿完；每次拿 4 个，还剩 1 个；每次拿 5 个，还差 1 个；每次拿 6 个，还剩 3 个；每次拿 7 个，正好拿完；每次拿 8 个，还剩 1 个；每次拿 9 个，正好拿完。问筐里最少有多少个鸡蛋？

7. 尝试确定分形 Koch 曲线或 Sierpinski Gasket 的 Matlab 程序实现。

3 符号运算

本章的符号运算将介绍特殊的数据类型——符号对象。这种数据类型有符号数、符号变量、符号表达式以及符号函数。符号可以是符号向量、符号矩阵和符号数组。Matlab 中的符号运算、符号变量都是以字符形式保存和运算的。

3.1 符号生成

3.1.1 符号的创建

在 Matlab 中符号的创建可分为：符号数、符号变量、符号表达式、符号矩阵以及符号函数的创建。

1. 符号数、符号变量和符号表达式的创建

（1）调用 sym 内置函数创建；

（2）由 syms 定义变量，继而创建。

2. 符号矩阵的创建

（1）调用 sym 内置函数或先由 syms 定义变量而创建；

（2）调用 sym 内置函数，以最接近精确有理式的形式将数值矩阵转化为符号矩阵。

3. 符号函数的创建

（1）syms 直接定义；

（2）syms 定义变量后直接创建；

（3）syms 定义变量后由 symfun 创建。

例 3.1　符号的创建。

（1）符号的创建——符号数、符号变量和符号表达式的创建。

```
%ex3_1.m 符号的创建----%符号数、符号变量和符号表达式的创建
%符号数
s1=sym(1/3)          %符号数
n1=1/3               %数

%符号变量、符号表达式
syms x               %符号变量
y=sym('y');          %符号变量
f=x^2+x*y+1/3        %符号表达式
```

在 Matlab 命令行窗口运行 ex3_1.m 中的这些语句，得到如下结果。

```
%符号数的创建
s1 = 1/3
n1 = 0.3333
%符号表达式的创建
f = x^2 + y*x + 1/3
```

（2）符号的创建——符号矩阵的创建。

```
%ex3_1.m 符号的创建----符号矩阵的创建
A=sym('a', [1 3])
B=sym('a', [2 3])
syms a b c
C=[a b c; b c a; c a b]
```

在 Matlab 命令行窗口运行 ex3_1. m 中的这些语句，得到如下结果，矩阵 A、B、C 为符号矩阵。

```
%符号矩阵的创建
A = [ a1, a2, a3]
B =
[ a1_1, a1_2, a1_3]
[ a2_1, a2_2, a2_3]
C =
[ a, b, c]
[ b, c, a]
[ c, a, b]
```

（3）符号的创建——符号函数的创建。

```
%ex3_1.m 符号的创建---符号函数的创建
syms g(x,y) a b
g(x,y)=x+y^2
x=a+b
y=b
f=g(x,y)
syms x y
g1(x,y)=x+y^2
g2=symfun(x+y^2, [x,y])
```

在 Matlab 命令行窗口运行 ex3_1. m 中的这些语句，得到如下结果。可以看出，所有量均为符号量，函数 f 是 x 和 y 的表达式代入函数 g 的结果。

```
%ex3_1.m 符号的创建---符号函数的创建
g(x, y) = y^2 + x
x = a + b
y = b
f = b^2 + b + a
g1(x, y) = y^2 + x
g2(x, y) = y^2 + x
```

3.1.2　符号和数转换

1. 符号 S 转换为数值

当符号运算是为了得到一定有效位数的数值时，需要将符号转换为数值。

（1）由 digits(D) 定义有效位数 D，vpa(S) 显示符号数；

（2）vpa(S,D) 以有效位数 D 的形式显示符号 S；

（3）调用内置函数 subs(S,old,new) 新旧替换，再通过函数 eval 得到 S 的数值；

（4）double 将符号数转换为双精度数值。

2. 数 t 转换为符号

（1）sym(t) 将数转换为符号；

（2）sym(t,'r')，sym(t,'f')，sym(t,'e')，sym(t,'d') 转换为设定格式的符号数；

（3）由 sym ('t') 设定符号数。

3. 符号变量的其他转换

（1）调用内置函数 sym2cell，将符号变量转换为单元型变量，此单元型变量所有分量均为符号量；

（2）调用内置函数 matlabFunction，将符号变量转换为函数句柄。

例 3.2　符号和数的转换。

（1）符号和数的转换——符号和数的转换。

```
%ex3_2.m 符号和数的转换----符号和数的转换
N=1/7                    %分数
```

```
digitsold=digits(8)          %定义有效位数
Ns1=sym(N,'d')
digitsold=digits(32)         %返回默认有效位数
Ns2=sym(N,'d')
pis1=vpa(pi,15)
digits(15); pis2=vpa(pi)
x=sym('x'); f=x-cos(x);
f1=subs(f,x,'pi')
f1v=eval(f1)
x=pi; f2=subs(f)
f2v=eval(f)
f3v=double(f2)
f4v=vpa(f2,5)
```

在 Matlab 命令行窗口运行 ex3_2. m 中的这些语句，得到如下结果，其中 N、digitsold、$f1v$、$f2v$、$f3v$ 为数字变量，其他变量为符号数变量。

```
%ex3_2.m 符号和数的转换----符号和数的转换
N =        0.1429
digitsold =         32
Ns1 = 0.14285714
digitsold =          8
Ns2 = 0.14285714285714284921269268124888
pis1 = 3.14159265358979
pis2 = 3.14159265358979
f1 = pi + 1
f1v =        4.1416
f2 = pi + 1
f2v =        4.1416
f3v =        4.1416
f4v = 4.1416
```

（2）符号和数的转换——数和符号的转换。

```
%ex3_2.m 符号和数的转换----数和符号的转换
%分数
N=1/7
Ns1=sym(N)
Ns2=sym(N,'r')
Ns3=sym(N,'f')
Ns4=sym(N,'e')
Ns5=sym(N,'d')
%小数
Ms=sym('0.142857142857143')
Ms1=sym(0.142857142857143)
%整数
Ms2=sym('12345')
Ms3=sym(12345)
```

在 Matlab 命令行窗口运行 ex3_2. m 中的这些语句，得到如下结果，变量 N 为数字变量，其他为符号数变量。

```
%ex3_2.m 符号和数的转换----数和符号的转换
%分数
N =        0.1429
Ns1 = 1/7
Ns2 = 1/7
Ns3 = 2573485501354569/18014398509481984
Ns4 = 1/7 - eps/28
Ns5 = 0.14285714285714284921269268124888
%小数
Ms = 0.142857142857143
```

```
Ms1 = 1/7
%整数
Ms2 = 12345
Ms3 = 12345
```

（3）符号和数的转换——符号变量的其他转换（符号和单元型变量的转换）。

```
%ex3_2.m 符号和数的转换----符号变量的其他转换
%符号和单元型变量的转换
syms x y
S =  [x 2 3 4; y 6 7 8; 9 10 11 12]
C = sym2cell(S)
C12=C{1,2}
```

在 Matlab 命令行窗口运行 ex3_2.m 中的这些语句，得到如下结果，其中 *S* 为符号量，*C* 为所有元素均为符号量的单元型变量，*C*12 为 *C* 的第一行第二列的符号变量元素。

```
%ex3_2.m 符号和数的转换----符号和单元型变量的转换
S =
[ x,  2,  3,  4]
[ y,  6,  7,  8]
[ 9, 10, 11, 12]
C =
  3×4 cell 数组
    [1×1 sym]    [1×1 sym]    [1×1 sym]    [1×1 sym]
    [1×1 sym]    [1×1 sym]    [1×1 sym]    [1×1 sym]
    [1×1 sym]    [1×1 sym]    [1×1 sym]    [1×1 sym]
C12 = 2
```

（4）符号和数的转换——符号变量的其他转换（符号变量转换为函数句柄）。

```
%ex3_2.m 符号和数的转换----符号变量的其他转换
%符号变量转换为函数句柄
syms x y
f(x,y) = x^3 + y^3;
ht = matlabFunction(f)
```

在 Matlab 命令行窗口运行 ex3_2.m 中的这些语句，得到如下结果。

```
%ex3_2.m 符号和数的转换----符号和单元型变量的转换
ht =
  包含以下值的 function_handle:
    @(x,y)x.^3+y.^3
```

3.1.3　符号显示

1. 符号显示
符号显示类同于数值的显示，有多种方式。
2. 符号 *S* 的显示
（1）disp(*S*) 显示符号；
（2）display(*S*) 显示符号；
（3）pretty(*S*) 显示符号。
例3.3　符号的显示。

```
%ex3_3.m 符号的显示
x=sym('x'); f=x-cos(x);       %创建符号函数
disp(f)                       %符号的显示
display(f)                    %符号的显示
pretty(f)                     %符号的显示
f1=eval(subs(f,x,'pi'));      %符号函数取值
display(f1)                   %数值的显示
```

在 Matlab 命令行窗口运行 ex3_3. m，得到如下结果。

```
>> ex3_3
x - cos(x)
f = x - cos(x)
x - cos(x)
f1 =    4.1416
```

3.2 符号运算

符号运算包括符号函数运算、符号矩阵运算以及符号微积分运算。

3.2.1 符号函数运算

符号函数运算包括符号复合函数运算和反函数运算。

1. 复合函数运算

（1）定义：若 $z = z(y)$，其自变量 $y = y(x)$，则复合函数 $z = z(y(x))$。

（2）调用内置函数 compose 实现：

①compose (f,g)，若 $f = f(x)$，$g = g(y)$，则返回 $f(g(y))$；

②compose (f,g,z)，若 $f = f(x)$，$g = g(y)$，则返回 $f(g(z))$；

③compose (f,g,x,z)，若 $f = f(x,t)$，$g = g(y)$，则返回 $f(g(z),t)$；

④compose (f,g,x,y,z)，若 $f = f(x,t)$，$g = g(y,u)$，则返回 $f(g(z,u),t)$。

2. 反函数运算

（1）定义：若 $f = f(x)$，其反函数为 $g(f(x)) = x$。

（2）调用内置函数 finverse 实现：

①$g = $ finverse (f)；

②$g = $ finverse (f,v)。

例 3.4　符号函数运算。

```
%ex3_4.m 符号函数运算----
%复合函数运算
syms x y z t u;
f=1/(1+x^2); g=sin(y);
fg=compose(f,g)
fgt=compose(f,g,t)
h=x^t;
hgx=compose(h,g,x,z)
hgt=compose(h,g,t,z)
p=exp(-y/u);
hpy=compose(h,p,x,y,z)
hpu=compose(h,p,t,u,z)
%反函数的运算
syms x y;
f=x^2+y;
fx=finverse(f)
fy=finverse(f,y)
```

在 Matlab 命令行窗口运行 ex3_4. m，得到如下结果。

```
>> ex3_4
%复合函数运算
fg = 1/(sin(y)^2 + 1)
fgt = 1/(sin(t)^2 + 1)
hgx = sin(z)^t
hgt = x^sin(z)
hpy = exp(-z/u)^t
hpu = x^exp(-y/z)
```

```
%反函数的运算
fx = (x - y)^(1/2)
fy = - x^2 + y
```

3.2.2　符号矩阵运算

符号矩阵运算类似于数值矩阵运算，包括基本运算和矩阵分解。此外，符号矩阵运算还包括特有的符号矩阵的简化。

1. 基本运算

（1）四则运算（＋，－，＊，／，＼）；

（2）幂运算；

（3）指数运算；

（4）行列式运算；

（5）逆运算；

（6）矩阵的秩。

2. 矩阵分解（函数调用类同数值矩阵分解）

（1）特征值分解函数 eig；

（2）奇异值分解函数 svd；

（3）约当标准型函数 jordan；

（4）矩阵的抽取函数 diag、tril、triu。

3. 符号矩阵的简化

（1）因式分解内置函数：factor(S)，factor(sym('N'))；

（2）展开内置函数：expand(S)；

（3）同类式合并内置函数：collect(S)，collect(S, v)；

（4）简化内置函数：simplify(S)（早期版本还有 simple(S)，$[R, \text{HOW}]$ = simple(S)）；

（5）分式通分内置函数：$[N, D]$ = numden(A)；

（6）表达式的嵌套内置函数：horner(P)。

例 3.5　符号矩阵运算。

（1）符号矩阵运算——基本运算。

```
%ex3_5.m 符号矩阵运算----基本运算
%四则运算
syms x;
a=[1/x,1/(x+1);1/(x+2),1/(x+3)];
b=[x,1;x+2,0];
apb=a+b
asb=a-b
amb=a*b
adb=b\a
```

在 Matlab 命令行窗口运行 ex3_5.m 中的这些语句，得到如下结果。

```
%ex3_5.m 符号矩阵运算----基本运算
%四则运算
apb =
[               x + 1/x, 1/(x + 1) + 1]
[ x + 1/(x + 2) + 2,         1/(x + 3)]
asb =
[               1/x - x, 1/(x + 1) - 1]
[ 1/(x + 2) - x - 2,        1/(x + 3)]
amb =
[           (x + 2)/(x + 1) + 1,           1/x]
[ x/(x + 2) + (x + 2)/(x + 3), 1/(x + 2)]
```

```
adb =
[                    1/(x + 2)^2,                      1/((x + 2)*(x + 3))]
[ (4*(x + 1))/(x*(x + 2)^2), (2*(2*x + 3))/((x + 1)*(x + 2)*(x + 3))]
```

（2）符号矩阵运算——基本运算。

```
%ex3_5.m 符号矩阵运算----基本运算
%幂和指数运算
syms x t;
a=[x,1;x+2,0];
A=[0 1;-1 0];
a2=a^2
E=expm(t*A)
%行列式运算、矩阵逆运算及矩阵的秩
syms x;
a=[1/x,1/(x+1);1/(x+2),1/(x+3)];
b=[x,1;x+2,0];
adet=det(a)
binv=inv(b)
arank=rank(a)
```

在 Matlab 命令行窗口运行 ex3_5.m 中的这些语句，得到如下结果。

```
%ex3_5.m 符号矩阵运算----基本运算
%幂和指数运算
a2 =
[ x^2 + x + 2,        x]
[    x*(x + 2), x + 2]
E =
[                   exp(-t*1i)/2 + exp(t*1i)/2, (exp(-t*1i)*1i)/2 - (exp(t*1i)*1i)/2]
[ - (exp(-t*1i)*1i)/2 + (exp(t*1i)*1i)/2,                   exp(-t*1i)/2 + exp(t*1i)/2]
%行列式运算、矩阵逆运算及矩阵的秩
adet =
2/(x*(x + 1)*(x + 2)*(x + 3))
binv =
[ 0,    1/(x + 2)]
[ 1, -x/(x + 2)]
arank =
      2
```

（3）符号矩阵运算——矩阵分解。

```
%ex3_5.m 符号矩阵运算----矩阵分解
%特征值分解
x=sym('x'); b=sym([x,1;x+2,0])
[x,y]=eig(b)        % b*x=x*y
c=b*x; d=x*y;
isequal(collect(c),collect(d))
```

在 Matlab 命令行窗口运行 ex3_5.m 中的这些语句，得到如下结果。

```
%ex3_5.m 符号矩阵运算----矩阵分解
%特征值分解
b =
[     x, 1]
[ x + 2, 0]
x =
[ (x/2 - (x^2 + 4*x + 8)^(1/2)/2)/(x + 2), (x/2 + (x^2 + 4*x + 8)^(1/2)/2)/(x + 2)]
[                                    1,                                    1]
y =
[ x/2 - (x^2 + 4*x + 8)^(1/2)/2,                              0]
[                          0, x/2 + (x^2 + 4*x + 8)^(1/2)/2]
ans =
```

```
logical
   1
```

（4）符号矩阵运算——矩阵分解。

```
%ex3_5.m 符号矩阵运算----矩阵分解
%奇异值分解
syms t; A=[0 1;-1 0];
E=expm(t*A)
sigma=svd(E)
simplify(sigma)
%约当标准型函数
a=sym([1 1 2;0 1 3;0 0 2]);
[x,y]=jordan(a)    % x\a*x=y
x1=x\a*x
isequal(x1,y)
```

在 Matlab 命令行窗口运行 ex3_5. m 中的这些语句，得到如下结果。

```
%ex3_5.m 符号矩阵运算----矩阵分解
%奇异值分解
E =
[                 exp(-t*1i)/2 + exp(t*1i)/2, (exp(-t*1i)*1i)/2 - (exp(t*1i)*1i)/2]
[ - (exp(-t*1i)*1i)/2 + (exp(t*1i)*1i)/2,                 exp(-t*1i)/2 + exp(t*1i)/2]
sigma =
  (exp(-t*1i)*exp(conj(t)*1i))^(1/2)
  (exp(t*1i)*exp(-conj(t)*1i))^(1/2)
ans =
  exp(- (t*1i)/2 + (conj(t)*1i)/2)
    exp((t*1i)/2 - (conj(t)*1i)/2)
%约当标准型函数
x =
[ 5, -5, -5]
[ 3,  0, -5]
[ 1,  0,  0]
y =
[ 2, 0, 0]
[ 0, 1, 1]
[ 0, 0, 1]
x1 =
[ 2, 0, 0]
[ 0, 1, 1]
[ 0, 0, 1]
ans =
   logical
    1
```

（5）符号矩阵运算——矩阵分解。

```
%ex3_5.m 符号矩阵运算----矩阵分解
%符号矩阵的抽取
syms x y t a b;
z=[x*y x^a sin(y);t^a log(y) b; y exp(t) x];
ztu=triu(z)
zd=diag(z)
ztl=tril(z)
```

在 Matlab 命令行窗口运行 ex3_5. m 中的这些语句，得到如下结果。

```
%ex3_5.m 符号矩阵运算----矩阵分解
%符号矩阵的抽取
ztu =
[ x*y,      x^a, sin(y)]
```

```
[    0, log(y),        b]
[    0,      0,        x]
zd =
     x*y
  log(y)
       x
ztl =
[ x*y,          0, 0]
[ t^a, log(y), 0]
[    y, exp(t), x]
```

（6）符号矩阵运算——符号矩阵的简化。

```
%ex3_5.m 符号矩阵运算---符号矩阵的简化
%符号矩阵因式分解
syms x;
f=factor(x^9-1)
ns=factor(sym('12345678901234567890'))
%符号矩阵的展开
syms x y;
f=[(x+1)^3, sin(x+y)]
fe=expand(f)
```

在 Matlab 命令行窗口运行 ex3_5. m 中的这些语句，得到如下结果。

```
%ex3_5.m 符号矩阵运算---符号矩阵的简化
%符号矩阵因式分解
f =
[ x - 1, x^2 + x + 1, x^6 + x^3 + 1]
ns =
[ 2, 3, 3, 5, 101, 3541, 3607, 3803, 27961]
%符号矩阵的展开
f =
[ (x + 1)^3, sin(x + y)]
fe =
[ x^3 + 3*x^2 + 3*x + 1, cos(x)*sin(y) + cos(y)*sin(x)]
```

（7）符号矩阵运算——符号矩阵的简化。

```
%ex3_5.m 符号矩阵运算---符号矩阵的简化
%符号矩阵同类式合并
syms x y;
f=[x^2*y+y*x-x^2-2*x, x*y^2+x^2*y+x]
fc=collect(f)
%符号矩阵的简化
syms x y c alpha beta;
S=[sin(x)^2+cos(x)^2, exp(c*log(sqrt(alpha+beta)))]
Ss=simplify(S)
%符号矩阵分式通分
syms x y;
[n,d]=numden([x/y+y/x, y/(x+1)+x/y])
%符号矩阵的嵌套
syms x
fh=horner([x^3-6*x^2+11*x-6, x^2+5*x+1])
```

在 Matlab 命令行窗口运行 ex3_5. m 中的这些语句，得到如下结果。

```
%ex3_5.m 符号矩阵运算---符号矩阵的简化
%符号矩阵同类式合并
f =
[ x*y - 2*x + x^2*y - x^2, x^2*y + x*y^2 + x]
```

```
fc =
[ (y - 1)*x^2 + (y - 2)*x, y*x^2 + (y^2 + 1)*x]
%符号矩阵的简化
S =
[ cos(x)^2 + sin(x)^2, exp(c*log((alpha + beta)^(1/2)))]
Ss =
[ 1, (alpha + beta)^(c/2)]
%符号矩阵分式通分
n =
[ x^2 + y^2, x^2 + x + y^2]
d =
[ x*y, y*(x + 1)]
%符号矩阵的嵌套
fh =
[ x*(x*(x - 6) + 11) - 6, x*(x + 5) + 1]
```

3.2.3　符号微积分

Matlab 中的符号微积分包括符号表达式或符号数组的微积分相关运算。

1. 符号极限与积分

（1）极限是微积分学的基础。极限内置函数：$\text{limit}(F)$，$\text{limit}(F,a)$，$\text{limit}(F,x,a)$，$\text{limit}(F,x,a,\text{'right'})$ 或 $\text{limit}(F,x,a,\text{'left'})$；

（2）积分内置函数：$\text{int}(S)$，$\text{int}(S,v)$，$\text{int}(S,a,b)$，$\text{int}(S,v,a,b)$；

（3）合计内置函数：$\text{symsum}(S)$，$\text{symsum}(S,v)$，$\text{symsum}(S,a,b)$。

2. 符号微分和差分

（1）微分和差分内置函数：$\text{diff}(S)$，$\text{diff}(S,v)$，$\text{diff}(S,n)$；

（2）梯度内置函数：$Fg = \text{gradient}(F)$，$Fg = \text{gradient}(F,H)$；

（3）多元函数的导数内置函数：$\text{jacobian}(f,v)$。

例 3.6　符号微积分。

（1）符号微积分——符号的积分。

```
%ex3_6.m 符号微积分---符号的积分
%符号极限
syms x t h;
f1=limit([sin(x)/x, (sin(x+h)-sin(h))/x],x,0)
f2=limit((1+2*t/x)^(3*x),x,inf)
f3=limit(1/x,x,0,'right')
f4=limit(1/x,x,0,'left')
%符号积分
syms x x1 t;
A=[cos(x*t),sin(x*t);-sin(x*t),cos(x*t)];
Aint=int(A,t)
Aintv=int(A,t,0,1)
finv=int(x1*log(1+x1),0,1)
%符号合计函数
syms k; A=[k, k^2];
f=symsum(A)
fs=simplify(f)
fv=symsum(A,0,10)
```

在 Matlab 命令行窗口运行 ex3_6. m 中的这些语句，得到如下结果。

```
%ex3_6.m 符号微积分---符号的积分
%符号极限
f1 = [ 1, cos(h)]
f2 = exp(6*t)
```

```
f3 = Inf
f4 = -Inf
%符号积分
Aint =
[ sin(t*x)/x, -cos(t*x)/x]
[ cos(t*x)/x,   sin(t*x)/x]
Aintv =
[        sin(x)/x, -(cos(x) - 1)/x]
[ (cos(x) - 1)/x,        sin(x)/x]
finv = 1/4
%符号合计函数
f = [ k^2/2 - k/2, k^3/3 - k^2/2 + k/6]
fs = [ (k*(k - 1))/2, (k*(2*k^2 - 3*k + 1))/6]
fv = [ 55, 385]
```

（2）符号微积分——符号的微分和差分。

```
%ex3_6.m 符号微积分---符号的微分和差分
%符号微分
syms x t;
A=[sin(x^2), x^3+x+1];
B=[t^2,t^6,t^7];
dA=diff(A)
dB=diff(B,6)
%符号梯度函数
syms x y; f=x^2 + y;
fg=gradient(f, [x, y])
%多元函数的导数
syms x y;
S=[x^2+y^2-4; x^2-y^2-1];
dS=jacobian(S,[x,y])
syms x1 x2 x3;
f=[3*x1-cos(x1*x2);x1^2-81*(x2+0.1)^2+sin(x3);exp(-x1*x2)+20*x3]
df1=jacobian(f,x1)
```

在 Matlab 命令行窗口运行 ex3_6. m 中的这些语句，得到如下结果。

```
%ex3_6.m 符号微积分---符号的微分和差分
%符号微分
dA = [ 2*x*cos(x^2), 3*x^2 + 1]
dB = [ 0, 720, 5040*t]
%符号梯度函数
fg =
  2*x
    1
%多元函数的导数
S =
  x^2 + y^2 - 4
  x^2 - y^2 - 1
dS =
[ 2*x,   2*y]
[ 2*x, -2*y]
f =
                 3*x1 - cos(x1*x2)
  sin(x3) - 81*(x2 + 1/10)^2 + x1^2
                 20*x3 + exp(-x1*x2)

df1 =
  x2*sin(x1*x2) + 3
                 2*x1
    -x2*exp(-x1*x2)
```

3.3 符号方程求解

当符号方程有解析解时，调用 Matlab 内置函数可进行符号方程求解。符号方程包括线性方程组、非线性方程（组）以及常微分方程（组）。

3.3.1 线性方程组求解

求解可采用以下四种方式。

（1）符号矩阵除法求解；

（2）调用函数 linsolve（符号系数矩阵，符号常数项）求解；

（3）调用函数 solve（符号方程）求解；

（4）调用函数 vpasolve（符号方程）求得解的数值显示。

例 3.7 线性方程组求解。

```
%ex3_7.m 符号线性方程组求解----符号解法1-4
% 10x-y=9；  -x+10y-2z=7；  -2y+10z=6。
%method 1       符号矩阵除法
a=sym([10,-1,0;-1,10,-2;0,-2,10]);
b=sym([9;7;6]);
x11=a\b           %or
x12=(b'/a')'
%method 2    linsolve to solve
x2=linsolve(a,b)
%method 3 solve()
syms x y z;
equs=[10*x-y-9; -x+10*y-2*z-7; -2*y+10*z-6];
x3=solve(equs);
x3=[x3.x;x3.y;x3.z]
%method 4 vpasolve()
syms x y z;
equs=[10*x-y-9; -x+10*y-2*z-7; -2*y+10*z-6];
x4=vpasolve(equs);
x4=[x4.x;x4.y;x4.z]
```

在 Matlab 命令行窗口运行程序 ex3_7. m，得到如下结果。可以看出，该线性方程组的符号求解有四种方法，得到的四组解 $x11$ 或 $x12$、$x2$ 至 $x4$ 都是符号，而且相同。

```
>> ex3_7
x11 =
 473/475
    91/95
 376/475
x12 =
 473/475
    91/95
 376/475
x2 =
 473/475
    91/95
 376/475
x3 =
 473/475
    91/95
 376/475
x4 =
 0.99578947368421052631578947368421
 0.95789473684210526315789473684211
 0.79157894736842105263157894736842
```

3.3.2 非线性方程（组）求解

写出非线性方程（组）符号表达式 equ，求解方式如下：

（1）调用内置函数 solve 求解：$x = \text{solve}(\text{equ})$，无解析解时告知或给出数值解；

（2）调用内置函数 vpasolve 求解：$x = \text{vpasolve}(\text{equ})$，给出解析解的数值显示。

例 3.8 非线性方程（组）求解。

```
%ex3_8.m 非线性方程（组）求解
% x^3+x^2-3*x-3=0        (1)
%&
% x1-0.7*sin(x1)-0.2*cos(x2)=0
% x2-0.7*cos(x1)+0.2*sin(x2)=0          (2)
% (1) method 1 using the function of solve
syms x; equ=x^3+x^2-3*x-3==0;
x_1=solve(equ)
% (1) method 2 using the function of vpasolve
syms x; equ=x^3+x^2-3*x-3;
x_2=vpasolve(equ)
% (2) method 1 using the function of solve
syms x1 x2;
equs=[x1-0.7*sin(x1)-0.2*cos(x2),x2-0.7*cos(x1)+0.2*sin(x2)];
[x1,x2]=solve(equs)
% (2) method 2 using the function of vpasolve
[x3,x4]=vpasolve(equs)
```

在 Matlab 命令口窗口运行 ex3_8. m，得到如下结果。可以看出，调用 solve 或 vpasolve 不仅可求得单个非线性方程的所有实根，而且可求得非线性方程组的解。

```
>> ex3_8
x_1 =
            -1
   3^(1/2)
  -3^(1/2)
x_2 =
-1.7320508075688772935274463415059
                               -1.0
  1.7320508075688772935274463415059
警告: Cannot solve symbolically. Returning a numeric approximation instead.
> In solve (line 303)
   In ex3_8 (line 18)
x1 =
0.52652262191818418730769280519209
x2 =
0.50791971903684924497183722688768
x3 =
0.52652262191818418730769280519209
x4 =
0.50791971903684924497183722688768
```

3.3.3 常微分方程求解

调用内置函数 dsolve 实现求解：dsolve(equ1，equ2，⋯)，其中：

①输入参数为微分方程及初始条件的符号方程，并以逗号分隔；

②默认自变量为 t，简写 D 代表 $\mathrm{d}/\mathrm{d}t$，D2 代表 $\mathrm{d}^2/\mathrm{d}t^2$，以此类推；

③若初始条件数目少于微分阶数，输出结果含不定常数 $C1$、$C2$ 等；

④有三种输出类型：一个方程和一个输出，多个方程和多个输出，多个方程和一个输出，此时的输出只显示解的结构。

例 3.9 常微分方程（组）求解。

```
%ex3_9.m 常微分方程（组）求解
%equ1. dx/dy=-a*x
syms a x(t); dequ=diff(x,t)==-a*x;
x=dsolve(dequ)
%euq2.  %du/dt=v     u(0)=0
        %dv/dt=w     v(0)=0
        %dw/dt=-u    w(0)=1
syms u(t) v(t) w(t);
dequs=[diff(u,t)==v,diff(v,t)==w,diff(w,t)==-u];
dequs0=[u(0)==0,v(0)==0,w(0)==1];
uvw=dsolve(dequs,dequs0);
uvw=[uvw.u; uvw.v; uvw.w]
%简单默认形式可采用字符串表示常微分方程得到如上解
%equ1. dx/dy=-a*x
f='Dx=-a*x';   x=dsolve(f)
%equ2.     %du/dt=v     u(0)=0
           %dv/dt=w     v(0)=0
           %dw/dt=-u    w(0)=1
f='Du=v,Dv=w,Dw=-u';   f0='u(0)=0,v(0)=0,w(0)=1';
[u,v,w]=dsolve(f,f0)
```

在 Matlab 命令行窗口运行 ex3_9. m，得到如下结果。

```
>> ex3_9
x =
C4*exp(-a*t)
uvw =
 exp(-t)/3 - (cos((3^(1/2)*t)/2)*exp(t)^(1/2))/3 + (3^(1/2)*sin((3^(1/2)*t)/2)*exp(t)^(1/2))/3
 (cos((3^(1/2)*t)/2)*exp(t)^(1/2))/3 - exp(-t)/3 + (3^(1/2)*sin((3^(1/2)*t)/2)*exp(t)^(1/2))/3
                                      exp(-t)/3 + (2*cos((3^(1/2)*t)/2)*exp(t)^(1/2))/3
%简单默认形式可采用字符串表示常微分方程得到如上解
x =
C4*exp(-a*t)
u =
exp(-t)/3 - (cos((3^(1/2)*t)/2)*exp(t)^(1/2))/3 + (3^(1/2)*sin((3^(1/2)*t)/2)*exp(t)^(1/2))/3
v =
(cos((3^(1/2)*t)/2)*exp(t)^(1/2))/3 - exp(-t)/3 + (3^(1/2)*sin((3^(1/2)*t)/2)*exp(t)^(1/2))/3
w =
exp(-t)/3 + (2*cos((3^(1/2)*t)/2)*exp(t)^(1/2))/3
```

3.4 符号绘图

符号绘图主要有两类：符号函数绘图 fplot 和符号简易绘图 ezfplot。

3.4.1 符号函数绘图

1. 符号函数绘图

符号函数绘图包括符号函数、参数和隐含的符号表达式绘图，有二维和三维线图、轮廓图或等值线图、面图绘制等。

2. 符号函数绘图内置函数 fplot

（1）二维函数绘图：fplot（fun，lims），fplot（fun，lims，'LineSpac'），fimplicit；

（2）三维函数绘图：fplot3，fimplicit3，fmesh；

（3）等值线图或面图：fcontour，fmesh，fsurf。

例 3.10 符号函数绘图。

（1）符号函数绘图——fplot。

```
%ex3_10.m 符号函数绘图---fplot
syms x; f=[200*sin(x)./x, x.^2, x];
S={'-b','-.r',':k'};           %设置绘图线型
subplot(1,2,1); fplot(f,[-20 20]);
legend('show','Location','best')
xlabel x; ylabel f(x); set(gca,'fontsize',15)
subplot(1,2,2); fplot(f(1),S{1},[-20 20]); hold on
fplot(f(2),S{2}); fplot(f(3),S{3});
legend('show','Location','best')
xlabel x; ylabel f(x); set(gca,'ylim',[-43.45 400],'fontsize',15)
```

在 Matlab 命令行窗口运行 ex3_10.m 中这些语句，得到结果图 3-1。可以看出，调用 fplot 可进行符号矩阵所有元素绘图或一个符号表达式绘图。

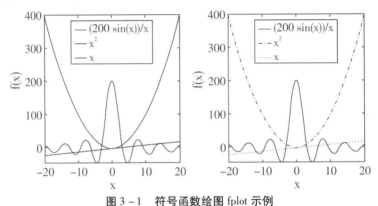

图 3-1　符号函数绘图 fplot 示例

（2）符号函数绘图——fplot3。

```
%ex3_10.m 符号函数绘图---fplot3
syms t; x = cos(3*t); y = sin(2*t);
subplot(1,2,1); fplot(x,y);title('fplot')
xlabel x; ylabel y; set(gca,'fontsize',15)
subplot(1,2,2); fplot3(t,x,y); title('fplot3')
xlabel t; ylabel x; zlabel y; set(gca,'fontsize',15)
```

在 Matlab 命令行窗口运行 ex3_10.m 中这些语句，得到结果图 3-2。

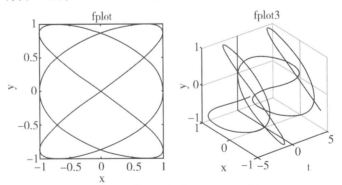

图 3-2　符号函数绘图 fplot 3 示例

（3）符号函数绘图——绘图 fimplicit。

```
%ex3_10.m 符号函数绘图---隐含函数绘图fimplicit
syms x y; equ=x^2-y^2==1; f=x^2-y^2-1;
```

```
subplot(2,2,1); fimplicit(equ); legend('show'); title('fimplicit(equ)')
xlabel x; ylabel y; set(gca,'fontsize',15)
subplot(2,2,2); fimplicit(f); legend('show') ; title('fimplicit(f)')
xlabel x; ylabel y; set(gca,'fontsize',15)
subplot(2,2,[3,4]); fimplicit3(f); legend('show') ; title('fimplicit3(f)')
xlabel x; ylabel y; zlabel f(x,y); set(gca,'fontsize',15)
```

在 Matlab 命令行窗口运行 ex3_10. m 中这些语句，得到结果图 3 - 3。

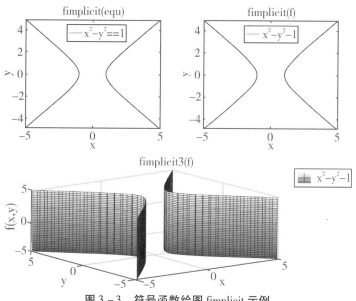

图 3 - 3　符号函数绘图 fimplicit 示例

（4）符号函数绘图——fcontour，fmesh，fsurf。

```
%ex3_10.m 符号函数绘图---fcontour, fmesh, fsurf
syms f(x,y); f(x,y)=sin(x)+cos(y);
subplot(1,3,1); fcontour(f); title('fcontour')
xlabel x; ylabel y; set(gca,'fontsize',15)
subplot(1,3,2); fmesh(f); title('fmesh')
xlabel x; ylabel y; zlabel f(x,y); set(gca,'fontsize',15)
subplot(1,3,3); fsurf(f); title('fsurf')
xlabel x; ylabel y; zlabel f(x,y); set(gca,'fontsize',15)
```

在 Matlab 命令行窗口运行 ex3_10. m 中这些语句，得到结果图 3 - 4。

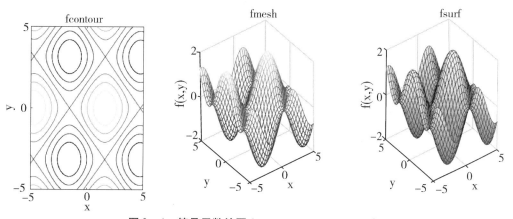

图 3 - 4　符号函数绘图 fcontour、fmesh、fsurf 示例

3.4.2 符号简易绘图

1. 符号简易绘图

符号简易绘图与符号函数绘图类似，但不可直接设置绘图的线型及颜色，在绘出的图形中，默认给出符号表达式标题和坐标轴标记。

2. 符号简易绘图内置函数 ezplot

（1）二维符号简易绘图：$ezplot(f)$、$ezplot(f,[x\min\ x\max])$、$ezplot(funx,funy)$、$ezplot(funx,funy,[t\min\ t\max])$ 等；

（2）三维或极坐标符号简易绘图：ezplot3、ezpolar；

（3）等值线或面图的简易绘图：ezcontour、ezcontourf、ezmesh、ezmeshc、ezsurf、ezsurfc；

（4）注：在低版本的 Matlab 中，函数可以是字符串、函数句柄、符号函数、参数函数、隐含函数、多元函数；在高版本的 Matlab 中，建议由 fplot 相关的内置函数替代 ezplot。

例 3.11 符号简易绘图。

（1）符号简易绘图——ezplot。

```
%ex3_11.m 符号简易绘图---ezplot
syms x y t; xt=sin(t); yt=cos(t);
f1=x-tan(x); f2=x^2-y^4; f3(x,y,t)=x^t-y^(4*t);
subplot(1,4,1); ezplot(f1,[-pi,pi]);
ylabel f; set(gca,'fontsize',15)
subplot(1,4,2); ezplot(f2); set(gca,'fontsize',15)
subplot(1,4,3); ezplot(f3(x,y,2)); set(gca,'fontsize',15)
subplot(1,4,4); ezplot(xt,yt); set(gca,'fontsize',15)
```

在 Matlab 命令行窗口运行 ex3_11.m 中这些语句，得到结果图 3 - 5。

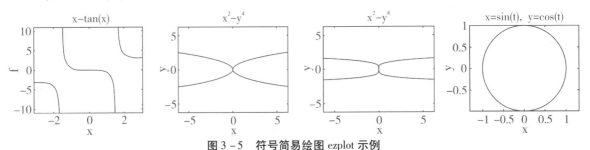

图 3 - 5　符号简易绘图 ezplot 示例

（2）符号简易绘图——ezplot3，ezpolar。

```
%ex3_11.m 符号简易绘图---ezplot3, ezpolar
syms t; x=sin(t); y=cos(t); z =t ; r=sqrt(x^2+y^2);
subplot(1,2,2); ezplot3(x,y,z,[0,6*pi])
subplot(1,2,1); ezpolar(r,6*[0,pi])
```

在 Matlab 命令行窗口运行 ex3_11.m 中这些语句，得到结果图 3 - 6。

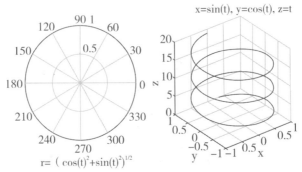

图 3 - 6　符号简易绘图 ezpolar，ezplot3 示例

（3）符号简易绘图——ezcontour，ezmesh，ezsurf。

```
%ex3_11.m 符号简易绘图---ezcontour, ezmesh, ezsurf
syms f(x,y); f(x,y)=sin(x)+cos(y);
subplot(1,3,1); ezcontour(f); legend('ezcontour'); set(gca,'fontsize',15)
subplot(1,3,2); ezmesh(f); legend('ezmesh'); zlabel f(x,y); set(gca,'fontsize',15)
subplot(1,3,3); ezsurf(f); legend('ezsurf'); zlabel f(x,y); set(gca,'fontsize',15)
```

在 Matlab 命令行窗口运行 ex3_11. m 中这些语句，得到结果图 3 - 7。

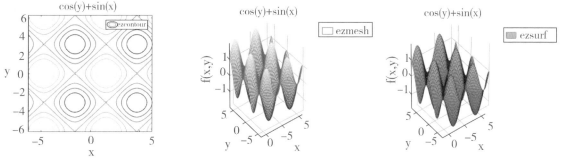

图 3 - 7　符号简易绘图 ezcontour，ezmesh，ezsurf 示例

3.5　应用实例

本节通过两个实例，介绍符号运算、符号绘图相关功能的实际应用。在实例中，结合公式推导，建立一个变量随另一个变量变化的规律，分析函数值的二分叉现象导致的混沌现象。

例 3.12　细菌繁殖速度很快，目前细菌数量为 100 个，5 秒后数量翻倍，给出细菌数量随时间变化的表达式。

解：根据题意，本题采用 Malthus 模型和 Logistic 模型，得到 t 时刻细菌的数量。

（1）Malthus 模型：假定细菌数量指数增长，有：

$$N = N_0 \exp(rt) \tag{3-1}$$

其中，时间变量 t 是自变量，r 为参变量，细菌数量 N 为因变量。从 Malthus 模型式（3-1）可以看出，当 $r>0$ 时，N 随 t 增大而趋于无限大；当 $r<0$ 时，N 随 t 增大而趋于 0；当 $t=0$ 时，$N=N_0=100$；当 $t=5$ 时，$N=200=100\exp(5r)$。由此得到非线性方程：

$$200 = 100\exp(5r) \tag{3-2}$$

通过求解非线性方程式（3-2）的符号运算，得到参数 $r =$（ln2）/5 $\approx$ 0.139，由此得到 t 时刻的细菌数量为：

$$N = 100\exp\left(\frac{\ln2}{5}t\right),\ t > 0 \tag{3-3}$$

由 Malthus 模型式（3-1）得到的结果式（3-3）可以看出，随时间 t 的增长，细菌数量呈指数增长，无上限。此与实际情形不符，实际情形中细菌的数量是受限的、不会无限增长。因此，需要对模型进行改进，以此得到与实际情形相符的结果。

（2）Logistic 模型：假定细菌数量随时间的增长而受限，基于 Malthus 模型对式（3-1）进行改进，有：

$$N = \frac{K}{1 + \left(\dfrac{K}{N_0} - 1\right)\exp(-rt)},\ t>0 \tag{3-4}$$

其中 K 和 r 为参数，当 t 趋于无穷时，N 取值随 r 的值确定，即有：

　　若 $r<0$，随着 $t\rightarrow +\infty$，有 $N(t)\rightarrow 0$；

　　若 $r=0$，有 $N(t)=N_0$；

若 $r > 0$，随着 $t \to +\infty$，有 $N(t) \to K$。 $\qquad (3-5)$

根据题意，$t = 0$，$N = 100 = N_0$；$t = 5$，$N = 200$，有：

$$200 = \cfrac{K}{1 + \left(\cfrac{K}{100} - 1\right)\exp(-5r)} \qquad (3-6)$$

通过符号运算得到式（3-6）中参数 K 与 r 的关系为 $K = 200(1 - \exp(-5r))/(1 - 2\exp(-5r))$，即得到 t 时刻细菌数量为：

$$N = K/(1 + (K/100 - 1)\exp(-rt)), \quad t > 0$$
$$= 200\exp(rt)(\exp(5r) - 1)/(\exp(r(t+5)) + \exp(5r) - 2\exp(rt)) \qquad (3-7)$$

从 Logistic 模型式（3-4）得到的结果式（3-7）看出，当 $r > (\ln 2)/5$ 时，随时间 t 的增长，细菌数量的增长存在上限，此结果与实际情形细菌数量是受限的相符。

（3）程序流程图：根据 Malthus 模型式（3-1）和 Logistic 模型式（3-4）编制符号运算程序，得到结果式（3-3）和式（3-7），并绘出细菌数量随时间 t、参数 r 的变化图示。程序流程见图 3-8。

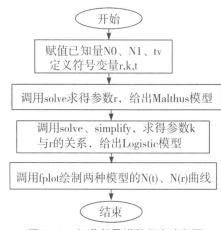

图 3-8　细菌数量增长程序流程图

（4）程序编制及运行：根据程序流程图 3-8，编制 Matlab 程序 ex3_12.m 如下。

```
%ex3_12.m 符号运算实例 例3.12
N0=100; N1=200; tv=5;
syms r k t; rv=[0.5,1,2,4]; tm=[0,tv/2,tv,2*tv,inf]; lt=length(tm);
sp={'    (a)','    (b)','    (c)','    (d)'};
for i=1:2
    if i==1        % Malthus模型
        S='Malthus model';
        N=N0*exp(r*t); r1=solve(subs(N,'t',5)-N1); N3=subs(N,'t',tm);
        rm=r1; Nv=subs(N,'r',rm)
        subplot(2,2,(2*i-1)); fplot(Nv,'-b','linewidth',2);
    else           % Logistic模型
        S='Logistic model';
        N=k/(1+(k/N0-1)*exp(-r*t)); k=solve(subs(N,'t',5)-N1,'k')
        N2=simplify(subs(N,'k',k))
        rm=r1*rv; Nv=subs(N2,'r',rm); N3=subs(N2,'t',tm);
        subplot(2,2,(2*i-1)); fplot(Nv(1), ':m','linewidth',2);hold on;
        fplot(Nv(2),'-b','linewidth',2); fplot(Nv(3),'--c','linewidth',2);
        fplot(Nv(4),'-.r','linewidth',2);
    end
    %fplot the N(t)- t for giving values of parameter r
    leg=[repmat('r = ',length(rm),1),num2str(double(rm'),2)];
```

```
      legend(leg,'Location','SE'); axis([0,10,0,400]);
      text(0.3,320,{S; sp{2*i-1}},'fontsize',13);
      xlabel 't (s)', ylabel 'N(t)'; set(gca,'fontsize',15)
      %fplot the N(r)- r for giving values of time t
      subplot(2,2,2*i); fplot(N3(1),'-b','linewidth',2); hold on;
      fplot(N3(2),':m','linewidth',2); fplot(N3(3),'--r','linewidth',2);
      fplot(N3(4),'-.c','linewidth',2); fplot(N3(5),'-k','linewidth',2);
      legt=[repmat('t =',lt,1),num2str(double(tm),2) repmat(' s',lt,1)];
      legend(legt,'Location','SE'); axis([-2,2,-400,600]);
      text(-1.8,420,{S; sp{2*i}},'fontsize',13);
      xlabel 'r', ylabel 'N(r)'; set(gca,'fontsize',15)
end
```

在 Matlab 命令行窗口运行程序 ex3_12. m，得到如下结果，Nv 和 $N2$ 分别是 Malthus 模型和 Logistic 模型表达式（3 – 3）和式（3 – 7），调用符号绘图内置函数 fplot 绘出结果图 3 – 9。

```
>> ex3_12
Nv =
100*exp((t*log(2))/5)
k =
 (200*exp(5*r) - 200)/(exp(5*r) - 2)
N2 =
 (200*exp(r*(t + 5)) - 200*exp(r*t))/(exp(r*(t + 5)) + exp(5*r) - 2*exp(r*t))
```

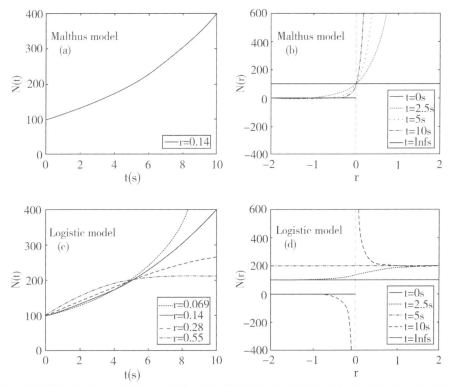

图 3 – 9　细菌数量随 t 和 r 的变化，（a）和（b）使用 Malthus 模型，（c）和（d）使用 Logistic 模型

（5）结果分析：从 ex3_12. m 运行结果图 3 – 9 看出：在 Malthus 模型 $N(t)$ 中，参数 $r = (\ln 2)/5 \approx 0.14$ 时，$N(t)$ 随时间增长而无上限的增长，见图 3 – 9（a）；图 3 – 9（b）给出时间 t 确定的 $N(r)$ 随参数 r 的变化，$r > 0$ 且值越大，N 增长越快；$r < 0$ 且绝对值越大，N 越快趋于 0。在 Logistic 模型 $N(t)$ 中，参数 K 与 r 相关，参数 $r > (\ln 2)/5 \approx 0.14$ 时，$N(t)$ 随时间有上限的增长，见图 3 – 9（c）；图 3 – 9（d）给出时间 t 确定的 $N(r)$ 随参数 r 的变化，$r > (\ln 2)/5$ 且值越大，N 上限值越小，最小为 200；$r < 0$ 且绝对值越大，N 的上限越快趋于 0。

例 3.13 混沌现象：若 $x_n = f(x_{n-1})$，当 $n \to \infty$ 时，有 $x_n \to x^*$，$x^* = f(x^*)$，分析 x 具有

的特性。该式的实际应用对应于：下一年人口数目 $f(p)$ 取决于当年人口数目 p，即当年，下一年，再下一年，等等；人口数目分别为 p，$f(p)$，$f(f(p))$，等等。编制计算程序，基于 $x_n = rx_{n-1}(1 - x_{n-1})$，$0 \leqslant x_{n-1} \leqslant 1$，分析变量 x_n 二值分叉导致的混沌现象。

解: 基于 $x_n = rx_{n-1}(1 - x_{n-1})$，$0 \leqslant x_{n-1} \leqslant 1$，分析混沌现象，分为如下步骤完成。

（1）分析参数 r 不同取值时，变量 x_n 随迭代次数 n 的变化。

基于关系式（3-8）：

$$x_n = rx_{n-1}(1 - x_{n-1}), \quad 0 \leqslant x_{n-1} \leqslant 1 \tag{3-8}$$

得到非线性方程 $x = rx(1-x)$ 的解 xs。基于式（3-8），初值 x_0 取区域（0，1）内的一个随机数，参数 r 分别取 2.5、3.0、3.5、3.9，进行 $n \leqslant 100$ 的迭代。这些内容由编制的程序实现，程序流程见图 3-10。

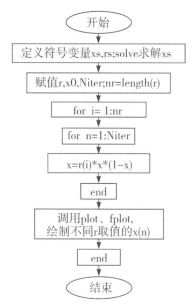

图 3-10 变量 x_n 随迭代次数 n 变化的程序流程图

根据程序流程图 3-10 编制的 Matlab 程序 ex3_13_1. m 如下。

```
%ex3_13_1.m 符号运算实例 % 例3.13 function bifurcation point x=r*x0(1-x0)
% x0=rand(1); r = [2.5,3.0,3.5,3.9]; Niter=100; slove symbotically the x=r*x*(1-x)
syms xs rs; xs=solve(rs*xs*(1-xs)-xs)
%to get the relationship of xn with n in a value of r
r = [2.5,3.0,3.5,3.9]; nr=length(r);    % values of r in (0,4)
Niter = 100; x0 =rand(1); % Max number of iterations, x0
for i=1:nr
    X = []; x=x0; xs2=subs(xs(2),'rs',r(i));
    for n=1:Niter;
        x = r(i)*x*(1-x); X = [X x];
    end
    %plot the picture of xn - r
    subplot(2,nr/2,i); plot(0,x0,'bO',1:Niter,X,'b.')
    hold on; fplot(xs(1),'-r');fplot(xs2,'-r'); hold off;
    leg={['x_0 = ' num2str(x0,2)],['r = ' num2str(r(i))],'xs'};
    legend(leg,'location','NE'); axis([0,Niter,-0.1,1.6]);
    txt='x_n = r*x_{n-1}*(1-x_{n-1})';
    if i==1;text(5,0.2,txt,'fontsize',15);end
    xlabel n; ylabel x_n; set(gca,'fontsize',15)
end
```

在 Matlab 命令行窗口运行程序 ex3_13_1. m，得到如下结果和结果图 3-11，可以看出，解析解 xs 有两个取值，分别是 0 和 $(rs-1)/rs$。从图 3-11 可以看出，当 $r \geqslant 3$ 时，即 r 取值为 3、3.5 和 3.9 时，x_n 随迭代次数 n 的变化出现多重二值分叉。

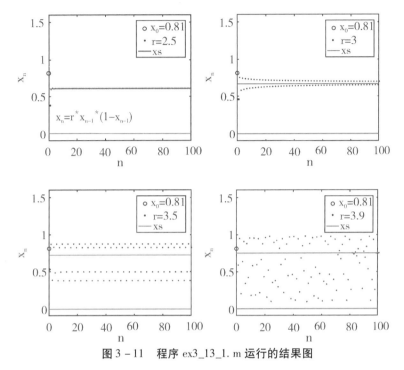

图 3 – 11　程序 ex3_13_1. m 运行的结果图

（2）基于关系式（3 – 8），给出迭代 n 次后的 x_n 随参数 r 的变化。

基于关系式（3 – 8），抽取区域（0，1）内 $nx = 1000$ 个随机数 x_0，进行 $n = 5000$ 次的迭代，给出迭代得到的 nx 个 x_n 随参数 r 的变化图示，由编制的程序实现，程序流程见图 3 – 12。

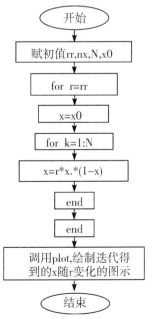

图 3 – 12　变量 x_n 随参数 r 变化的程序流程图

根据程序流程图 3 – 12，编制程序 ex3_13_2. m 如下。

```
%ex3_13_2.m 符号运算实例
%例3.13 function bifurcation point x=r*x0(1-x0), x0=rand; r = [0, 4.5]; N=5000;
r0=0; r1=4.5; nr=200; nx=1000; N=5000;
rr = linspace(r0,r1,nr+1);X = []; x0 = rand(1,nx);
for r=rr
        x = x0;
        for k=1:N
                x = r*x.*(1-x);
        end
        X = [X; x];
end
R=repmat(rr',1,nx);
%plot relation of x with r
plot(R,X,'b.'); axis([r0,r1,-0.05 1.05]);
text(0.5,0.8,'x_n=rx_{n-1}(1-x_{n-1})', 'fontsize',13)
xlabel r; ylabel x_n; set(gca,'fontsize',15)
```

在 Matlab 命令行窗口运行 ex3_13_2. m，得到结果图 3 – 13，可以看出：当 $r > 3$ 时，迭代的 x_n 值出现多重二值分叉；当 r 接近 4 时，迭代的 x_n 值密集覆盖 [0，1] 区域；当 $r \geq 4$ 时，迭代的 x_n 值为 inf，在图 3 – 13 中无法显示。

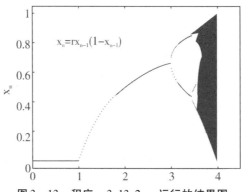

图 3 – 13　程序 ex3_13_2. m 运行的结果图

（3）基于关系式（3 – 8）的符号解 $x(r)$，解释在 $r \geq 3$ 时出现的二值分叉。

基于关系式（3 – 8），有迭代式：

$$x_n = f(x_{n-1}) = rx_{n-1}(1 - x_{n-1}), \quad 0 \leq x_{n-1} \leq 1 \tag{3-9}$$

当迭代式（3 – 9）中的 $f(x)$ 的一阶导数 $\mathrm{d}f(x)$ 的绝对值大于 1 时，迭代发散，迭代值 x_n 出现二值分叉。

在 Matlab 中调用内置函数 solve，获得非线性方程（3 – 10）的符号解，将符号解代入 $\mathrm{d}f(x)$，从而解释在 $r \geq 3$ 时出现的二值分叉。

$$x - rx(1 - x) = 0 \tag{3-10}$$

这些内容通过编制的程序实现，程序流程见图 3 – 14。

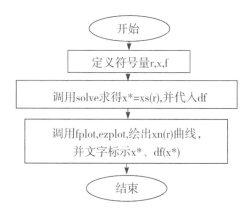

图 3 - 14 在 $r > 3$ 时 x_n 出现二值分叉的程序流程图

根据程序流程图 3 - 14，编制程序 ex3_13_3. m 如下。

```
%ex3_13_3.m 符号运算实例  %例3.13 function bifurcationpoint x=r*x0(1-x0)
%to solve the equation
syms r x; f = r*x*(1-x); xs = solve(f-x)
%the differential of function f
df = simplify(diff(f,x))
dfv=simplify(subs(df,x,xs))
rbif12 = [solve(subs(df,x,xs(2))-1),solve(subs(df,x,xs(2))+1)]
%plot the point of bifurcation
x12=double(subs(xs(2),r,rbif12)); rr=double(rbif12);
plot(rr,x12,'rO'); hold on
% plot the solution of x when r < 4.5
h1=ezplot(xs(1)); set(h1, 'LineStyle',':', 'Color','b'); hold on
h2=ezplot(xs(1),[0,double(rbif12(1))]); set(h2, 'LineStyle','-', 'color','b')
h3=ezplot(xs(2)); set(h3, 'LineStyle','--',   'Color','r');
h4=ezplot(xs(2),[double(rbif12(1)),double(rbif12(2))]);
set(h4, 'LineStyle','-',   'Color','r'); axis([0,4.5,-0.2,1])
tex1=['\uparrow    ' 'x*= ' char(xs(1)) ', df(x*) = ' char(dfv(1))];
text(2,-0.1,tex1,'fontsize',15, 'color','b')
tex2=['x*= ' char(xs(2))    ', df(x*) = ' char(dfv(2)) ' \downarrow'];
text(0.2,0.7, tex2, 'fontsize',15,'color','r')
title('bifurcation point x_n=rx_{n-1}(1-x_{n-1})');
ylabel x_n; set(gca,'fontsize',15)
```

在 Matlab 命令行窗口运行程序 ex3_13_3. m，得到如下结果和图 3 - 15。可以看出，当 $r = 3$ 时，$f(x)$ 一阶导数 df 为 -1；当 $r > 3$ 时，$f(x)$ 一阶导数 df 的绝对值大于 1，此时由式（3 - 9）得到迭代发散，迭代的 x_n 值出现二值分叉。

```
>> ex3_13_3
xs =
        0
 (r - 1)/r
df = -r*(2*x - 1)
dfv =
       r
 2 - r
rbif12 = [ 1, 3]
```

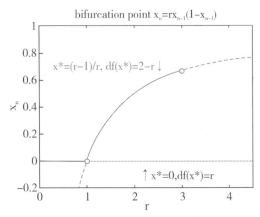

图 3-15 程序 ex3_13_3. m 运行的结果图

（4）解释由迭代式（3-9）得到的 x_n 在 $r > 3$ 出现更多二值分叉现象。

从图 3-15 可以看出，当 $r > 3$ 时，$f(x)$ 一阶导数绝对值大于 1，x_n 迭代发散，即：

$$\because x^* = f(x^*) = rx^*(1 - x^*) \Rightarrow x^* = 0; x^* = 1 - 1/r$$

$$\therefore f'(x^*) = r(1 - 2x^*) = \begin{cases} 1 & \rightarrow \text{当} x^* = 0 \text{时}, r = 1 \text{为不分叉点} \\ -1 & \rightarrow \text{当} x^* = 1 - 1/r \text{时}, r = 3 \text{分叉点} \end{cases} \quad (3-11)$$

由迭代式（3-9），有：

$$\because x^* - x_n = f(x^*) - f(x_{n-1}) \approx (x^* - x_{n-1})f'(x^*)$$

$$\therefore x^* = \begin{cases} f(x^*), \text{当} f'(x^*) = 1 \text{时} \\ f(f(x^*)), \text{当} f'(x^*) = -1 \text{时} \end{cases}$$

当 $f'(x^*) = -1$ 时，有：

$$x^* = f(f(x^*)) \quad (3-12)$$

由此，发散点 x 可由 solve('$x - f(f(x))$') 得到，式（3-12）的解有四个，包括了由 solve('$x - f(x)$') 得到的 $x = 0$ 和 $x = 1 - 1/r$ 的两个解，即 $x - f(x)$ 是 $x - f(f(x))$ 的因子。类似地，$x - f(f(x))$ 是 $x - f(f(f(f(x))))$ 的因子，…，导致产生多重二值分叉，并最终出现混沌现象。

这些推导由 Matlab 中的符号运算、复合函数运算完成，由编制的程序实现，程序流程见图 3-16。

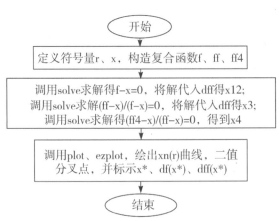

图 3-16 变量 x_n 多重二值分叉导致混沌现象的程序流程图

根据程序流程图 3-16 编制的 Matlab 程序 ex3_13_4. m 语句如下。在程序 ex3_13_4. m 中，对于 $f(x) = rx(1 - x)$ 在点 $r = 3$ 二值分叉后，x 满足 $x^* = f(f(x^*))$，新的二值分叉点同样可

由符号运算中的非线性方程求解得到，即 $x = solve((x - f(f(x)))/(x - f(x)))$。同样地，新的二值分叉点处函数 $x^* = f(f(x^*))$ 的一阶导数有：$df(f(x))/dx = -1$，由此得到新的二值分叉点处 r 的值为 $rbif = \sqrt{6} + 1$。进一步，该二值分叉点后，同上推得 x^* 满足 $x^* = f(f(f(f(x^*))))$，新的二值分叉点由非线性方程求解得到 $x = solve((x - f(f(f(f(x)))))/(x - f(x)))$，二值分叉点处参数 r 的取值为 $rbif = 3.5441$，此时，$x - f(x)$ 也是 $x - f(f(f(x)))$ 的因子。这些自相似的结果通过调用符号绘图内置函数 ezplot、数值绘图函数 plot 显示在结果图 3 - 17 中。

```
%ex3_13_4.m 符号运算功能实例，例3.13 function bifurcationpoint x=r*x0(1-x0)
syms r x; f = r*x*(1-x); ff = compose(f,f); ff4=compose(ff,ff);
%to obtain the roots and the bifurcation points from first to third
% 1,2.to solve the equation
xs12 = solve(f-x)
%the differential of function f
df = simplify(diff(f,x)); dfv=simplify(subs(df,x,xs12))
rbif12 = double([solve(subs(df,x,xs12(2))-1),solve(subs(df,x,xs12(2))+1)])
x12=double(subs(xs12(2),r,rbif12))
% 3. the value of r at the new bifurcation points at x3
xs=solve(ff-x)    %slove equation x=f(f(x))
xs2=solve(simplify((ff-x)/(f-x))) % get the new two solutions
dff =simplify(diff(ff,x)); dffv=simplify(subs(dff,x,xs2))
rbif3 = double(solve(subs(dff,x,xs2(1))+1))
x3=double(subs(xs2,r,rbif3(2)))
dffv3=double(subs(dffv,r,rbif3(2)))
% 4. the value of r at the new bifurcation points at x3
%slove equation x=f(f(f(x)))) not including x=f(x)
xr=(ff4-x)/(f-x); xrf=matlabFunction(xr);
df4=diff(ff4,x); df4f=matlabFunction(df4);
rv=sqrt(6)+1;                    %bifurcationpoint at r>3.45
rbif4=fzero(@(r)df4f(r,fzero(@(x)xrf(r,x),0.5))+1,rv)      %
x4=solve(subs(simplify((ff4-x)/(ff-x)),r,rbif4)); %double(x4)
rv=repmat(rbif4,4,1); x4=double(x4(1:4))      %real values
rr=[rbif12,rbif3(2),rbif4]; rrp=repmat(rr,2,1); rrxn=repmat([-0.2;1],1,4);
%to plot the bifurcation points from first to third
plot(rrp,rrxn,':k'); hold on;
text(rr(3)-0.2,-0.27,num2str(rr(3),5),'color','b');
text(rr(4),-0.22,num2str(rr(4),5),'color','r');
%the first bifurcation point at x12
plot(rbif12(1),x12(1),'bO'); plot(rbif12(2),x12(2),'rO');
h11=ezplot(xs(1)); set(h11, 'LineStyle',':', 'Color','b');
h12=ezplot(xs(1),[0,rbif12(1)]); set(h12, 'LineStyle','-', 'color','b')
h21=ezplot(xs(2)); set(h21, 'LineStyle','--',  'Color','r');
h22=ezplot(xs(2),[rbif12(1),rbif12(2)]); set(h22, 'LineStyle','-',  'Color','r');
tex1=['\uparrow   ' 'x*= ' char(xs(1)) ', df(x*) = ' char(dfv(1))];
text(2,-0.1,tex1,'fontsize',15, 'color','b')
tex2=['x*= ' char(xs(2))   ', df(x*) = ' char(dfv(2)) ' \downarrow'];
text(0.2,0.7, tex2, 'fontsize',15,'color','r');
%plot the sencond and third bifurcation points at x3,x4
plot(rbif3(2),x3,'bo'); plot(rv,x4,'ro')
h31=ezplot(xs2(1)); set(h31,'LineStyle',':','Color','b')
h32=ezplot(xs2(1),[3,rbif3(2)]); set(h32,'LineStyle','-','Color','b')
h33=ezplot(xs2(2)); set(h33,'LineStyle','--','Color','b')
h34=ezplot(xs2(2),[3,rbif3(2)]); set(h34,'LineStyle','-','Color','b')
tex312={['x*= ' char(xs2(1)) ' \downarrow'],['dff(x*) = ' num2str(dffv3(1))]};
tex334={['x*= ' char(xs2(2)) '   \uparrow'],['dff(x*) = ' num2str(dffv3(2))]};
text(0.42,0.95,tex312{1},'fontsize',13,'color','b')
text(2,0.85,tex312{2},'fontsize',13,'color','b')
text(0.42,0.37,tex334{1},'fontsize',13,'color','b')
```

```
text(2,0.27,tex334{2},'fontsize',13,'color','b')
title('bifurcation point x_n=rx_{n-1}(1-x_{n-1})');
axis([0,4.5,-0.2,1]); ylabel x_n; set(gca,'fontsize',15); hold off
```

在 Matlab 命令行窗口运行程序 ex3_13_4.m，得到如下数值结果和结果图 3 - 17。

```
>> ex3_13_4
xs12 =
        0
 (r - 1)/r
dfv =
        r
  2 - r
rbif12 =        1        3
x12 =          0       0.6667
xs =
                        0
                (r - 1)/r
 (r + ((r + 1)*(r - 3))^(1/2) + 1)/(2*r)
 (r - ((r + 1)*(r - 3))^(1/2) + 1)/(2*r)
xs2 =
 (r + ((r + 1)*(r - 3))^(1/2) + 1)/(2*r)
 (r - ((r + 1)*(r - 3))^(1/2) + 1)/(2*r)
dffv =
 1 - (r + 1)*(r - 3)
 1 - (r + 1)*(r - 3)
rbif3 =
    -1.4495
     3.4495
x3 =
     0.8499
     0.4400
dffv3 =
    -1.0000
    -1.0000
rbif4 = 3.5441
x4 =
     0.3633
     0.5236
     0.8198
     0.8840
```

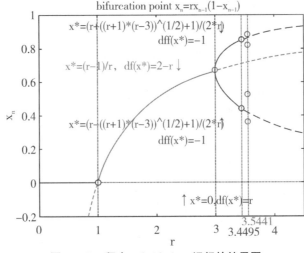

图 3 - 17   程序 ex3_13_4.m 运行的结果图

（5）结果分析：从数值结果可以看出，当 d$f(x)$ 取值为 1 和 -1 时，符号方程 $f-x=0$ 的解为 $x_{12}=[\,0,0.6667\,]$，此时 $r=[\,1,3\,]$，在 $r>3$ 时，x_n 将在 0.6667 上下二值分叉；类似地，当 d$ff(x)$ 取值为 -1 时，符号方程 $(ff-x)/(f-x)=0$ 的解为 $x_3=[\,0.8499,0.4400\,]$，此时 $r=3.4495$，在 $r>3.4495$ 时，x_n 将分别在 x_3 的两个值上下二值分叉；当 d$f4(x)$ 取值为 -1 时，符号方程 $(ff4-x)/(ff-x)=0$ 的解为 $x_4=[\,0.3633,0.5236,0.8198,0.8840\,]$，此时 $r=3.5441$，在 $r>3.5441$ 时，迭代得到的 x_n 将分别在 x_4 的四个值上下二值分叉。

从结果图 3－17 可以看出，当 $r=3$ 时 $f(x)$ 一阶导数为 -1，在 $r>3$ 时，迭代过程发散，迭代得到的 x_n 二值分叉；当 $r=3.4495$ 时 $f(f(x))$ 一阶导数为 -1，迭代过程继续发散，当 $r>3.4495$ 时，迭代得到的 x_n 分别在取值为 0.8499 和 0.4400 上下再次二值分叉；当 $r=3.5441$ 时 $f(f(f(f(x))))$ 一阶导数为 -1，迭代过程继续发散，当 $r>3.5441$ 时，迭代得到的 x_n 分别在取值 0.3633、0.5236、0.8198 和 0.8840 上下再次二值分叉，进而出现图 3－13 中的混沌现象。

在例 3.13 中，混沌现象的自相似性是复杂系统的一个本质特性，自相似性广泛存在于自然界中。自相似性定义为局部的结构或功能与整体相似。与自相似性研究的相关学科包括分形理论（Fractal Theory）和混沌理论（Chaos Theory）。

分形理论的核心概念分形（Fractal）是由法国数学家曼德勃罗提出的，他的专著《分形对象：形、机遇和维数》（1975 年）的出版标志着分形理论的诞生。分形理论在数学、物理、化学、地球科学等领域应用广泛，已成为当今非线性科学研究的主要内容之一，其研究对象的共同特点是具有自相似性。

混沌现象普遍存在于自然科学研究领域之中。混沌理论的重要创始人包括洛伦兹（E. N. Lorenz）、费根鲍姆（M. J. Feigenbaum）等。混沌理论揭示有序与无序的统一、确定性与随机性的统一。混沌系统有三个明显的特征：对初始条件的敏感依赖性（蝴蝶效应）、极为有限的可预测性、混沌内部结构呈现跨尺度的自相似性。

在本书介绍的应用实例中，根据自相似性的特点，采用 Matlab 语言编程，例 1.4 和例 2.18 分别绘出了确定分形 Koch 曲线和 Sierpinski Gasket，例 3.13 中通过符号运算的推导和绘图，基于迭代式 $x_n=f(x_{n-1})=rx_{n-1}(1-x_{n-1})$，$0\leqslant x_{n-1}\leqslant1$，简单分析了迭代得到的 x_n 值的多重二值分叉导致的混沌现象。

习 题

1. 已知符号矩阵 a 和 b 分别为：
$$a=\begin{bmatrix}1/x,&1/(x+1)\\1/(x+2),&1/(x+3)\end{bmatrix},\quad b=\begin{bmatrix}x,&1\\x+2,&0\end{bmatrix}$$
求 $c=a\backslash b$ 和 $d=a*c$，并验证：$d=b$。

2. 利用符号绘图给出函数 $f(t)=t^3+t^2-3t-3$ 的图示，并符号求解方程 $t^3+t^2-3t-3=0$，给出其精确解以及你选定的两种精度下的近似解。

3. 对表达式 $x^4+x^3-2x^2+2$ 和 1449 进行因式分解。

4. 将表达式 $(\cos(x)-1)(\cos(x)+1)(2\cos(x)\sin(x)+1)$ 展开并简化。

5. 符号积分 $I=\int_1^5\dfrac{\sin^2(x)}{x}\mathrm{d}x$，给出 4 位有效数字的积分值。

6. 符号求解微分方程 $y'=t+y$，其定解条件为 $y(0)=1$，给出其符号解图示，以及 $t=0.001$ 的 5 位有效数字的数值解。

4　图形处理

Matlab 为用户提供了完整的可视化工具，包括二维图、三维图以及四维表现图的绘制。此外，用户可通过图形处理的基本技术和高级技术，对绘出的图形进行处理，使图示更加清晰、美观、完整。

4.1　绘图函数

4.1.1　二维图

二维图是 Matlab 图形处理的基础，也是数据处理中广泛应用的图形方式之一。

1. 基本绘图函数

基本绘图函数最常用的内置函数是 plot，其调用方式如下：

（1）只有一个输入变量，调用 $plot(y)$，y 可为实数或复数；

（2）两个输入变量，调用 $plot(x,y)$，x，y 是同维向量或矩阵；

（3）三个输入变量，调用 $plot(x,y,s)$，其中 s 为图形显示属性设置选项，可为线型、颜色和标识设置；

（4）画线可调用 $plot(x,y,s)$，也可直接调用内置函数 $line(x,y,s)$。

2. 特殊二维图内置函数——特殊坐标系的二维图

（1）对数坐标二维图函数：semilogx、semilogy、loglog，函数的变量输入与 plot 相同；

（2）极坐标系二维图函数：polar（theta, rho）或 polar（theta, rho, s），其中 theta 为弧度表示的角度向量，rho 是相应的幅向量，s 为图形显示属性设置选项；

（3）双纵坐标轴二维图函数：plotyy（$x1,y1,x2,y2$）、plotyy（$x1,y1,x2,y2$, fun）、plotyy（$x1,y1,x2,y2$, fun1, fun2），其中 fun 是绘制图形方式，可为 plot、semilogx、semilogy、loglog 绘制等。

3. 特殊二维图内置函数——二维特殊函数图

（1）条形图：$bar(x,y)$，$barh(x,y)$；

（2）矢量图：$feather(x,y)$，$quiver(x,y)$，$compass(x,y)$；

（3）饼状图：$pie(x,\{'name1','name2',\cdots\})$；

（4）等值线图：$contour(z,n/v)$、$contour(x,y,z,n/v)$，填充的等值线图：contourf；

（5）直方图：hist；阶梯图：stairs；

（6）误差标示图：errorbar；

（7）矩阵绘图：plotmatrix；

（8）更多的绘图：area, fill, comet, pareto, ribbon, scatter, stem, 等等。

例4.1　二维图形绘制。

（1）二维图形绘制——plot 二维图形 1。

```
%ex4_1_1.m  plot 二维图形 %1) plot(y)
x=rand(100,1)+1; y=rand(100,1); z=x+y.*i;
subplot(1,2,1); plot(y)
subplot(1,2,2); plot(z)
```

在 Matlab 命令行窗口运行 ex4_1_1. m，得到结果图 4 - 1。

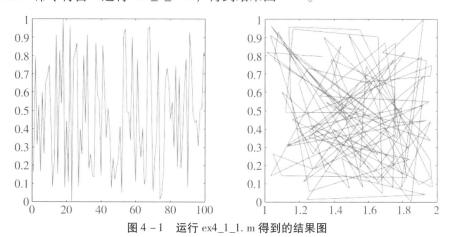

图 4 - 1 运行 ex4_1_1. m 得到的结果图

（2）二维图形绘制——plot 二维图形 2。

```
%ex4_1_2.m   plot 二维图形 %2) plot(x,y)
x=0:0.01*pi:pi;
y=[sin(x'),cos(x')]; subplot(1,2,1); plot([x',x'],y)
z=[sin(x'),cos(x'),sin(x').*cos(x')]; subplot(1,2,2); plot(x',z)
```

在 Matlab 命令行窗口运行 ex4_1_2. m，得到结果图 4 - 2。

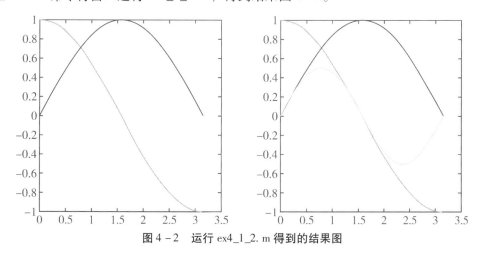

图 4 - 2 运行 ex4_1_2. m 得到的结果图

（3）二维图形绘制——plot 二维图形 3。

```
%ex4_1_3.m   plot 二维图形 %3) plot(x,y,s), line(x,y,s)
x=0:0.01*pi:2*pi; y=sin(x); z=cos(x);
subplot(1,2,1); plot(x,y,'--k.',x,z,'-.rd')
subplot(1,2,2); line(x,y,'color','k');
```

在 Matlab 命令行窗口运行 ex4_1_3. m，得到结果图 4 - 3。

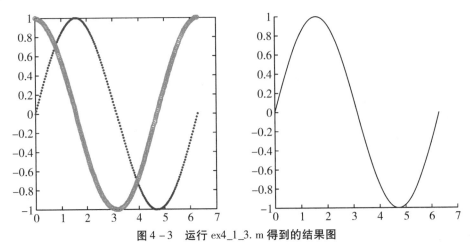

图 4 - 3   运行 ex4_1_3.m 得到的结果图

（4）二维图形绘制——特殊坐标系的二维图形 1。

```
%ex4_1_4.m   特殊坐标系的二维图形 %1) semilogx
x=1:0.1*pi:2*pi; y=sin(x); v=[1,2*pi,-1,1];
subplot(1,2,1); semilogx(x,y,'-*');axis(v)
subplot(1,2,2); plot(x,y,'-*');axis(v)
```

在 Matlab 命令行窗口运行 ex4_1_4.m，得到结果图 4 - 4。

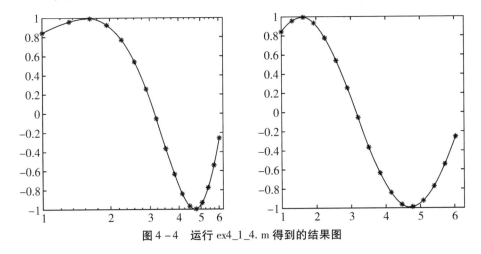

图 4 - 4   运行 ex4_1_4.m 得到的结果图

（5）二维图形绘制——特殊坐标系的二维图形 2。

```
%ex4_1_5.m   特殊坐标系的二维图形 %2)polar
x=0:0.01*pi:4*pi; y=sin(x/2)+x;
subplot(1,2,1); polar(x,y,'-r.')
subplot(1,2,2); plot(x,y,'-o')
```

在 Matlab 命令行窗口运行 ex4_1_5.m，得到结果图 4 - 5。

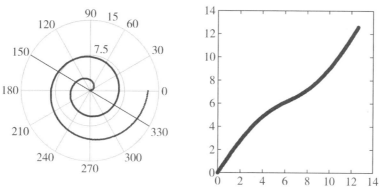

图 4 - 5　运行 ex4_1_5. m 得到的结果图

（6）二维图形绘制——特殊坐标系的二维图形 3。

```
%ex4_1_6.m　特殊坐标系的二维图形 %3)plotyy
x=0:0.1*pi:2*pi; y=sin(x); z=exp(x);
subplot(1,2,1); plotyy(x,y,x,z)
subplot(1,2,2); plotyy(x,y,x,z,'plot','semilogy')
```

在 Matlab 命令行窗口运行 ex4_1_6. m，得到结果图 4 - 6。

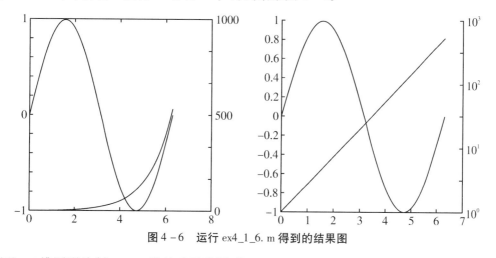

图 4 - 6　运行 ex4_1_6. m 得到的结果图

（7）二维图形绘制——二维特殊函数图形 1。

```
%ex4_1_7.m　二维特殊函数图形 %1) bar 柱状图
x=1:10; y=rand(10,1);
subplot(1,2,1); bar(x,y); v1=[0,11,0,1];axis(v1)
subplot(1,2,2); barh(x,y); v2=[0,1,0,11];axis(v2)
```

在 Matlab 命令行窗口运行 ex4_1_7. m，得到结果图 4 - 7。

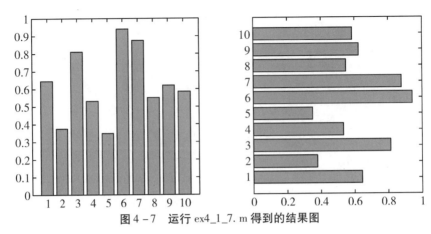

图 4 - 7　运行 ex4_1_7. m 得到的结果图

（8）二维图形绘制——二维特殊函数图形 2。

```
%ex4_1_8.m  二维特殊函数图形 %2) pie 饼状图
x=[2,4,6,8];
subplot(1,2,1);pie(x)
subplot(1,2,2);pie(x,{'math','english','chinese','music'})
```

在 Matlab 命令行窗口运行 ex4_1_8. m，得到结果图 4 - 8。

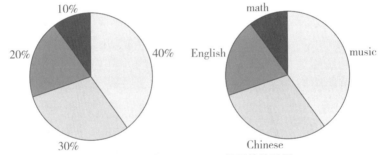

图 4 - 8　运行 ex4_1_8. m 得到的结果图

（9）二维图形绘制——二维特殊函数图形 3。

```
%ex4_1_9.m  二维特殊函数图形 %3) contour 等值线图
A=rosser; v=[-100,-500,-1000,0,100,500,1000];
subplot(1,2,1); contour(A,v); title('contour'); colorbar
subplot(1,2,2); contourf(A,v); title('contourf'); colorbar
```

在 Matlab 命令行窗口运行 ex4_1_9. m，得到结果图 4 - 9。

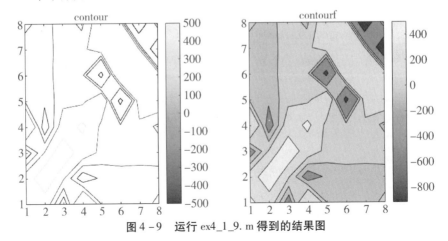

图 4 - 9　运行 ex4_1_9. m 得到的结果图

（10）二维图形绘制——二维特殊函数图形 4。

```
%ex4_1_10.m　二维特殊函数图形 %4) hist 直方图
x = -2.9:0.1:2.9; y = randn(10000,1);
subplot(1,2,1); hist(y,x); title('-2.9:0.1:2.9')
subplot(1,2,2); hist(y,50); title('50')
```

在 Matlab 命令行窗口运行 ex4_1_10. m，得到结果图 4 - 10。

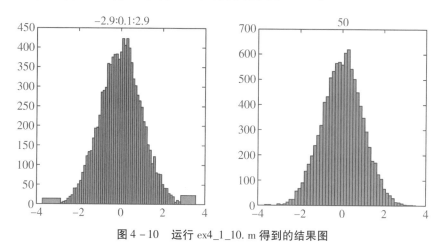

图 4 - 10　运行 ex4_1_10. m 得到的结果图

（11）二维图形绘制——二维特殊函数图形 5。

```
%ex4_1_11.m　二维特殊函数图形 %5) area 及 fill 面填充图
t = (1/16:1/8:1)'*2*pi; x = sin(t); y = cos(t);
subplot(1,2,1); area(x,y); title('area')
subplot(1,2,2); fill(x,y,'r'); title('fill')
```

在 Matlab 命令行窗口运行 ex4_1_11. m，得到结果图 4 - 11。

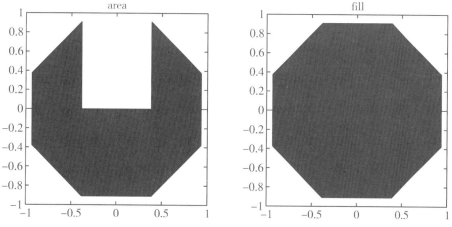

图 4 - 11　运行 ex4_1_11. m 得到的结果图

（12）二维图形绘制——二维特殊函数图形 6。

```
%ex4_1_12.m　二维特殊函数图形 %6) errorbar 误差图
x = 0:pi/10:pi; y = sin(x); e = std(y)*ones(size(x));
subplot(1,2,1); errorbar(x,y,e); xlabel 'x'; ylabel 'y';
subplot(1,2,2); errorbar(y,e,'rx'); xlabel 'x'; ylabel 'y';
```

在 Matlab 命令行窗口运行 ex4_1_12. m，得到结果图 4 - 12。

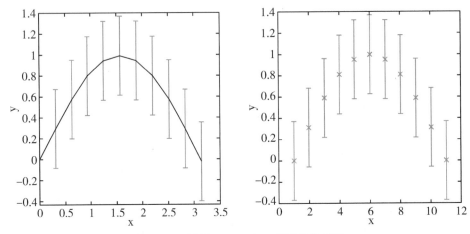

图 4 - 12　运行 ex4_1_12. m 得到的结果图

4.1.2　三维图

在科学和工程计算中常常需要绘制三维图，Matlab 提供了与二维图绘制类似的三维图绘制内置函数。

1. 基本绘图函数

（1）三维线图函数：plot3 (x, y, z)，plot3 (x, y, z, s)，plot3 $(x1, y1, z1, s1, x2, y2, z2, s2, \cdots)$；

（2）网格图函数：mesh(z)，mesh(x, y, z)；meshc，meshz，meshgrid；

（3）着色面图函数：surf(x, y, z)；

（4）着色图与等值线图：surfc(x, y, z)。

2. 特殊三维图函数

（1）三维饼状图：pie3(x)，pie3$(x, S($字符串$))$，pie3$(x, explode)$；

（2）等值线图：contour3(z)，contour3(x, y, z)，等等；

（3）柱面图：cylinder(r, n)，或先获取数据矩阵 $[x, y, z]$ = cylinder(r, n)，再由 surf(x, y, z) 或 mesh(x, y, z) 显示柱面图；

（4）球面图：sphere(n)；$[x, y, z]$ = sphere(n)，surf(x, y, z)；

（5）波形图：waterfall(x, y, z)；

（6）更多的绘图：bar3，comet3，scatter3，stem3，trisurf，trimesh，等等。

例 4.2　三维图形绘制。

（1）三维图形绘制——plot3 三维图形。

```
%ex4_2_1.m  plot3 三维图形  % plot3(x,y,z), or plot3(x,y,z,s)
x=0:pi/50:10*pi; y=sin(x); z=cos(x);   % x,y,z 为向量
subplot(1,2,1); plot3(x,y,z, '.-');
[x,y]=meshgrid(-2:0.1:2,-2:0.1:2); z=x.*exp(-x.^2-y.^2);  % x,y,z 为矩阵
subplot(1,2,2); plot3(x,y,z)
```

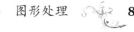

在 Matlab 命令行窗口运行 ex4_2_1. m，得到结果图 4 – 13。

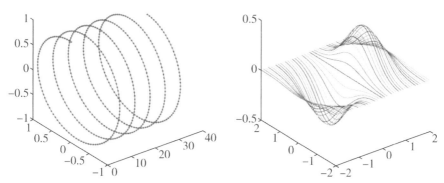

图 4 – 13　运行 ex4_2_1. m 的结果图

（2）三维图形绘制——mesh 三维网格图形。

```
%ex4_2_2.m    mesh 三维网格图形 %mesh(z), or mesh(x,y,z)
x1=-8:0.5:8; y1=x1';
x=ones(size(y1))*x1; y=y1*ones(size(x1));
c=sqrt(x.^2+y.^2)+eps; z=sin(c)./c;
subplot(1,2,1); mesh(z)
subplot(1,2,2); mesh(x,y,z)
```

在 Matlab 命令行窗口运行 ex4_2_2. m，得到结果图 4 – 14。

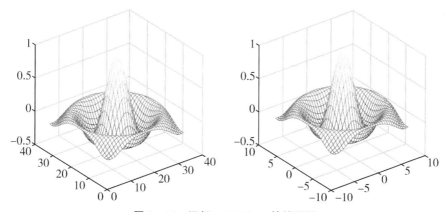

图 4 – 14　运行 ex4_2_2. m 的结果图

（3）三维图形绘制——surf 三维着色图形。

```
%ex4_2_3.m    surf 三维着色图形 % surf(z), or surf(x,y,z)
[x,y]=meshgrid([-4:0.5:4]); z=sqrt(x.^2+y.^2);
subplot(1,2,1); surf(z);
subplot(1,2,2); surfc(x,y,z);
```

在 Matlab 命令行窗口运行 ex4_2_3. m，得到结果图 4 – 15。

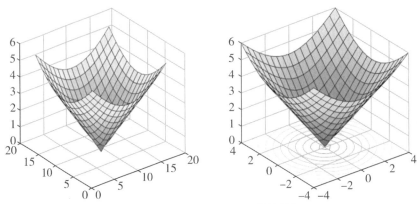

图 4 – 15 运行 ex4_2_3. m 的结果图

（4）三维图形绘制——三维特殊函数图形 1。

```
%ex4_2_4.m  三维特殊函数图形 %1) pie3 三维饼图
x=[2,4,6,8]; S={'math','english','chinese','music'};
subplot(1,2,1); pie3(x,[0,0,1,0]);
subplot(1,2,2); pie3(x,[0,0,1,0],S)
```

在 Matlab 命令行窗口运行 ex4_2_4. m，得到结果图 4 – 16。

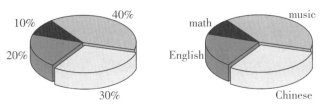

图 4 – 16 运行 ex4_2_4. m 的结果图

（5）三维图形绘制——三维特殊函数图形 2。

```
%ex4_2_5.m  三维特殊函数图形 %2) contour3 三维等值线图
[x,y]=meshgrid([-4:0.5:4]); z=peaks(x,y);
subplot(1,2,1); contour3(z,25);    title('contour3(z)')
subplot(1,2,2); contour3(x,y,z,25); title('contour3(x,y,z)')
```

在 Matlab 命令行窗口运行 ex4_2_5. m，得到结果图 4 – 17。

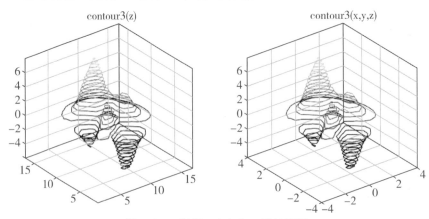

图 4 – 17 运行 ex4_2_5. m 的结果图

（6）三维图形绘制——三维特殊函数图形 3。

```
%ex4_2_6.m  三维特殊函数图形 %3) cylinder 三维柱面图
x=0:pi/20:pi*3; r=5+cos(x);
[a,b,c]=cylinder(r,30);
subplot(1,2,1); cylinder(r); title('cylinder(r)')
subplot(1,2,2); mesh(a,b,c); title('mesh')
```

在 Matlab 命令行窗口运行 ex4_2_6. m，得到结果图 4 - 18。

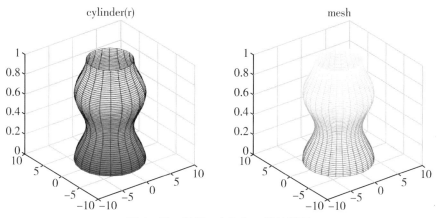

图 4 - 18 运行 ex4_2_6. m 的结果图

（7）三维图形绘制——三维特殊函数图形 4。

```
%ex4_2_7.m  三维特殊函数图形 %4) sphere 三维球面图
[a,b,c]=sphere(40); t=abs(c);
subplot(1,2,1); sphere(40); title('sphere')
subplot(1,2,2); surf(a,b,c,t); title('surf')
```

在 Matlab 命令行窗口运行 ex4_2_7. m，得到结果图 4 - 19。

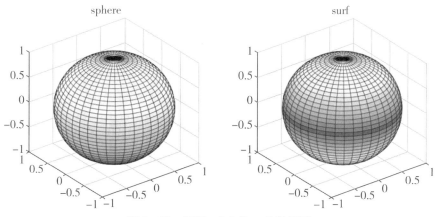

图 4 - 19 运行 ex4_2_7. m 的结果图

（8）三维图形绘制——三维特殊函数图形 5。

```
%ex4_2_8.m  三维特殊函数图形 %5) waterfall 三维水波图
[X,Y,Z] = peaks(30);
subplot(1,2,1); waterfall(X,Y,Z); title('waterfall(x,y,z)')
subplot(1,2,2); waterfall(X(1,:)',Y(:,1),Z); title('waterfall(X(1,:),Y(:,1),Z)')
```

在 Matlab 命令行窗口运行 ex4_2_8. m，得到结果图 4 - 20。

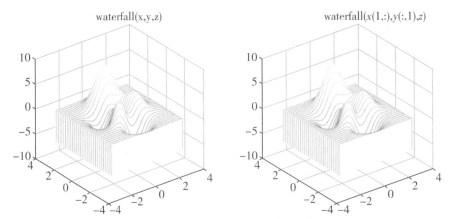

图 4 - 20　运行 ex4_2_8. m 的结果图

4.1.3　四维表现图

对于自变量为三个的函数，函数图是四维的。Matlab 提供了四维表现图的绘制，引入三维实体的四维切片色图，由颜色对应第四维的函数值。

四维表现图内置函数调用：slice (x , y , z , v , sx , sy , sz) ；slice (v , sx , sy , sz) ；slice (⋯ , 'method')，其中 method 可为 linear、cubic、nearest。Method 默认为 linear。

例 4.3　四维表现图绘制。

（1）四维表现图绘制——slice 简单图。

```
%ex4_3_1.m 四维表现图 1) slice
% f=x.*exp(-x.^2-y.^2-z.^2); -2<x<2,-2<y<2,-2<z<2.
[x,y,z]=meshgrid(-2:0.2:2,-2:0.25:2,-2:0.16:2); v=x.*exp(-x.^2-y.^2-z.^2);
slice(x,y,z,v,[-1.2 .8 2],2,[-2 -.2]); view([-30,45]); colorbar
```

在 Matlab 命令行窗口运行 ex4_3_1. m，得到结果图 4 - 21。

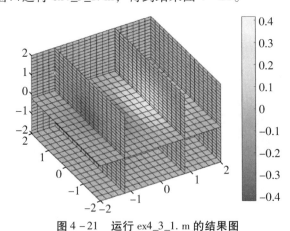

图 4 - 21　运行 ex4_3_1. m 的结果图

（2）四维表现图绘制——slice + rotate。

```
%ex4_3_2.m 四维表现图 2) slice +rotate
[x,y,z] = meshgrid(-2:.2:2,-2:.25:2,-2:.16:2); v = x.*exp(-x.^2-y.^2-z.^2);
clf; slice(x,y,z,v,[-2,2],2,-2); pause(0.5) % Draw some volume boundaries
axis([-2.5 2.5 -2.4 2.4 -2.4 2.4]); view(-5,10); hold on;
for k=-1.0:1.1:2
        hsp = surf(linspace(-2,2,20),linspace(-2,2,20),zeros(20) + k); pause(0.5)
```

```
        rotate(hsp,[1,-1,1],30)
        xd = hsp.XData; yd = hsp.YData; zd = hsp.ZData;
        delete(hsp)
        slice(x,y,z,v,xd,yd,zd); pause(0.5)
end
colormap hsv; colorbar; hold off
```

在 Matlab 命令行窗口运行 ex4_3_2. m，得到结果图 4 – 22。

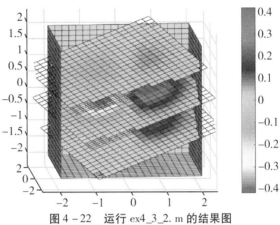

图 4 – 22　运行 ex4_3_2. m 的结果图

（3）四维表现图绘制——slice + sphere。

```
%ex4_3.m  四维表现图  3) slice +sphere
[x,y,z] = meshgrid(-2:.2:2,-2:.25:2,-2:.16:2); v = x.*exp(-x.^2-y.^2-z.^2);
[xsp,ysp,zsp] = sphere; clf; slice(x,y,z,v,[-2,2],2,-2); pause(0.5)
colormap hsv; xlim([-3,3]); view(-10,35); hold on
for i = -2:2:2
        hsp = surface(xsp+i,ysp,zsp); pause(0.5)
        rotate(hsp,[1 0 0],90)
        xd = hsp.XData; yd = hsp.YData; zd = hsp.ZData;
        delete(hsp)
        hslicer = slice(x,y,z,v,xd,yd,zd); pause(0.5)
end
axis tight; colorbar; hold off
```

在 Matlab 命令行窗口运行 ex4_3_3. m，得到结果图 4 – 23。

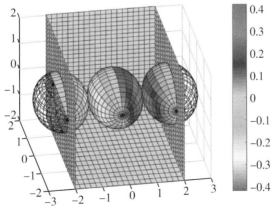

图 4 – 23　运行 ex4_3. m 的结果图

4.2　图形处理技术

在上一节绘图函数中介绍了二维图和三维图绘制的内置函数调用，得到了默认的坐标轴上的图形。在此基础上，根据要求对图形进行处理，如对坐标轴范围、坐标轴注释、颜色及视角等进行设置标注，才可得到完整美观的图形。本节介绍图形处理的基本技术和高级技术。

4.2.1　图形处理基本技术

图形处理的基本技术是通过调用内置函数对图形进行基本处理，包括图形控制、图形标注、图形保持以及子图绘制等。

1. 图形控制

图形控制可控制坐标轴的刻度范围及显示形式。

（1）坐标轴控制函数：axis(v)，axis($[xmin, xmax, ymin, ymax]$)，axis('控制字符串')，axis ij，axis xy，axis off，axis on 等；

（2）坐标轴缩放函数：zoom '控制字符串'，此缩放不会改变图形的基本结构；

（3）平面坐标网格函数：grid，grid on/off；

（4）坐标轴封闭函数：box，box on/off。

2. 图形标注

图形标注可使用文字标注图形的相关信息。

（1）坐标轴标注的主要函数有 title、xlabel、ylabel，这些函数的调用类似，例如 xlabel（'标注'，'属性1'，属性值1，'属性2'，属性值2，…）；

①文本属性：fontsize、fontname、fontweight 等；

②字符转换：\pi，\alpha，\beta，\approx，\langle，\rightarrow，\downarrow 等；

③字体显示：\bf，\it，\sl，\rm，\fontname{fontname}，fontsize{}。

（2）文本标注函数：text(x, y, '文本及字符串')；gtext（'文本及字符串'）；

（3）图例标注函数：legend（'标注1'，'标注2'，…），legend（'标注1'，'location'，'定位'）。

3. 图形的保持及子图

（1）图形保持函数：hold on/off，hold；

（2）子图提供同一图形窗口中的多个图形显示，其图形标注只针对当前子图，子图函数包括 subplot(m, n, p) 和 subplot（'position'，posivector），posivector 范围在 $[0, 0, 1, 1]$ 内。

例4.4　图形处理基本技术。

（1）图形处理基本技术—— 图形控制。

```
%ex4_4_1.m 图形处理基本技术—1）图形控制
x=0:0.01*pi:2*pi; y=sin(x);
subplot(1,3,1); plot(x,y); axis([0,2*pi,-1,1])        %坐标轴控制
subplot(1,3,2); plot(x,y); xlim([0,pi]);ylim([0,1])   %坐标轴控制
subplot(1,3,3); plot(x,y); grid on                    %坐标网格函数
```

在 Matlab 命令行窗口运行 ex4_4_1.m，得到结果图 4 - 24。

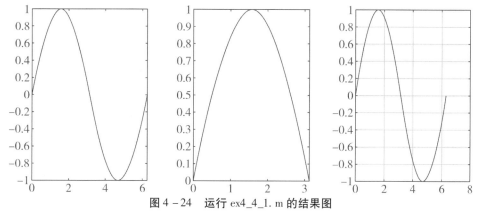

图 4 - 24 运行 ex4_4_1. m 的结果图

（2）图形处理基本技术——图形标注（标题、坐标轴标注）。

```
%ex4_4_2.m 图像处理基本技术—2）图形标注——标题、坐标轴标注
x=-6:0.1:6; y=exp(-x.^2/2); plot(x,y,'-');
title('\bf y=e^{-x^{2}/2}','fontsize',12);     %标题标注
xlabel x; ylabel y; set(gca, 'fontsize',15)     %坐标轴标注
```

在 Matlab 命令行窗口运行 ex4_4_2. m，得到结果图 4 - 25。

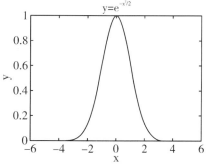

图 4 - 25 运行 ex4_4_2. m 的结果图

（3）图形处理基本技术——图形标注（文本标注）。

```
%ex4_4_3.m 图像处理基本技术—2）图形标注——文本标注
x=1:0.1*pi:2*pi; y=sin(x); plot(x,y)
xlabel 'x(0-2\pi)'; ylabel 'y=sin(x)'; set(gca,'xlim',[1,2*pi],'fontsize',15,'fontweight','bold');
title('正弦函数','fontsize',12,'fontweight','bold','fontname','隶书')
text(3*pi/4,sin(3*pi/4),['\leftarrow sin(3\pi/4)= ',num2str(sin(3*pi/4),2)],'FontSize',12)
text(5*pi/4,sin(5*pi/4),['sin(5\pi/4)= ',num2str(sin(5*pi/4),2),'\rightarrow'],...
    'HorizontalAlignment','right','FontSize',12)
```

在 Matlab 命令行窗口运行 ex4_4_3. m，得到结果图 4 - 26。

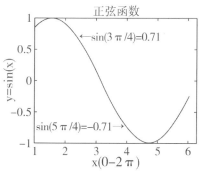

图 4 - 26 运行 ex4_4_3. m 的结果图

（4）图形处理基本技术——图形标注（图例标注）。

```
%ex4_4_4.m 图像处理基本技术—2）图形标注——图例标注
x=0:0.1*pi:2*pi; y=sin(x); z=cos(x);
plot(x,y,'.-b',x,z,'.:r'); legend('sin(x)','cos(x)','location','NE')
xlabel x; ylabel y; set(gca, 'fontsize',15)
```

在 Matlab 命令行窗口运行 ex4_4_4. m，得到结果图 4 − 27。

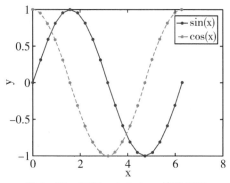

图 4 − 27　运行 ex4_4_4. m 的结果图

（5）图形处理基本技术——图形的保持。

```
%ex4_4_5.m 图像处理基本技术—3）图形的保持
x=0:0.1*pi:2*pi; y=sin(x); z=cos(x);
plot(x,y,'-*b'); hold on; plot(x,z,'-or'); plot(x,y+z,'-hc')
legend('sin(x)','cos(x)','sin(x)+cos(x)','location','SW'); hold off
xlabel x; ylabel y; set(gca,'xlim',[0,2*pi],'fontsize',15)
```

在 Matlab 命令行窗口运行 ex4_4_5. m，得到结果图 4 − 28。

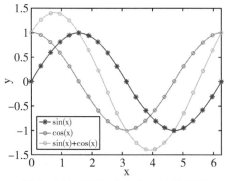

图 4 − 28　运行 ex4_4_5. m 的结果图

（6）图形处理基本技术——子图 subplot。

```
%ex4_4_6.m 图像处理基本技术—4）子图subplot
x=0:0.1*pi:2*pi;
subplot(1,2,1); plot(x,sin(x),'-*b'); title('sin(x)');
xlabel x; ylabel y; set(gca,'xlim',[0,2*pi],'fontsize',15)
subplot(1,2,2); plot(x,cos(x),'-or'); title('cos(x)');
xlabel x; ylabel y; set(gca,'xlim',[0,2*pi],'fontsize',15)
```

在 Matlab 命令行窗口运行 ex4_4_6. m，得到结果图 4-29。

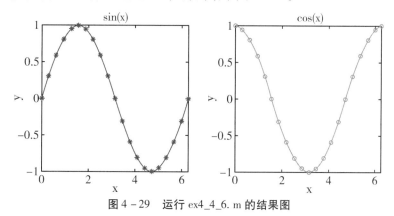

图 4-29   运行 ex4_4_6. m 的结果图

（7）图形处理基本技术——子图 subplot 自定义位置。

```
%ex4_4_7.m 图像处理基本技术—4）子图subplot 自定义位置
x=0:0.1*pi:2*pi;
subplot('position',[0.1,0.2,0.35,0.7]); plot(x,sin(x),'-*b'); title('sin(x)');
xlabel x; ylabel y; set(gca,'xlim',[0,2*pi],'fontsize',15)
subplot('position',[0.6,0.2,0.35,0.7]); plot(x,cos(x),'-or'); title('cos(x)');
xlabel x; ylabel y; set(gca,'xlim',[0,2*pi],'fontsize',15)
```

在 Matlab 命令行窗口运行 ex4_4_7. m，得到结果图 4-30。

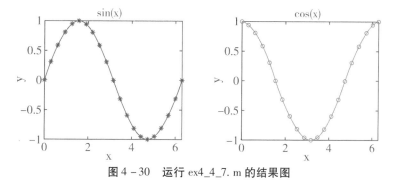

图 4-30   运行 ex4_4_7. m 的结果图

（8）图形处理基本技术——矩阵子图 plotmatrix。

```
%ex4_4_8.m 图像处理基本技术—4）矩阵子图 plotmatrix
x=0:0.05*pi:2*pi;
y=[sin(x)',cos(x)',(sin(x).*cos(x))',(sin(x)+cos(x))']; ym=[-1.7,1.7];
subplot(1,2,1); [H1,Ax1]=plotmatrix(x',[y(:,1),y(:,3)],'-');
set(H1(1),'marker','*','color','b'); legend(H1(1),'sin(x)')
set(H1(2),'marker','o','color','r'); legend(H1(2),'sin(x)*cos(x)')
set(Ax1,'xlim',[0,2*pi],'ylim',ym,'fontsize',15)
ylabel(Ax1(1),'y'); ylabel(Ax1(2),'y'); xlabel(Ax1(2),'x');
subplot(1,2,2); [H2,Ax2]=plotmatrix(x',[y(:,2),y(:,4)],'-');
set(H2(1),'marker','*','color','c'); legend(H2(1),'cos(x)')
set(H2(2),'marker','o','color','m'); legend(H2(2),'sin(x)+cos(x)')
set(Ax2,'xlim',[0,2*pi],'ylim',ym,'fontsize',15)
ylabel(Ax2(1),'y'); ylabel(Ax2(2),'y'); xlabel(Ax2(2),'x');
```

在 Matlab 命令行窗口运行 ex4_4_8. m，得到结果图 4 - 31。

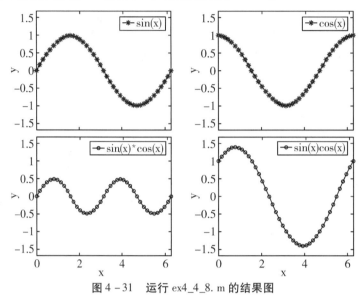

图 4 - 31　运行 ex4_4_8. m 的结果图

4.2.2　图形处理高级技术

图形处理的高级技术包括颜色映像、视角与光照、图像处理以及图形输出。

1. 颜色映像

（1）Matlab 中图形颜色采用 RGB（红、绿、蓝）色系，颜色由映像矩阵确定，其为一个三列的矩阵，三列代表 R、G、B，行数不限；

（2）默认的颜色映像矩阵为 64 × 3 的矩阵；

（3）线图颜色一般不需颜色映像矩阵控制，而面图颜色由颜色映像矩阵控制。

2. 颜色函数

（1）颜色映像定义函数：colormap（colormap）；

（2）颜色映像显示函数：pcolor（与 shading 结合使用），rgbplot（colormap），colorbar（'vert'）或 colorbar（'horiz'）；

（3）颜色本身操作函数：brighten（beta）和 caxis（[cmin，cmax]）；

（4）背景颜色操作函数：colordef 等。

3. 视角与光照

视角是图形展现的角度，光照是图形色彩强弱变化的方向。

（1）视角控制函数有 view、viewmtx 以及 rotate3d 等。view（az,el）设定当前图形视角，其中 az 为方位角，el 为仰角；view（2）和 view（3）视角分别为（0，90）和（ - 37.5，30）；[az,el] = view 获取当前图形视角；

（2）光照控制函数有 light，surfl，lighting，material 等。设置光源函数：light（属性1，属性值1，属性2，属性值2，…），lighting '光源模式'（flat，gouraud，none）；光照反映模式函数：material '表面控制模式'（shiny，dull，metal）；设置光源的三维面图函数：surfl（x，y，z，s，k），它与 surf 相似，但增加光源和图形表面光特性的设置。

4. 图像处理

调用内置函数对外部图形或图像进行操作或将图形格式进行转换。

（1）调用外部图形或图像：A = imread（filename，fmt），其中 A 为存储图像的三维矩阵；

（2）将图像写入文件：imwrite（A，filename，fmt）；

（3）显示图像信息：imfinfo（filename，fmt）；

（4）显示矩阵 A 存储的图形或图像：image(A)；

（5）Matlab 中的图像形式：索引图像，灰度图像，真彩图像；

（6）处理数据量大的图像时，可采用 8 位或 16 位数据矩阵存储图像。

5. 图形输出

Matlab 有三种方式输出当前的图形。

（1）使用命令菜单或工具栏中的打印选项输出，也可调用打印命令内置函数：print '控制字符串'（$-s$，$-device-options$，$-device-options\ filename$）；

（2）使用内置打印引擎或系统的打印服务实现输出；

（3）调用内置函数 saveas 或 savefig 将图形存成当前路径中的图形文件。

例 4.5 图形处理高级技术。

（1）图形处理高级技术——颜色映像。

```
%ex4_5_1.m 图形处理高级技术—1）颜色映像: 只对figure设置colormap
figure; colormap([0,0,0]); mesh(peaks)              %黑色
%白色[1,1,1]; %红色[1,0,0]; %绿色 [0,1,0]; %蓝色[0,0,1]
figure; colormap(hsv(4)); mesh(peaks); colorbar('horiz') %彩色
figure; colormap(hsv(64)); mesh(peaks); colorbar('vert')
figure; colormap(hsv(64)); A=rosser;
subplot(1,2,1); surfc(A)
subplot(1,2,2); pcolor(A); shading interp; colorbar
```

在 Matlab 命令行窗口运行 ex4_5_1. m，得到结果图 4 - 32。

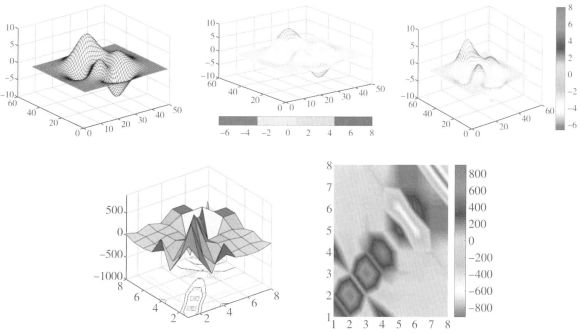

图 4 - 32 运行 ex4_5_1. m 的结果图

（2）图形处理高级技术——颜色映像。

```
%ex4_5_2.m 图形处理高级技术—1）颜色映像: colordef
for i=1:3
    subplot(1,3,i); [x,y,z]=peaks; mesh(x,y,z);
    switch i
        case 1; brighten(0.5); colordef black;
        case 2; brighten(-0.5);caxis([-2,2]); colordef white;
```

```
        case 3; brighten(-0.5);caxis([-10,10]);
    end
    colorbar;
end
```

在 Matlab 命令行窗口运行 ex4_5_2. m，得到结果图 4 - 33。

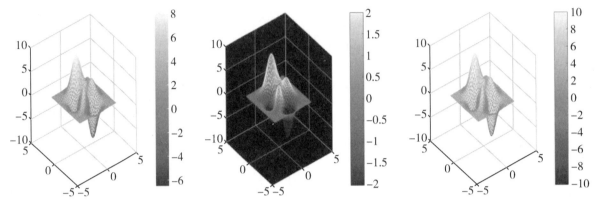

图 4 - 33 运行 ex4_5_2. m 的结果图

（3）图形处理高级技术——视角 view。

```
%ex4_5_3.m 图形处理高级技术—2）视角view
[x,y,z]=peaks; colormap(hsv(100));
subplot(1,2,1); mesh(x,y,z); [az,el]=view;
title(['[az, el]= [', num2str(az) ', ' num2str(el), ']'])
subplot(1,2,2); mesh(x,y,z); view(2);[az,el]=view
title(['[az, el]= [', num2str(az) ', ' num2str(el), ']'])
```

在 Matlab 命令行窗口运行 ex4_5_3. m，得到结果图 4 - 34。

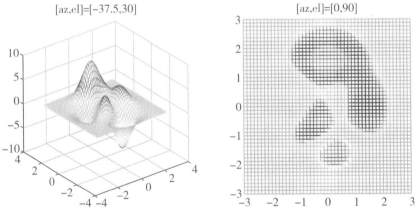

图 4 - 34 运行 ex4_5_3. m 的结果图

（4）图形处理高级技术——光照 lighting。

```
%ex4_5_4.m 图形处理高级技术—2）光照 lighting
for i=1:3
    subplot(1,3,i); surfl(peaks);
    switch i
        case 1, lighting none;      %关闭图像光源功能
        case 2, lighting flat;        %平面模式
        case 3, lighting gouraud;   %点模式
    end
    light('position',[1,1,1])
```

```
        shading interp
    end
```

在 Matlab 命令行窗口运行 ex4_5_4. m，得到结果图 4 - 35。

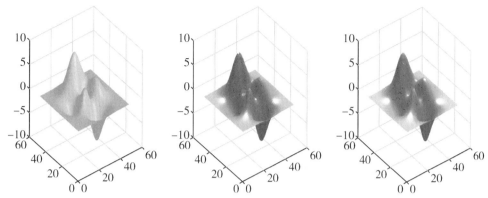

图 4 - 35　运行 ex4_5_4. m 的结果图

（5）图形处理高级技术——光照 lighting 内置函数 logo. m。

```
%ex4_5_5.m 图形处理高级技术—3）光照 lighting内置函数logo.m
% Plot the L-shaped membrane logo with MATLAB(R) lighting.
L = 40*membrane(1,25); logoFig = figure('Color',[0 0 0]);
logoax = axes('CameraPosition', [-193.4013 -265.1546  220.4819],...
    'CameraTarget',[26 26 10], 'CameraUpVector',[0 0 1], ...
    'CameraViewAngle',9.5, 'DataAspectRatio', [1 1 .9],...
    'Position',[0 0 1 1], 'Visible','off', ...
    'XLim',[1 51], 'YLim',[1 51], 'ZLim',[-13 40], 'parent',logoFig);
s = surface(L, 'EdgeColor','none', 'FaceColor',[0.9 0.2 0.2], ...
    'FaceLighting','phong', 'AmbientStrength',0.3, ...
    'DiffuseStrength',0.6, 'Clipping','off', 'BackFaceLighting','lit', ...
    'SpecularStrength',1, 'SpecularColorReflectance',1, 'SpecularExponent',7, ...
    'Tag','TheMathWorksLogo', 'parent',logoax);
l1 = light('Position',[40 100 20], 'Style','local', 'Color',[0 0.8 0.8], 'parent',logoax);
l2 = light('Position',[.5 -1 .4], 'Color',[0.8 0.8 0], 'parent',logoax);
% Have logo use camera pan and zoom since limits pan and zoom looks strange
% with CameraTarget set
z = zoom(logoFig);
z.setAxes3DPanAndZoomStyle(logoax,'camera');
```

在 Matlab 命令行窗口运行 ex4_5_5. m，得到结果图 4 - 36。

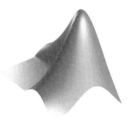

图 4 - 36　运行 ex4_5_5. m 的结果图

（6）图形处理高级技术——图像处理。

```
%ex4_5_6.m 图形处理高级技术—4）图像处理
logo; saveas(gcf,'logo.jpg'); A=imread('logo','jpg');
subplot(1,2,1); image(A); axis off;
A(80:300,600:650,1:3)=0;  %black zoom
subplot(1,2,2); image(A); axis off;
```

```
imwrite(A,'logo1.jpg','jpg');
imwrite(A,'logo1.bmp','bmp');
print('tu_ex4_5_6','-dtiff')
```

在 Matlab 命令行窗口运行 ex4_5_6. m，得到结果图 4 – 37，并将图 4 – 37 存入当前路径下的 tu_ex4_5_6. tif 文件，将图 4 – 37 中的图(b)存入当前路径下的 logo1. jpg 和 logo1. bmp 文件。

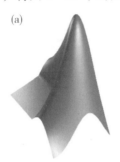 

图 4 – 37　运行 ex4_5_6. m 的结果图

4.3　图形窗口及句柄图形

4.3.1　图形窗口

图形窗口如图 4 – 38 所示。

（1）图形窗口的菜单有：文件、编辑、查看、插入、工具、窗口、帮助。

（2）在 Matlab 命令行窗口敲击 figure，可以打开新的图形窗口。

（3）在图形窗口中可以通过菜单操作对窗口中的图形进行控制。

图 4 – 38　Matlab 图形窗口

4.3.2　句柄图形

1. 句柄图形

句柄图形是对图形底层的总称。

（1）对句柄图形的操作将直接施加到构成图形的基本元素（点、线）上。句柄图形对象为 root、figure、axes、line 等。

（2）句柄图形的层次结构：将一个图形对象分解成若干层，每一父层包含若干子对象，而每一子对象有若干句柄与之对应。

（3）句柄的访问：句柄图形操作可通过对图形对象句柄的访问实现，访问函数有 gca，gcbf，gcbo，gcf，gco。

（4）图形属性的设置可由句柄的设置实时调整，以实现对图形深层次的控制，此为 Matlab 图形处理功能强大的体现。

2. 句柄操作

句柄操作函数有 copyobj、findobj、get、delete、reset、set，操作如下：

（1）对象复制：$C = \mathrm{copyobj}(H, P)$；

（2）对象查找：$h = \mathrm{findobj}('$属性名 1$', $ 值 1$, '$属性名 2$', $ 值 2$, \cdots)$；

（3）对象属性获取：$V = \mathrm{get}(H, '$属性名$')$；

（4）属性设置：$\mathrm{set}(H, '$属性名$', '$属性值$')$。

例 4.6　句柄图形。

（1）句柄图形——层次结构。

```
%ex4_6_1.m 句柄图形--1)层次结构
x=0:0.5:5; y=sin(x); plot(x,y,'-.or')
h1=gcf                    %获得当前图形窗口对象的句柄
h2=gca                    %获得当前坐标轴对象的句柄
h3=gco                    %获得当前对象的句柄
get(h3,'XLim')              % 获得gco的x轴范围
```

在 Matlab 命令行窗口运行 ex4_6_1.m，得到结果及图 4 – 39。

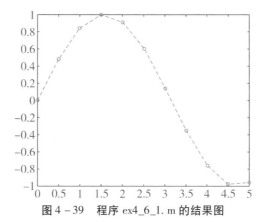

图 4 – 39　程序 ex4_6_1.m 的结果图

```
h1 =
  Figure (1) (具有属性):
      Number: 1
       Name: "
       Color: [0.9400 0.9400 0.9400]
     Position: [-1138 545 560 420]
       Units: 'pixels'
  显示 所有属性
h2 =
  Axes (具有属性):
            XLim: [0 5]
            YLim: [-1 1]
          XScale: 'linear'
          YScale: 'linear'
     GridLineStyle: '-'
          Position: [0.1300 0.1100 0.7750 0.8150]
            Units: 'normalized'
  显示 所有属性
h3 =
  Axes (具有属性):
            XLim: [0 5]
            YLim: [-1 1]
          XScale: 'linear'
          YScale: 'linear'
```

```
       GridLineStyle: '-'
          Position: [0.1300 0.1100 0.7750 0.8150]
             Units: 'normalized'
   显示 所有属性
   xL =        0        5
```

（2）句柄图形——句柄访问1。

```
%ex4_6_2.m 句柄图形--2)句柄访问
x=0:0.5:5; y=sin(x); h=plot(x,y); legend('sin(x)')
set(h,'marker','o','linestyle','-.','color','b')
xlabel x; ylabel y; set(gca,'xlim',[0,6],'fontsize',15)
```

在 Matlab 命令行窗口运行 ex4_6_2. m，得到结果图 4 – 40。

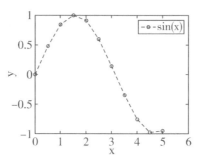

图 4 – 40　程序 ex4_6_2. m 的结果图

（3）句柄图形——句柄访问2。

```
%ex4_6_3.m 句柄图形--2)句柄访问  plotyy examples
x = 0:0.01:20; y1 = 200*exp(-0.05*x).*sin(x); y2 = 0.8*exp(-0.5*x).*sin(10*x);
[AX,H1,H2] = plotyy(x,y1,x,y2,'plot');
set(get(AX(1),'Ylabel'),'String','Left-Y'); set(get(AX(2),'Ylabel'),'String','Right-Y')
set(H1,'LineStyle','--','linewidth',1); set(H2,'LineStyle',':','linewidth',2)
xlabel x; set(AX,'fontsize',15); saveas(gca, 'tu_ex4_6_2.tif')
```

在 Matlab 命令行窗口运行 ex4_6_3. m，得到结果图 4 – 41。

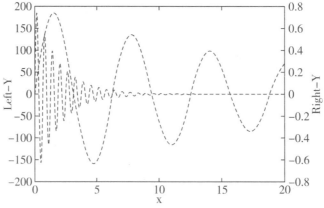

图 4 – 41　程序 ex4_6_3. m 的结果图

（4）句柄图形——句柄操作。

```
%ex4_6_4.m 句柄图形--3)句柄操作
h1_1=figure; h1_2=axes; h1_3=plot([1,2],[3,4],'--b');
h2_1=figure; h2_2=axes; h2_3=plot([3,4],[1,2],'-r');
c=copyobj(h2_3,h1_2);        %图形对象复制
delete(h2_1)                 %删除 h2_1 图形窗口
```

```
legend('original-line','copy-line'); axis([0,5,0,5])
xlabel(h1_2,'x'); ylabel(h1_2,'y'); set(h1_2,'fontsize',15)
saveas(gca,'tu_ex4_6_3.tif')
```

在 Matlab 命令行窗口运行 ex4_6_4. m，得到结果图 4 – 42。

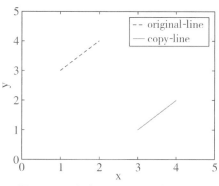

图 4 – 42　程序 ex4_6_4. m 的结果图

4.4　App 应用程序创建

Matlab 提供了 App 的设计功能，用户可自行设计人机交互界面实现信息的图示，或根据计算需要输入的参数提示，完成计算或结果图示。App 是独立的 Matlab 程序。App 包括菜单、控件和滑杆等模块以实现特殊指令，这些指令包括数据可视化和交互式数据探索图示。由图形对象构建的用户界面，用户可根据界面的提示完成相关操作，而不用考虑其具体实现过程的程序流。App 使 Matlab 的图形处理功能趋于完美。

在 Matlab 环境中，App 的创建方式有三种：GUIDE、程序流以及 App Designer。

GUIDE 是一个布局用户界面的拖放环境，由 GUIDE 创建的 App 能够在用户界面中显示构建好的图形，而且支持 Matlab 的所有图形功能。

程序流是调用 Matlab 内置函数来创建图形，并将之作为程序流作图的交互式部件，获得与 GUIDE 创建的 App 同样的功能，通过该方式能够创建具有多个独立部件的 App 以给出各类图形的显示。

App Designer 是一个拥有多个交互式控件的开放环境，这些交互式控件包括按钮、选择盒、面板等标准部件，还包括计量器或仪表、旋钮以及开关等控件。App Designer 创建的 App 可包括大多数二维图，但不包括二维图以外的其他图形。

本节简单介绍以上三种方式创建 App 以及 App 的运行。

4.4.1　GUIDE 创建 App

由 GUIDE 设计和编辑的 App 常见的部件有：按钮（push buttons）、菜单（pop-up menu）、排列块（list boxes）以及坐标系（axes）等。用 GUIDE 创建 App 的步骤如下。

（1）在 Matlab 命令行窗口中输入 guide，由此快速进入窗口，点击确定后得到图形窗口，并通过鼠标调整绘图窗口尺寸，如图 4 – 43 所示。

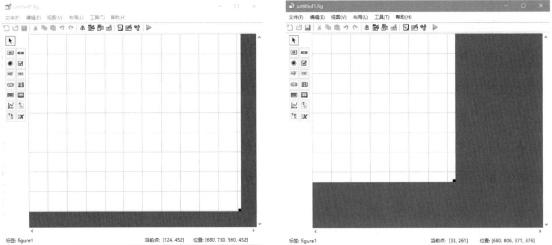

图 4 - 43　GUIDE 快速进入窗口

（2）通过添加、对齐以及标记用户界面部件等按钮，布局用户界面。例如，从图形窗口左边的按键工具中添加三个按键、一个静态文字区域、一个弹出菜单、一个坐标系，并根据需求布局这些部件，如图 4 - 44 所示。

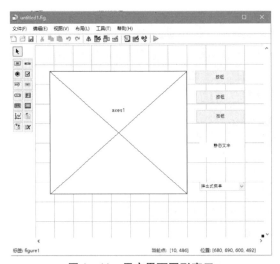

图 4 - 44　用户界面图形窗口

（3）根据需显示的图形对按键进行标记，例如，需显示三个特殊的图形 surf、mesh 以及 contour，可通过双击按键，在出现的检查器窗口的 String 编辑项中分别将按键改为 surf、mesh 以及 contour；相同的步骤也可对弹出菜单的静态文字及相关弹出菜单进行标记，如图 4 – 45 所示。

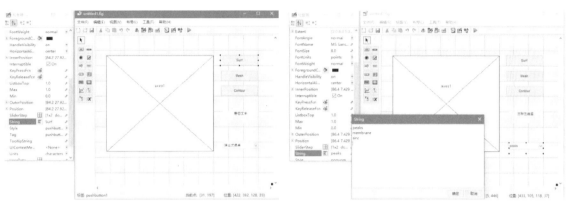

图 4 – 45　图形窗口设置

（4）保存 GUIDE 布局时，将自动生成两个文件，一个是显示布局图的二进制文件＊. fig，另一个是包含 Matlab 函数的控制布局的程序文件＊. m，例如，这两个文件可被存为 UI_1. fig 和 UI_1. m。在 Matlab 环境下打开储存路径中的 UI_1. fig，出现如图 4 – 46 所示的窗口，由于 UI_1. m 中未设置相关功能，此时按钮和弹出菜单无作用。

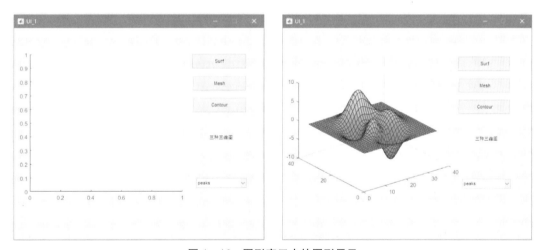

图 4 – 46　图形窗口中的图形显示

（5）基于 GUIDE 布局后生成的两个文件 UI_1. fig 和 UI_1. m，在 Matlab 环境下打开当前路径中的 UI_1. m，设置三类绘图函数 peaks、membrane 以及 sinc，完成按钮和弹出菜单的作用设置。

首先，在程序 UI_1. m 的子函数 function UI_1_OpeningFcn（hObject，eventdata，handles，varargin）中添加如下程序，由此产生数据并绘图，运行 UI_1. m，得到窗口显示 peaks 图形，如图 4 – 46（右）所示。

```
%%%% Create the data to plot.    ---- adding begin
handles.peaks=peaks(35);
handles.membrane=membrane;
[x,y] = meshgrid(-8:.5:8);
r = sqrt(x.^2+y.^2) + eps;
sinc = sin(r)./r;
handles.sinc = sinc;
% Set the current data value.
handles.current_data = handles.peaks;
surf(handles.current_data)
%%%%                            ---- adding end
```

其次，在程序 UI_1.m 的子函数 function popupmenu1_Callback（hObject, eventdata, handles）中添加程序语句，编辑弹出窗口程序，使之根据选择分别显示 peaks、membrane 以及 sinc 图形。

```
   % Determine the selected data set.          ----adding begin
str = get(hObject, 'String');
val = get(hObject,'Value');
% Set current data to the selected data set.
switch str{val};
case 'peaks' % User selects peaks.
    handles.current_data = handles.peaks;
case 'membrane' % User selects membrane.
    handles.current_data = handles.membrane;
case 'sinc' % User selects sinc.
    handles.current_data = handles.sinc;
end
% Save the handles structure.
guidata(hObject,handles)
%%%%                             ----adding end
```

再次，在程序 UI_1.m 的子函数 function pushbutton1_Callback（hObject, eventdata, handles）中添加程序语句，编辑弹出窗口程序使之显示 surf 图。

```
% Display surf plot of the currently selected data.   ----adding begin
surf(handles.current_data);
%%%%                            ----adding end
```

同样地，在程序 UI_1.m 的子函数 function pushbutton2_Callback（hObject, eventdata, handles）中添加程序语句，编辑弹出窗口程序使之显示 mesh 图。

```
% Display mesh plot of the currently selected data.   ----adding begin
mesh(handles.current_data);
%%%%                            ----adding end
```

最后，在程序 UI_1.m 的子函数 function pushbutton3_Callback（hObject, eventdata, handles）中添加程序语句，编辑弹出窗口程序使之显示 contour 图。

```
% Display contour plot of the currently selected data. ---- adding begin
contour(handles.current_data);
%%%%                            ----adding end
```

（6）由此得到 GUIDE 创建 App 的图形窗口（保存为 UI_1.fig 文件）和函数 M 文件（保存为 UI_1.m），App 可实现 peaks、membrane 和 sinc 三种图形的 surf、mesh 以及 contour 显示，如图 4-47 所示。

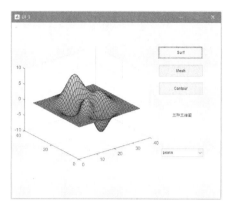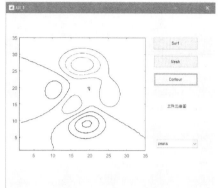

图 4 - 47　程序 UI_1. m 生成的图形窗口

由 GUIDE 生成 App 的完整的函数 M 文件 UI_1. m 如下。

```
function varargout = UI_1(varargin)
% UI_1 MATLAB code for UI_1.fig
%      UI_1, by itself, creates a new UI_1 or raises the existing
%      singleton*.
%
%      H = UI_1 returns the handle to a new UI_1 or the handle to
%      the existing singleton*.
%
%      UI_1('CALLBACK',hObject,eventData,handles,...) calls the local
%      function named CALLBACK in UI_1.M with the given input arguments.
%
%      UI_1('Property','Value',...) creates a new UI_1 or raises the
%      existing singleton*.  Starting from the left, property value pairs are
%      applied to the GUI before UI_1_OpeningFcn gets called.  An
%      unrecognized property name or invalid value makes property application
%      stop.  All inputs are passed to UI_1_OpeningFcn via varargin.
%
%      *See GUI Options on GUIDE's Tools menu.  Choose "GUI allows only one
%      instance to run (singleton)".
%
% See also: GUIDE, GUIDATA, GUIHANDLES
% Edit the above text to modify the response to help UI_1
% Last Modified by GUIDE v2.5 23-Jul-2021 18:02:43
% Begin initialization code - DO NOT EDIT
gui_Singleton = 1;
gui_State = struct('gui_Name',       mfilename, ...
                   'gui_Singleton',  gui_Singleton, ...
                   'gui_OpeningFcn', @UI_1_OpeningFcn, ...
                   'gui_OutputFcn',  @UI_1_OutputFcn, ...
                   'gui_LayoutFcn',  [] , ...
                   'gui_Callback',   []);
if nargin && ischar(varargin{1})
    gui_State.gui_Callback = str2func(varargin{1});
end
if nargout
    [varargout{1:nargout}] = gui_mainfcn(gui_State, varargin{:});
else
    gui_mainfcn(gui_State, varargin{:});
end
% End initialization code - DO NOT EDIT
% --- Executes just before UI_1 is made visible.
function UI_1_OpeningFcn(hObject, eventdata, handles, varargin)
% This function has no output args, see OutputFcn.
```

```
% hObject        handle to figure
% eventdata    reserved - to be defined in a future version of MATLAB
% handles       structure with handles and user data (see GUIDATA)
% varargin      command line arguments to UI_1 (see VARARGIN)
%%%% Create the data to plot.    ---- adding begin
handles.peaks=peaks(35);
handles.membrane=membrane;
[x,y] = meshgrid(-8:.5:8);
r = sqrt(x.^2+y.^2) + eps;
sinc = sin(r)./r;
handles.sinc = sinc;
% Set the current data value.
handles.current_data = handles.peaks;
surf(handles.current_data)
%%%%                               ---- adding end
% Choose default command line output for UI_1
handles.output = hObject;
% Update handles structure
guidata(hObject, handles);
% UIWAIT makes UI_1 wait for user response (see UIRESUME)
% uiwait(handles.figure1);
% --- Outputs from this function are returned to the command line.
function varargout = UI_1_OutputFcn(hObject, eventdata, handles)
% varargout   cell array for returning output args (see VARARGOUT);
% hObject        handle to figure
% eventdata    reserved - to be defined in a future version of MATLAB
% handles       structure with handles and user data (see GUIDATA)
% Get default command line output from handles structure
varargout{1} = handles.output;
% --- Executes on button press in pushbutton1.
function pushbutton1_Callback(hObject, eventdata, handles)
% hObject        handle to pushbutton1 (see GCBO)
% eventdata    reserved - to be defined in a future version of MATLAB
% handles       structure with handles and user data (see GUIDATA)
% Display surf plot of the currently selected data.   ----adding begin
surf(handles.current_data);
%%%%                                                  ----adding end
% --- Executes on button press in pushbutton2.
function pushbutton2_Callback(hObject, eventdata, handles)
% hObject        handle to pushbutton2 (see GCBO)
% eventdata    reserved - to be defined in a future version of MATLAB
% handles       structure with handles and user data (see GUIDATA)
% Display mesh plot of the currently selected data.   ----adding begin
mesh(handles.current_data);
%%%%                                                  ----adding end
% --- Executes on button press in pushbutton3.
function pushbutton3_Callback(hObject, eventdata, handles)
% hObject        handle to pushbutton3 (see GCBO)
% eventdata    reserved - to be defined in a future version of MATLAB
% handles       structure with handles and user data (see GUIDATA)
% Display contour plot of the currently selected data. ---- adding begin
contour(handles.current_data);
%%%%                                                  ----adding end
% --- Executes on selection change in popupmenu1.
function popupmenu1_Callback(hObject, eventdata, handles)
% hObject        handle to popupmenu1 (see GCBO)
% eventdata    reserved - to be defined in a future version of MATLAB
% handles       structure with handles and user data (see GUIDATA)
% Hints: contents = cellstr(get(hObject,'String')) returns popupmenu1 contents as cell array
%              contents{get(hObject,'Value')} returns selected item from popupmenu1
% Determine the selected data set.   ----adding begin
```

```
str = get(hObject, 'String');
val = get(hObject,'Value');
% Set current data to the selected data set.
switch str{val};
case 'peaks' % User selects peaks.
    handles.current_data = handles.peaks;
case 'membrane' % User selects membrane.
    handles.current_data = handles.membrane;
case 'sinc' % User selects sinc.
    handles.current_data = handles.sinc;
end
% Save the handles structure.
guidata(hObject,handles)
%%%%                            ----adding end
% --- Executes during object creation, after setting all properties.
function popupmenu1_CreateFcn(hObject, eventdata, handles)
% hObject        handle to popupmenu1 (see GCBO)
% eventdata    reserved - to be defined in a future version of MATLAB
% handles        empty - handles not created until after all CreateFcns called
% Hint: popupmenu controls usually have a white background on Windows.
%          See ISPC and COMPUTER.
if ispc && isequal(get(hObject,'BackgroundColor'), get(0,'defaultUicontrolBackgroundColor'))
    set(hObject,'BackgroundColor','white');
end
```

当 UI_1. fig 文件和函数 M 文件 UI_1. m 均在 Matlab 当前的路径中，在 Matlab 命令行窗口运行 UI_1. m，也可得到如图 4 – 47 所示的 App。

4.4.2 程序流创建 App

程序流采用 Matlab 内置函数，通过编程实现 App 的布局及性能，并能创建可置于交互界面组件中的传统图形。由程序流创建的 App 与由 GUIDE 创建的 App 一样，都支持相同的图形类型、交互界面组件以及图形标签。通过程序流可创建复杂的 App，使之具有多个相互独立的组件以显示各类图形。例如程序流 UI_2. m，其运行后可等同于由 GUIDE 创建的 App。

程序流创建 App 的步骤如下：

（1）创建一个程序函数文件 UI_2. m，并用文件名进行注释描述；

（2）由 figure 创建一个图形窗口；

（3）在图形窗口中添加按钮、静态文字、弹出菜单以及坐标系组件。首先，用一系列的 uicontrol 属性值定义每一项组件；其次，添加弹出菜单及其相应的静态文字描述；最后，添加坐标系，对齐所有组件，并使图形可见；

（4）以上步骤的程序存为如下的 UI_2o. m，运行 UI_2o. m 得到图形窗口，如图 4 – 48 所示。

```
function UI_2o
% UI_2 Select a data set from the pop-up menu, then click one of the plot-type push buttons.
% Clicking the button plots the selected data in the axes.
%    Create and then hide the UI as it is being constructed.
f = figure('Visible','off','Position',[360,500,450,285]);
% Construct the components.
hsurf    = uicontrol('Style','pushbutton',...
                'String','Surf','Position',[315,220,70,25]);
hmesh    = uicontrol('Style','pushbutton',...
                'String','Mesh','Position',[315,180,70,25]);
hcontour = uicontrol('Style','pushbutton',...
                'String','Contour','Position',[315,135,70,25]);
htext   = uicontrol('Style','text','String','Select Data',...
```

```
                                'Position',[325,90,60,15]);
hpopup = uicontrol('Style','popupmenu',...
                                'String',{'Peaks','Membrane','Sinc'},...
                                'Position',[300,50,100,25]);
ha = axes('Units','pixels','Position',[50,60,200,185]);
align([hsurf,hmesh,hcontour,htext,hpopup],'Center','None');
% Make the UI visible.
f.Visible = 'on';
```

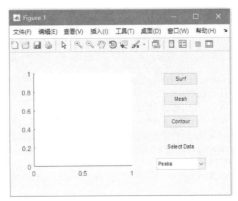

图 4 – 48　程序 UI_2o. m 生成的图形窗口

（5）在函数程序 UI_2o. m 的 uicontrol 语句后分别添加如下'callback'属性，由此编辑回调 surf、mesh、contour 按钮以及弹出菜单。

```
'Callback',@surfbutton_Callback
'Callback',@meshbutton_Callback
'Callback',@contourbutton_Callback
'Callback',@popup_menu_Callback
```

（6）在函数程序 UI_2o. m 中，添加程序语句初始化 UI，并添加绘图数据及绘制图形程序语句，这些语句添加在 f. Visible ='on'之前，语句如下。

```
% Initialize the UI.
% Change units to normalized so components resize automatically.
f.Units = 'normalized';
ha.Units = 'normalized';
hsurf.Units = 'normalized';
hmesh.Units = 'normalized';
hcontour.Units = 'normalized';
htext.Units = 'normalized';
hpopup.Units = 'normalized';
% Generate the data to plot.
peaks_data = peaks(35);
membrane_data = membrane;
[x,y] = meshgrid(-8:.5:8);
r = sqrt(x.^2+y.^2) + eps;
sinc_data = sin(r)./r;
% Create a plot in the axes.
current_data = peaks_data;
surf(current_data);
% Assign a name to appear in the window title.
f.Name = 'UI_2';
% Move the window to the center of the screen.
movegui(f,'center')
```

（7）在函数程序 UI_2o. m 中，添加函数子程序编辑 Apps 中的弹出菜单和三个按钮，将这些语句添加在 f. Visible ='on'之后，语句如下。

```
%    Pop-up menu callback. Read the pop-up menu Value property to
%    determine which item is currently displayed and make it the
%    current data. This callback automatically has access to
%    current_data because this function is nested at a lower level.
function popup_menu_Callback(source,eventdata)
    % Determine the selected data set.
    str = source.String;
    val = source.Value;
    % Set current data to the selected data set.
    switch str{val};
    case 'Peaks' % User selects Peaks.
        current_data = peaks_data;
    case 'Membrane' % User selects Membrane.
        current_data = membrane_data;
    case 'Sinc' % User selects Sinc.
        current_data = sinc_data;
    end
end
% Push button callbacks. Each callback plots current_data in the
% specified plot type.
function surfbutton_Callback(source,eventdata)
% Display surf plot of the currently selected data.
    surf(current_data);
end
function meshbutton_Callback(source,eventdata)
% Display mesh plot of the currently selected data.
    mesh(current_data);
end
function contourbutton_Callback(source,eventdata)
% Display contour plot of the currently selected data.
    contour(current_data);
end
```

（8）至此，创建 App 的程序流编辑完成，在程序 Ul_ 2o. m 中添加步骤（5）～（7）程序语句后的程序存为 UI_2. m，如下所示。在 Matlab 命令行窗口运行程序 UI_2. m，得到等同于GUIDE 创建的 App，如图 4 – 49 所示。

```
function UI_2
% UI_2 Select a data set from the pop-up menu, then click one of the plot-type push buttons.
% Clicking the button plots the selected data in the axes.
%    Create and then hide the UI as it is being constructed.
f = figure('Visible','off','Position',[360,500,450,285]);
% Construct the components.
hsurf = uicontrol('Style','pushbutton', 'String','Surf','Position',[315,220,70,25],...
    'Callback',@surfbutton_Callback);
hmesh = uicontrol('Style','pushbutton', 'String','Mesh','Position',[315,180,70,25],...
    'Callback',@meshbutton_Callback);
hcontour = uicontrol('Style','pushbutton', 'String','Contour','Position',[315,135,70,25],...
    'Callback',@contourbutton_Callback);
htext = uicontrol('Style','text','String','Select Data', 'Position',[325,90,60,15]);
hpopup = uicontrol('Style','popupmenu', 'String', {'Peaks','Membrane','Sinc'},...
    'Position',[300,50,100,25], 'Callback',@popup_menu_Callback);
ha = axes('Units','pixels','Position',[50,60,200,185]);
align([hsurf,hmesh,hcontour,htext,hpopup],'Center','None');
% Initialize the UI. Change units to normalized so components resize automatically.
f.Units = 'normalized'; ha.Units = 'normalized';
hsurf.Units = 'normalized'; hmesh.Units = 'normalized'; hcontour.Units = 'normalized';
htext.Units = 'normalized'; hpopup.Units = 'normalized';
% Generate the data to plot.
peaks_data = peaks(35);
membrane_data = membrane;
```

```
[x,y] = meshgrid(-8:.5:8); r = sqrt(x.^2+y.^2) + eps; sinc_data = sin(r)./r;
current_data = peaks_data; surf(current_data);    % Create a plot in the axes.
f.Name = 'UI_2';    % Assign a name to appear in the window title.
movegui(f,'center');    % Move the window to the center of the screen.
f.Visible = 'on';    % Make the UI visible.
%    Pop-up menu callback. Read the pop-up menu Value property to determine
%    which item is currently displayed and make it the current data.
%    This callback automatically has access to current_data
%    because this function is nested at a lower level.
    function popup_menu_Callback(source,eventdata)
        % Determine the selected data set.
        str = source.String; val = source.Value;
        % Set current data to the selected data set.
        switch str{val};
            case 'Peaks' % User selects Peaks.
                current_data = peaks_data;
            case 'Membrane' % User selects Membrane.
                current_data = membrane_data;
            case 'Sinc' % User selects Sinc.
                current_data = sinc_data;
        end
    end
% Push button callbacks. Each callback plots current data in the specified plot type.
    function surfbutton_Callback(source,eventdata)
        surf(current_data);% Display surf plot of the currently selected data.
    end
    function meshbutton_Callback(source,eventdata)
        mesh(current_data);% Display mesh plot of the currently selected data.
    end
    function contourbutton_Callback(source,eventdata)
        contour(current_data);% Display contour plot of the currently selected data.
    end
end
```

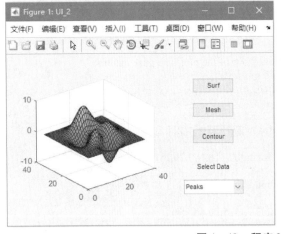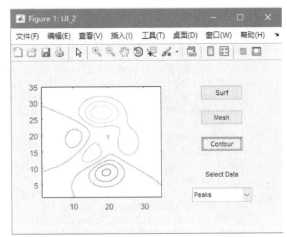

图 4-49　程序 UI_2. m 创建的 App

4.4.3　App Designer 创建 App

App Designer 创建 App 的设计环境。虽然 App Designer 提供了许多与 GUIDE 相同的控制，但其创建 App 的过程不同，不同之处主要表现在图形支持、程序生成、构件访问、回调编码以及绘制图形成分等。表 4-1 比较了 GUIDE 和 App Designer 创建 App 的不同。

表 4-1 比较 GUIDE 和 App Designer 创建的 App 的不同

不同之处	GUIDE	App Designer
图形支持	应用图形（figure）函数和图形属性	应用 uifigure 函数和 UI 图形属性
坐标系	采用坐标（axes）函数和属性访问 Matlab 中可适用的图形函数（支持 2-D 和 3-D 图形）	采用 UI 坐标（uiaxes）函数和属性显示图形，支持大多数 2-D 图形
程序结构	回调（callback）和应用（utility）函数是一系列本地函数的编码	操作和共享数据的编码是一个 Matlab 块，它包含 app 部件（components）、回调（callback）、应用（utility）函数及其属性
可编辑代码	所有代码均可编辑	只有回调（callback）、应用（utility）函数、以及用户定义（user-defined）属性可编辑
组件访问和布局	采用 get 和 set 函数	采用点标记
回调布局	UI 控制（uicontrols）采用回调（callback）属性	采用特殊操作回调
回调变量	采用回调对象（hObject）、对象数据（eventdata）以及句柄结构	采用 App 和对象数据
数据共享	采用 userdata 属性或 guidata 或 setappdata 函数	创建时采用 Matlab 块属性
组件创建	采用 uicontrol 函数及其属性	采用特殊组件函数及其相应属性

　　基于 App Designer，以下介绍创建坐标系中显示二维图的 App 的具体过程，该过程包括三个步骤，分别是设计 App、编写 App 以及运行 App。

　　（1）在 Matlab 命令行窗口提示符"≫"后输入 appdesigner，开启 App Designer 窗口，如图 4-50 所示；

　　（2）在 App Designer 窗口左边的组件库中，拖动一个按钮、两个编辑字段（数值）、一个坐标轴（二维）进入中间窗口的设计区，并合理放置；分别双击字段窗口输入"A"和"C"，双击按钮输入"Plot"，选择坐标轴并在其标题属性中输入"Y = A sin（CX）"；

图 4-50　App Designer 窗口

　　（3）点击设计区域右上方的"Code View"，在左边代码浏览器中点击"回调"，并在出现的小窗口中点击组件中"Plotbutton"，继而点击"确定"。之后在代码视图中的"function startupFcn（app）"下方会出现亮的空行，进而在该空行处输入坐标轴区域绘图的如下程序语句，如图 4-51 所示。

```
x = 0:pi/100:2*pi;
c = app.CEditField.Value;
y = app.AEditField.Value * sin(c*x);
plot(app.UIAxes,x,y);
app.UIAxes.XLim = [0 2*pi];
```

图 4 - 51　App Designer 窗口

（4）点击 App Designer 窗口上方的"保存"，在当前路径下将创建的 App 保存为 UI_3. mlapp，再点击 App Designer 窗口上方的"运行"，会有 App 运行窗口（图 4 - 52）弹出。在 App 运行窗口中，A 值填入 2，C 值填入 5 或 10，点击 plot，得到 App 运行结果。若再需使用该 App 时，只需在 Matlab 环境下打开 UI_3. mlapp，即有 App 窗口弹出。

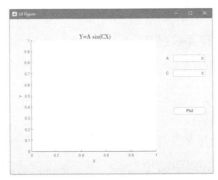

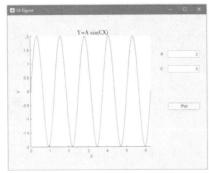 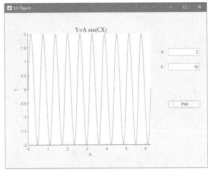

图 4 - 52　App 运行窗口及 App 运行结果图

4.5　应用实例

例 4.7　采用 Matlab 语言编程，绘出分形中的 Cantor 集。

解：（1）Cantor 集是确定分形。三等分一直线，删除中间段，将剩下的两段各三等分，再删除各自的中间段，如此无限进行下去，得到由无穷多离散点组成的 Cantor 集。

（2）Cantor 集的数学模型：对于一条平行于 x 轴的线段 ad，a 是线段起端点，d 是线段末端点，b 和 c 为 ad 的两个三等分点，由此得到：

$$b = a + (d - a)/3, \quad c = a + (d - a) \cdot 2/3 \tag{4-1}$$

三等分一条线段后剩下的线段数翻倍，线段由 ad 扩展为 ab 和 cd，端点 a、b、c 和 d 的 x 坐标间距为 1/3 线段 ad 的长度，y 坐标相同。

（3）根据 Cantor 集的数学模型，构建 Cantor 集绘图的程序流程，如图 4-53（a）所示。

（4）程序编制及运行：根据程序流程图 4-53（a），编写 Matlab 程序 ex4_7.m 如下。

```
%例4.7 %ex4_7.m Cantor sets
n=6;        %set the n of self similarity
edge = [0 1];            %设置一条直线的两个端点x坐标
subplot(n+1,1,1);plot(edge,[1,1],'k','linewidth',3); axis off;
title(['Cantor sets    n = ' num2str(n)], 'fontsize', 15)
for i = 1 : n          % n重自相似的循环
    nums = size(edge, 1);   newEdge = zeros(nums * 2, 2);   %设置线段新数目
    for j = 1 : nums
        a = edge(j, 1);   d = edge(j, 2);        %获取起末端点x坐标
        b = a+(d-a)*1/3; c= a+(d-a)*2/3;          %计算中间点x坐标
        newEdge((j-1)*2 + 1, :) = [a b];         %设置新线段1x坐标
        newEdge((j-1)*2 + 2, :) = [c d];         %设置新线段2x坐标
    end
    edge = newEdge; yL=size(edge,1);
    subplot(n+1,1,i+1);      %plot the new lines
    for k=1:yL
        plot(edge(k,[1,2]),[1,1],'k','linewidth',3); hold on
    end
    axis([0 1 0 1]); axis off;
end
```

在 Matlab 中运行 ex4_7.m 程序，得到如图 4-53（b）所示的 $n = 6$ 的 Cantor 集。

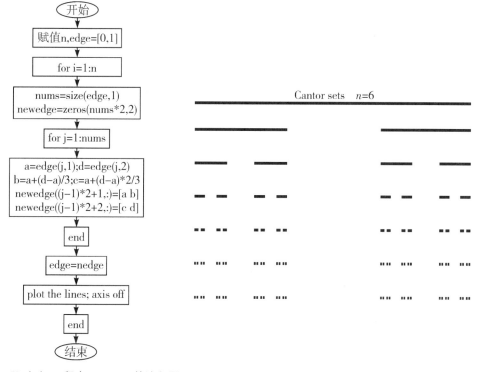

图 4-53（a）　程序 ex4_7.m 的流程图　　　**图 4-53（b）程序 ex4_7.m 运行结果图**

例4.8 发射及拦截——质量为 1 kg 的物体以 150 m/s 的初始速度沿 θ 角从地面发射，其飞行过程中受到与其速度值平方成正比的阻力作用，阻力系数为 0.001 kg/m，重力加速度取 10 m/s^2。

(1) 求该物体的运动轨迹，当初始发射角为 45°时，给出其射程及可到达的最高点；

(2) 若在水平距物体发射点 500 m 处出现高为 100m 的拦截物，它间隔 20 s、以匀速 10 m/s 垂直上升，物体晚拦截物几秒发射可到达水平距物体发射点 700 m 的目标？

解：1. 物体运动轨迹求解

(1) 问题分析：建立直角坐标系 OXY，如图 4-54 所示：

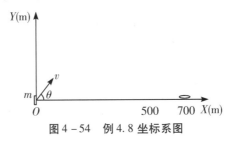

图 4-54 例 4.8 坐标系图

根据题意，列出物体运动的相关参数：物体质量 $m = 1$ kg，初速度 $v_0 = 150$ m/s，初始发射角 $\theta_0 = \pi/4$，阻力系数 $k = 0.001$ kg/m，重力加速度 $g = 10$ m/s^2。根据牛顿第二定律，列出物体运动方程组：

$$\begin{cases} mx'' = -k(x'^2 + y'^2)\cos\theta \\ my'' = -mg - k(x'^2 + y'^2)\sin\theta \\ v_x = x', \quad v_y = y' \\ \theta = \operatorname{arctg}\dfrac{v_y}{v_x} \end{cases} \tag{4-2}$$

(2) 数学模型：根据问题分析，建立需要求解的数学表达式，即由四个方程构成的一阶常微分方程组式（4-3）及其定解条件式（4-4），该一阶常微分方程组定解问题的解是随时间变化的沿 X、Y 轴方向的速度和位移。

$$\text{一阶常微分方程组：} \begin{cases} x' = v_x \\ y' = v_y \\ v_x' = -k/m \cdot \sqrt{v_x^2 + v_y^2} \cdot v_x \\ v_y' = -g - k/m \cdot \sqrt{v_x^2 + v_y^2} \cdot v_y \end{cases} \tag{4-3}$$

$$\text{初始条件：} \begin{cases} x_0 = 0 \\ y_0 = 0 \\ v_{x_0} = v_0 \cdot \cos(\theta_0) \\ v_{y_0} = v_0 \cdot \sin(\theta_0) \end{cases} \tag{4-4}$$

(3) 求解一阶常微分方程组定解问题：在 Matlab 环境中编制程序，调用常微分方程数值求解的龙格—库塔方法内置函数 ode45，求解该一阶常微分方程组定解问题，得到物体运动过程的速度和位移随时间的变化。具体的计算流程如图 4-55 所示。

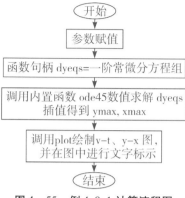

图 4 - 55 例 4.8_1 计算流程图

（4）程序编制及运行：根据程序流程图 4 - 55，编制 Matlab 程序 ex4_8_1. m 如下。

```
%ex4_8_1.m 例4.8——求解问题(1) %solve ode equation to obtain the velocity
% Dy(1)=y(3);      %y(1)0=0;
% Dy(2)=y(4) ;     %y(2)0=0;
% Dy(3)=-k/m*sqrt(y(3)^2+y(4)^2)*y(3);      %y(3)0=v0*cos(theta0);
% Dy(4)=-k/m*sqrt(y(3)^2+y(4)^2)*y(4)-g;    %y(4)0=v0*sin(theta0);
%solve ode equation to obtain the velocity
m=1; k=0.001; g=10; v0=150; theta0=pi/4;   th=0.0001; tmax=30; %k=0.0;
tspan=0:th:tmax;x0=0; y0=0; vx0=v0*cos(theta0); vy0=v0*sin(theta0);
dyeqs=@(t,y) [ y(3); y(4); -k/m*((y(3).^2+y(4).^2)).^0.5.*y(3); ...
               -k/m*((y(3).^2+y(4).^2)).^0.5.*y(4)-g];
[t,xyv]=ode45(dyeqs,tspan,[x0;y0;vx0;vy0]);
x=xyv(:,1); y=xyv(:,2); vx=xyv(:,3); vy=xyv(:,4); vv=sqrt(vx.^2+vy.^2);
% to get y=0 by interp1, & t(i),vxy(i,1:2),vv(i),x(i),y(i)=0
i=min(find(y<0)); ii=1:i; yy0=0;   % identation the i for y<0
vx(i)=interp1(y(i-1:i),vx(i-1:i),yy0); vy(i)=interp1(y(i-1:i),vy(i-1:i),yy0);
vv(i)=sqrt(vx(i).^2+vy(i).^2); x(i)=interp1(y(i-1:i),x(i-1:i),yy0);
ti=interp1(y(i-1:i),t(i-1:i),yy0); t(i)=ti; xmax=x(i); y(i)=yy0;
% to get vy=0 by interp1, & ymax
j=min(find(vy<0)); vy0=0;   % identation the j for vy<0
ymax=interp1(vy(j-1:j),y(j-1:j),vy0);
tj=interp1(vy(j-1:j),t(j-1:j),vy0); % identation the tj for ymax
%show the results the velocity and the location
subplot(1,2,1); plot(t(ii),vx(ii),'.-r',t(ii),vy(ii), '.-g',t(ii),vv(ii),'.-b')
tm=ceil(ti/10)*10; vmin=floor(vy(i)/100)*100; vmax=v0+50;
axis([0,tm,vmin,vmax]); legend('Vx', 'Vy','V'); grid on;
text(tm/10,vmin+30, ['k = ' num2str(k) ' kg/m, ode45()'],'fontsize',15)
xlabel 't (s)'; ylabel 'v (m/s)'; set(gca,'fontsize',15)
subplot(1,2,2); plot(x(ii),y(ii),'.-b'); grid on;
xm=ceil(xmax/100)*100; ym=ceil(ymax/100)*100; axis([0,xm,0,ym]);
tv0=['\theta_0 = ' num2str(theta0*180/pi) '^o, v_0 = ' num2str(v0) ' m/s'];
tym=['t = ' num2str(tj,4) ' s,' ' ym = ' num2str(ymax,4) ' m'];
txm=['t = ' num2str(ti,4) ' s,' ' xm = ' num2str(xmax,4) ' m'];
text(xm/6,ym*0.3,tv0,'fontsize',15); text(xm/6,ym*0.2, tym,'fontsize',15);
text(xm/6,ym*0.1, txm,'fontsize',15);
xlabel 'x (m)'; ylabel 'y (m)'; set(gca,'fontsize',15)
```

在 Matlab 命令行窗口运行 ex4_8_1. m，得到物体速度和运动轨迹图 4 - 56。可以看出，初始发散角为 45°，初始速度为 150m/s 的物体发射后，经过 15.91 s 和 7.192 s，射程及可到达的最高点分别为 919.3 m 和 321.4 m。

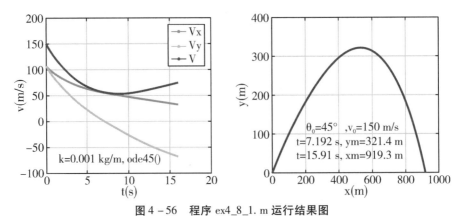

图 4 - 56　程序 ex4_8_1. m 运行结果图

（5）结果验证：若阻力系数 $k = 0$，该一阶常微分方程组定解问题有解析解，通过调用内置函数 dsolve 替代 ode45 求得符号解，程序计算流程同图 4 - 55，编制的程序 ex4_8_2. m 如下。

```
%ex4_8_2.m  例4.8——求解问题(1) % solve differential equations
% Dy(1)=y(3);      %y(1)0=0;
% Dy(2)=y(4) ;     %y(2)0=0;
% Dy(3)=-k/m*sqrt(y(3)^2+y(4)^2)*y(3);      %y(3)0=v0*cos(theta0);
% Dy(4)=-k/m*sqrt(y(3)^2+y(4)^2)*y(4)-g;    %y(4)0=v0*sin(theta0);
m=1; k=0.001; g=10; v0=150; theta0=pi/4; th=0.01; tmax=30; k=0.0;
%to dsolve the ODE equations for x0=0, y0=0, theta0=pi/4, and v0=150
[x,y,vx,vy]=dsolve('Dy1=y3', 'Dy2=y4','Dy3=0, Dy4+10=0', ...
          'y1(0)=0','y2(0)=0','y3(0)=150*cos(pi/4)','y4(0)=150*sin(pi/4)')
txm=double(max(solve(y==0))); xmax=double(subs(x,'t',txm));
tym=double(max(solve(diff(y)==0))); ymax=double(subs(y,'t',tym));
tv=0:th:txm; x=double(subs(x,'t',tv)); y=double(subs(y,'t',tv));
vx=double(subs(vx,'t',tv));vy=double(subs(vy,'t',tv));vv=sqrt(vx.^2+vy.^2);
%plot the results the velocity and the location
subplot(1,2,1); plot(tv,vx,'.-r',tv,vy,'.-g',tv,vv,'.-b')
tm=ceil(txm/10)*10; vmin=floor(min(vy)/100)*100; vmax=v0+50;
axis([0,tm,vmin,vmax]); legend('Vx', 'Vy','V'); grid on;
text(tm/10,vmin+30, ['k = ' num2str(k) ' kg/m, solve()'],'fontsize',15)
xlabel 't'; ylabel 'v (m/s)'; set(gca,'fontsize',15)
subplot(1,2,2); plot(x,y,'.-b'); grid on;
xm=ceil(xmax/100)*100; ym=ceil(ymax/100)*100; axis([0,xm,0,ym])
tv0=['\theta_0 = ' num2str(theta0*180/pi) '^o, v_0 = ' num2str(v0) ' m/s'];
tym=['t = ' num2str(tym,4) ' s,' ' ym = ' num2str(ymax,4) ' m'];
txm=['t = ' num2str(txm,4) ' s,' ' xm = ' num2str(xmax,4) ' m'];
text(xm/6,ym*0.3,tv0,'fontsize',15); text(xm/6,ym*0.2, tym,'fontsize',15);
text(xm/6,ym*0.1, txm,'fontsize',15);
xlabel 'x (m)'; ylabel 'y (m)'; set(gca,'fontsize',15)
```

在 Matlab 命令行窗口运行程序 ex4_8_2. m，验证无阻力情形程序 ex4_8_1. m 的运行结果，它们给出相同的速度和轨迹图，如图 4 - 57 所示，其射程及可到达的最高点分别为2250 m 和562.5 m，所经历的时间分别为 21.21 s 和 10.61 s。

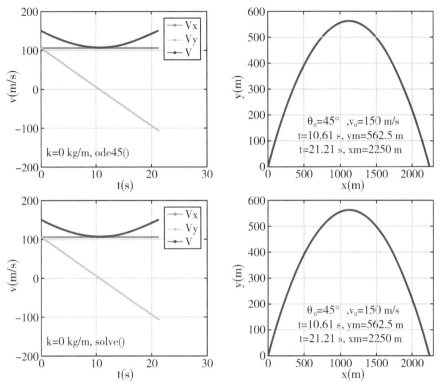

图 4 - 57 程序 ex4_8_1. m 和 ex4_8_2. m 运行结果图

2. 避开拦截物的问题求解

（1）问题分析：在坐标系 OXY 中标示水平距物体发散位置（坐标原点）500 m 处的拦截物，如图 4 - 58 所示。调整物体的初始发射角，使其射程为 700 m；调整发散时间，使物体在拦截物的发散间隙穿越拦截物所在位置。

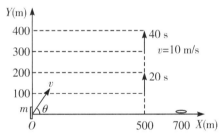

图 4 - 58 坐标系 OXY 中的发射物体及其拦截物示意图

（2）数学模型：根据牛顿第二定律列出物体运动的数学模型与问题（1）的相同；根据牛顿第三定律，拦截物间隔 20 s 向上匀速直线运动，拦截物的运动方程为：

$$\begin{cases} x = 500 \\ y = 10t \end{cases} \tag{4-5}$$

（3）计算流程：调用常微分方程数值求解的龙格—库塔方法内置函数 ode45，通过条件循环程序设计，从给定的初始出射角 $\pi/4$ 开始减小，初始速度不变，使在误差范围内物体的射程达到 $x_{max} = 700$ m。由此得到物体运动过程的速度和轨迹随时间的变化，同时确认物体到达 $x = 500$ m 处所需的时间及位置的高度。具体的计算流程如图 4 - 59 所示。

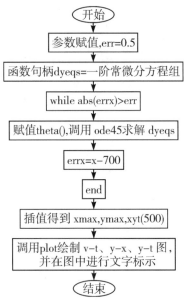

图 4 - 59　例 4.8_2 计算流程图

（4）程序编制及运行：根据图 4 - 59 的计算流程，编制 Matlab 程序 ex4_8_3. m 如下。

```
%ex4_8_3.m 例4.8——求解问题(2) %solve ode equation to obtain the velocity
% Dy(1)=y(3);      %y(1)0=0;
% Dy(2)=y(4) ;     %y(2)0=0;
% Dy(3)=-k/m*sqrt(y(3)^2+y(4)^2)*y(3);      %y(3)0=v0*cos(theta0);
% Dy(4)=-k/m*sqrt(y(3)^2+y(4)^2)*y(4)-g;    %y(4)0=v0*sin(theta0);
%solve ode equation to obtain the velocity
m=1; k=0.001; g=10; v0=150; theta0=pi/4;    th=0.0001; tmax=30; %k=0.0;
tspan=0:th:tmax;x0=0; y0=0; vx0=v0*cos(theta0); vy0=v0*sin(theta0);
dyeqs=@(t,y) [ y(3); y(4); -k/m*((y(3).^2+y(4).^2)).^0.5.*y(3); ...
              -k/m*((y(3).^2+y(4).^2)).^0.5.*y(4)-g];
xxm=700; err=0.5; errx=2*err; j=1 %identify theta0 to make xm=700 with err
while abs(errx)>err
    if errx<0
        theta0=theta0+0.05*pi/180;
    else
        theta0=theta0-pi/180; j=j+1
    end
    vx0=v0*cos(theta0); vy0=v0*sin(theta0);
    [t,xyv]=ode45(dyeqs,tspan,[x0;y0;vx0;vy0]);
    i=min(find(xyv(:,2)<0));      % identation the i for y<0
    errx=xyv(i,1)-xxm;
end
% to get y=0 & t(i),vxy(i,1:2),vv(i),x(i),y(i)=0
ii=1:i; t=t(ii); x=xyv(ii,1); y=xyv(ii,2);
vx=xyv(ii,3); vy=xyv(ii,4); vv=sqrt(vx.^2+vy.^2);
% to get y=0 by interp1, & t(i),vxy(i,1:2),vv(i),x(i),y(i)=0
yy0=0;   % identation the i for y<0
vx(i)=interp1(y(i-1:i),vx(i-1:i),yy0); vy(i)=interp1(y(i-1:i),vy(i-1:i),yy0);
vv(i)=sqrt(vx(i).^2+vy(i).^2); x(i)=interp1(y(i-1:i),x(i-1:i),yy0);
ti=interp1(y(i-1:i),t(i-1:i),yy0); t(i)=ti; xmax=x(i); y(i)=yy0;
% to get vy=0 by interp1, & ymax
j=min(find(vy<0)); vy0=0;   % identation the j for vy<0
ymax=interp1(vy(j-1:j),y(j-1:j),vy0);ymx=interp1(vy(j-1:j),x(j-1:j),vy0);
tj=interp1(vy(j-1:j),t(j-1:j),vy0); % identation the tj for ymax
% to get x=500 by interp1, & t, y
xi=500; ij=max(find(x<=xi));             % identation the ij for xi
```

```
tij=interp1(x(ij:ij+1),t(ij:ij+1),xi); xij=xi; yij=interp1(x(ij:ij+1),y(ij:ij+1),xi);
%show the results the velocity and the location
subplot(1,3,1); plot(t,vx,'.-r',t,vy, '.-g',t,vv,'.-b')
tm=ceil(ti/10)*10; vmin=floor(vy(end)/100)*100; vmax=v0+50;
axis([0,tm,vmin,vmax]); legend('Vx', 'Vy','V'); grid on;
text(tm/10,vmin+30, ['k = ' num2str(k) ' kg/m'],'fontsize',15)
xlabel 't (s)'; ylabel 'v (m/s)'; set(gca,'fontsize',15)
subplot(1,3,2); plot(x,y,'.-b'); grid on;
xm=ceil(xmax/100)*100; ym=ceil(ymax/100)*100; axis([0,xm,0,ym]);
tv0=['\theta_0 = ' num2str(theta0*180/pi) '^o, v_0 = ' ...
    num2str(v0) ' m/s, ''errx = ' num2str(errx,2) ];
tym=['t = ' num2str(tj,3) ' s,' ...
    ' x = ' num2str(ymx,3) ' m,' ' ym = ' num2str(ymax,3) ' m'];
txm=['t = ' num2str(ti,3) ' s,' ...
    ' xm = ' num2str(xmax,3) ' m,' ' y = ' num2str(y(i),3) ' m'];
text(xm/92,ym*0.95,tv0,'fontsize',15);
text(xm/92,ym*0.85, tym,'fontsize',15); text(xm/92,ym*0.75, txm,'fontsize',15);
xlabel 'x (m)'; ylabel 'y (m)'; set(gca,'fontsize',15)
subplot(1,3,3); plot(t,y,'.-b'); hold on; plot([tij,tij],[0,ymax],'--r')
txyij={['t = ' num2str(tij,3) ' s,']; ['x = ' num2str(xij,3) ' m,'];...
    [' y = ' num2str(yij,3) ' m']; '\downarrow'};
text(tij,ym*0.8, txyij,'fontsize',15); grid on; axis([0,tm,0,ym]);
xlabel 't (s)'; ylabel 'y (m)'; set(gca,'fontsize',15); hold off;
```

在 Matlab 命令行窗口运行 ex4_8_3.m 得到结果。图 4 – 60 给出了物体速度和运动轨迹图示，可以看出，物体以 16.05°初始角发射后，时间经过 7.08 s，在设定的误差 0.5 m 范围内，其射程可达到 700 m；时间经过 4.52 s，到达的位置 $x = 500$ m，$y = 56.6$ m。

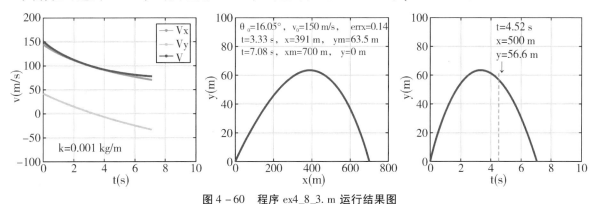

图 4 – 60　程序 ex4_8_3.m 运行结果图

（5）避开拦截物的求解：设 $t = 0$ 时刻、水平距物体发射点 500 m 处、高度为 100 m 的拦截物发射，拦截物起始位置分别是顶端和底端位于地面、间隔 20 s、匀速 10 m/s 垂直上升。取物体以 16.05°初始角发射，通过发射物体与拦截物运动的数学模型联立求解，得到物体发射的时间延迟，使物体能够在 500 m 处避开拦截物，并击中地面 700 m 处的目标。编制的 Matlab 程序 ex4_8_4.m 如下。

```
%ex4_8_4.m 例4.8——求解问题(2) %solve the equations
function ex4_8_4()
% the object rejected theta0=16.05/180*pi;
m=1; k=0.001; g=10; v0=150; theta0=16.05/180*pi; xxm=700;
th=0.0001; tmax=20; tspan=0:th:tmax;
x0=0; y0=0; vx0=v0*cos(theta0); vy0=v0*sin(theta0);
dyeqs=@(t,y) [ y(3); y(4); -k/m*((y(3).^2+y(4).^2)).^0.5.*y(3); ...
                       -k/m*((y(3).^2+y(4).^2)).^0.5.*y(4)-g];
[t,xyv]=ode45(dyeqs,tspan,[x0;y0;vx0;vy0]);
i=max(find(xyv(:,1)<=xxm)); ii=1:i;    t=t(ii); % identify i for xxm=700m
x=xyv(ii,1); y=xyv(ii,2); vx=xyv(ii,3); vy=xyv(ii,4); vv=sqrt(vx.^2+vy.^2);
```

```
% the interceptor at xxi=500 m; vi=10; hxxi=100m;
xxi=500; hxxi=100; vi=10; xi=xxi.*ones(size(t)); yi=vi*t;    dt=th; n=i;
% determin the time delay of the object
cs={'on the land      ', 'under the land'};
ij=max(find(x<=xxi));         %index for xxi=500m
for j=[1,2]
     dts=0.0; sx=x; sy=y;
     if j==1; yif=yi(ij)-y(ij)<=0; end %for on the land
     if j==2; yif=yi(ij)-y(ij)>=0; end %for under the land
     while yif
          dts=ceil((y(ij)-yi(ij))/vi); idts=ceil(dts/dt);
          sx(idts+1:n)=x(1:n-idts); sy(idts+1:n)=y(1:n-idts); break
end
jj=1:500:n;   %plot the results
figure;ex4_8_4_plot(cs,xxi,hxxi,j,t(jj),dts,sx(jj),sy(jj),xi(jj),yi(jj))
end
%ex4_8_4_plot.m    plot the results of ex4_8_4.m
function ex4_8_4_plot(cs,xxi,hxxi,j,t,dts,sx,sy,xi,yi)
n=length(t); ix=max(find(sx<=xxi));
if j==1; yi1=yi+hxxi; end
if j==2; yi1=yi-hxxi; end
subplot(1,2,1) %plot the trace of interceptor moving
for i=1:n
     plot(sx(i),sy(i),'*r',xi(i),yi(i),'^k');
     line([xi(i),xi(i)],[yi1(i),yi(i)]); axis([0,800,0,200]);
     legend('物体','拦截物'); text(50,190,cs{j},'fontsize',15)
     text(50,175,['t=' num2str(t(i)) ' s'],'fontsize',15); pause(0.05)
end
xlabel 'x'; ylabel 'y'; set(gca,'fontsize',15)
subplot(1,2,2) %plot xxi=500m for the rejected object and interceptor
plot(sx(ix),sy(ix),'*r',xi(ix),yi(ix),'^k');
line([xi(ix),xi(ix)],[yi1(ix),yi(ix)]); axis([0,800,0,200]);
legend('物体','拦截物'); text(50,190,cs{j},'fontsize',15)
text(50,175,['t=' num2str(t(ix)) ' s '],'fontsize',15)
text(50,160,['dt=',num2str(dts) ' s'],'fontsize',15)
xlabel 'x'; ylabel 'y'; set(gca,'fontsize',15)
```

在 Matlab 命令行窗口运行 ex4_8_4. m，得到结果图 4 - 61。

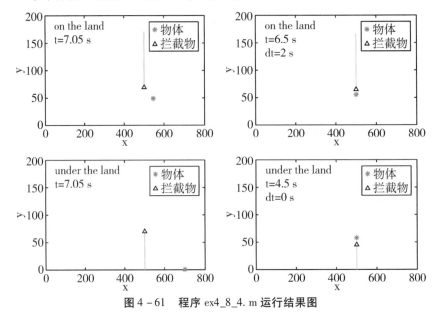

图 4 - 61　程序 ex4_8_4. m 运行结果图

（6）结果分析：从避开拦截物的求解结果图 4-61 可以看出，拦截物底部在地面时，物体发射需延迟 2 s；拦截物顶部在地面时，发射无须延迟，物体可击中 700 m 处的目标。该结果是基于程序 ex4_8_3. m 设置的可接受误差 $err = 0.5$ m 时，初始发射角为 16.05°的结果。

例 4.9 统计数据分析：已知以下数据表，试分析该区环保产业概况。

汇总地区名称：		某区		汇总年度：		2011	
行政区划代码：		440106		表　号：		环产综 1 表	
汇总机关名称（盖章）：				汇总时间：		2013 年 04 月 14 日	

类别	从业单位数（个）	专业单位数（个）	兼业单位数（个）	环境保护及相关产品生产经营单位（个）	环境保护及相关产品生产经营单位分布（个）			环境服务业从业单位（个）
					环境保护产品生产经营单位（个）	环境友好产品生产经营单位（个）	资源循环利用产品生产经营单位（个）	
代码	1	2	3	4	5	6	7	8
某区	36	27	9	10	6	3	1	26

从业人员（万人）	环境保护及相关产品生产经营人员（万人）	环境保护及相关产品生产经营人员分布（万人）			环境服务业从业人员（万人）
		环境保护产品生产经营人员（万人）	环境友好产品生产经营人员（万人）	资源循环利用产品生产经营人员（万人）	
9	10	11	12	13	14
0.3169	0.12	0.0121	0.1037	0.0042	0.1969

固定资产原价（亿元）	年内新增固定资产投资（亿元）	资产总计（亿元）	环境保护产品工业销售产值（亿元）	环境友好产品工业销售产值（亿元）	资源循环利用产品工业销售产值（亿元）	环境服务业合同总额（亿元）
15	16	17	18	19	20	21
10.8974	0.8616	191.9895	0.8389	2.9408	0.4152	26.2601

环境保护产品销售收入（亿元）	环境友好产品销售收入（亿元）	资源循环利用产品销售收入（亿元）	环境服务业收入总额（亿元）
22	23	24	25
0.8354	3.5369	0.4152	11.5209

环境保护产品销售利润（亿元）	环境友好产品销售利润（亿元）	资源循环利用产品销售利润（亿元）	环境服务业利润总额（亿元）
26	27	28	29
0.0232	0.873	0.1485	0.8323

环境保护产品出口合同额（亿美元）	环境友好产品出口合同额（亿美元）	资源循环利用产品出口合同额（亿美元）	对外环境服务合同额（亿美元）
30	31	32	33
0	0.023	0	0

环境保护及相关产品生产经营人均收入（万元）	环境保护产品生产经营人均收入（万元）	环境友好产品生产经营人均收入（万元）	资源循环利用产品生产经营人均收入（万元）	环境服务业人均收入（万元）
34	35	36	37	38
39.8952	69.0387	34.1066	98.8571	58.2745

环境保护及相关产品生产经营人均利润（万元）	环境保护及相关产品生产经营人均利润分布（万元）			环境服务业人均利润（万元）
	环境保护产品生产经营人均利润（万元）	环境友好产品生产经营人均利润（万元）	资源循环利用产品生产经营人均利润（万元）	
39	40	41	42	43
8.7053	1.9143	8.4183	35.3571	4.2101

解： 根据已知的数据表，通过以下步骤对数据进行分析。

（1）已知数据归类：根据某区的数据表，得到某区产业概况。从业单位数 36 个，从业人员 0.3169 万人，年内新增固定资产投资 0.8616 亿元，其中包括：

①环境保护及相关产品生产经营单位 10 个，从业人员 0.12 万人，人均收入 39.8952 万元，人均利润 8.7053 万元。其中又包括：

A. 环境保护产品生产经营单位 6 个，从业人员 0.0121 万人，工业销售产值 0.8389 亿元，销售收入 0.8354 亿元，销售利润 0.0232 亿元，人均收入 69.0387 万元，人均利润 1.9143 万元；

B. 环境友好产品生产经营单位 3 个，从业人员 0.1037 万人，工业销售产值 2.9408 亿元，销售收入 3.5369 亿元，销售利润 0.873 亿元，人均收入 34.1066 万元，人均利润 8.4183 万元；

C. 资源循环利用产品生产经营单位 1 个，从业人员 0.0042 万人，工业销售产值 0.4152 亿元，销售收入 0.4152 亿元，销售利润 0.1485 亿元，人均收入 98.8571 万元，人均利润 35.3571 万元。

②环境服务业从业单位 26 个，从业人员 0.1969 万人，环境服务业合同总额 26.2601 亿元，收入总额 11.5209 亿元，利润总额 0.8323 亿元，人均收入 58.2745 万元，人均利润 4.2101 万元。

（2）数据分析结果分类：根据数据表中的数据分类，由编制的 Matlab 程序可给出以下数据的图示，包括从业单位分布图、从业人员分布图、从业人均收入分布图、从业人均利润分布图、从业人均收入及利润比较图、产品生产的销售产值、收入及利润比较图。这些结果图示的已知数据分类由以下变量标示。

标题分类：T1 = {'环保产业单位分布'，'产品生产单位分布'}；

T2 = {'环保产业人员分布'，'产品生产人员分布'}；

T3 = {'环保产业人均收入分布'，'产品生产人均收入分布'}；

T4 = {'环保产业人均利润分布'，'产品生产人均利润分布'}；

T5 = {'环保产业'，'产品生产'}；

T6 = {'收入'，'利润'}；

T7 = {'产值'，'收入'，'利润'}；

产业分类 S1 = {'产品生产'，'环境服务'}；

产品类型分类 S2 = {'保护产品'，'友好产品'，'循环产品'}；

对应于 S1 和 S2 的分类，有如下相应的已知数据：

从业单位数：　　A11：[10, 26]；　　　　　　A12：[6, 3, 1]；

从业人员：　　　A21：[0.12, 0.1969]；　　　A22：[0.0121, 0.1037, 0.0042]；

人均收入：　　　A31：〔39.8952，58.2745〕；　A32：〔69.0387，34.1066，98.8571〕；

人均利润：　　　A41：〔8.7053，4.2101〕；　　A42：〔1.9143，8.4183，35.3571〕。

销售产值：　　　A51：〔　〕；　　　　　　　　A52：〔0.8389，2.9408，0.4152〕；

销售收入：　　　A61：〔　〕；　　　　　　　　A62：〔0.8354，3.5369，0.4152〕；

销售利润：　　　A71：〔　〕；　　　　　　　　A72：〔0.0232，0.873，0.1485〕。

（3）程序流程：根据已知数据及数据分析结果分类，编制程序实现已知数据的分析结果图示。程序流程如图 4-62 所示。

图 4-62　例 4.9 的程序流程图

（4）程序编制及运行：根据程序流程图 4-62，编制 Matlab 程序 ex4_9. m 如下。

```
%例4.9——统计数据分析
function ex4_9()
T1={'环保产业单位分布','产品生产单位分布'};
T2={'环保产业人员分布','产品生产人员分布'};
T3={'环保产业人均收入分布','产品生产人均收入分布'};
T4={'环保产业人均利润分布','产品生产人均利润分布'};
T5={'环保产业','产品生产'};
T6={'收入','利润'};
T7={'产值','收入','利润'};
S1={'产品生产','环境服务'}; S2={'保护产品','友好产品','循环产品'};
A11=[10, 26]; A12=[6,3,1];   %单位数
A21=[0.12, 0.1969]*10; A22=[0.0121, 0.1037, 0.0042]*10;  %人员数
A31=[39.8952,58.2745]; A32=[69.0387,34.1066,98.8571]; %收入 万元
A41=[ 8.7053,4.2101]; A42=[ 1.9143,8.4183,35.3571];   %利润 万元
A52=[0.8389,2.9408,0.4152];  %产值 亿元
A62=[0.8354,3.5369,0.4152];  %收入 亿元
A72=[0.0232,0.873,0.1485];  %利润 亿元
%plot the digram 1-4 of pie for data 1-4
for i=1:4
    figure
    switch i
        case 1; ppie(T1,S1,S2,A11,A12);   %从业单位分布
        case 2; ppie(T2,S1,S2,A21,A22);   %从业人员分布
        case 3; ppie(T3,S1,S2,A31,A32);   %从业人均收入分布
        case 4; ppie(T4,S1,S2,A41,A42);   %从业人均利润分布
    end
end
%plot the digram 5 of bar for data 3&4
figure; pbar(T5,T6,T7,S1,S2,[A31;A41],[A32;A42]) %从业人均收入、利润比较
%plot the digram 6 of bar for data 5-7
figure;pbar(T5,T6,T7,S1,S2,[A52;A62;A72]) %产品生产的产值、收入和利润比较

%subfunction of ppie and pbar
```

```
function ppie(T,S1,S2,A1,A2)
for i=1:2
    if i==1; HA=A1; HS=S1; end
    if i==2; HA=A2; HS=S2; end
    subplot(1,2,i); h1=pie(HA); legend(HS,'location','south','fontsize',13);
    set(findobj(h1,'type','text'),'fontsize',15)
    title(T{i},'fontsize',16,'fontweight','bold')
end

function pbar(T5,T6,T7,S1,S2,A1,A2)
if nargin==7
    for i=1:2
        if i==1 S=S1; A=A1'; else S=S2;A=A2'; end
        subplot(1,2,i); h=bar(A); h(2).FaceColor='red';
        title(T5{i},'fontsize',16,'fontweight','bold')
        ylabel '万元'; set(gca,'xticklabels',S,'fontsize',16)
        legend(T6,'location','northeast','fontsize',15);
    end
else
    h=bar([A1(1,:)',A1(1,:)',A1(3,:)']); h(2).FaceColor='r'; h(3).FaceColor='c';
    title(T5{2},'fontsize',16,'fontweight','bold')
    ylabel '亿元'; set(gca,'xticklabels',S2,'fontsize',16)
    legend(T7,'location','northeast','fontsize',15);
end
```

在 Matlab 命令行窗口运行程序 ex4_9. m，得到已知数据的分析结果图，分别是从业单位分布图 4 −63、从业人员分布图 4 −64、从业人均收入分布图 4 −65、从业人均利润分布图 4 −66、从业人均收入和利润比较图 4 −67、产品生产的产值、收入和利润比较图 4 −68。这些结果图列出如下：

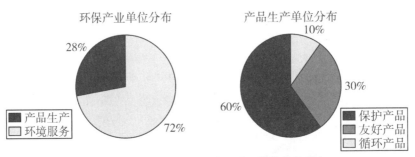

图 4 −63　程序 ex4_9. m 结果图：从业单位分布

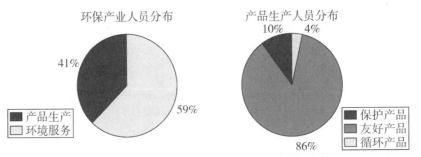

图 4 −64　程序 ex4_9. m 结果图：从业人员分布

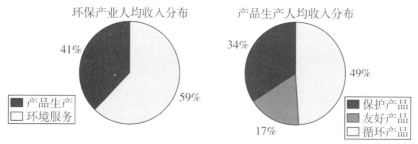

图 4 - 65　程序 ex4_9. m 结果图：人均收入分布

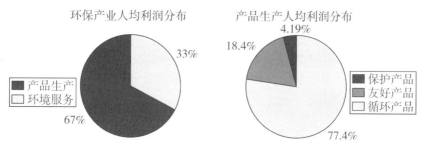

图 4 - 66　程序 ex4_9. m 结果图：人均利润分布

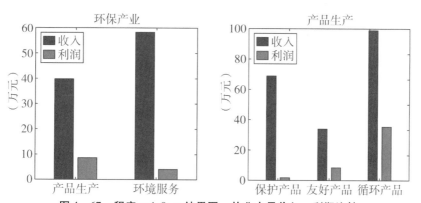

图 4 - 67　程序 ex4_9. m 结果图：从业人员收入、利润比较

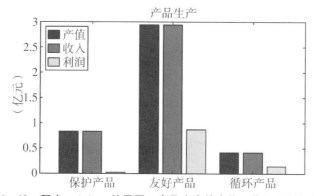

图 4 - 68　程序 ex4_9. m 结果图：产品生产的产值、收入和利润比较

（5）结果及应用：根据已知数据表，通过 Matlab 对已知数据进行分析，得到某区环保产业的从业单位、从业人员分布的结果图示；保护产品、友好产品、循环产品生产的人均收入、人均利润分布及比较结果图示；三类产品生产的工业销售产值、销售收入、销售利润比较结果图示，这些结果可为环保产业制定下一步的发展规划提供相关信息和数据。

习　题

1. 选择一个你感兴趣的物理问题，应用 Matlab 实现其数值解，采用图形处理功能给出结果图示，并对图形进行如下标注和控制：

（1）图形曲线的线形、颜色设置；

（2）坐标轴范围、坐标分隔线设置；

（3）图名、坐标名、图例文字说明；

（4）输出（保存成 bmp 或 jpeg/jpg）图形文件。

2. 通过句柄图形操作，对上题结果图中的线型和坐标范围进行控制，并给出图形结果。

3. 应用 Matlab 图像处理功能，将你选择的一张彩图存储为数字矩阵 A，给出矩阵 A 的维数，并通过矩阵 A 再现原彩图。

4. 举例说明矢量绘图内置函数 feather(x,y) 和 quiver(x,y) 的调用及绘图结果的区别。

5 程序设计

Matlab 具有如前所述的数值计算、符号运算、图形处理的强大功能。Matlab 的语言类似于 Fortran 语言、C 语言等计算机高级语言，可进行控制流程序设计，编制以 m 为扩展名的 Matlab 程序文件，简称为 M 文件。在 Matlab 环境下，我们可对 M 文件进行调试、调用和运行。M 文件调试容易、调用方便、运行高效。

本章介绍程序设计中的 Matlab 程序文件类型、控制语句、常用函数、程序优化和调试，最后介绍几个应用实例。

5.1 Matlab 程序

5.1.1 Matlab 程序文件

Matlab 程序是命令聚集的 ASCII 码（纯文本）文件，也被称为 M 文件，该文件中的命令在 Matlab 环境下被识别、解释以及运行。调用 Matlab 程序，其编译、链接和运行能一步完成。若程序存在错误，运行程序时，在命令行窗口（Command Window）将给出错误提示，同时程序运行终止，待所有错误修正后，程序才可运行，从而得到程序的运行结果。

Matlab 程序的 M 文件形式有两类：一类是由命令行简单叠加形成的命令式文件；另一类是可含有参数传递的函数式文件。M 文件的命名必须遵循变量命名的规则，它的编辑有必要遵循结构化程序书写方式，从而使其清晰、简练、美观，有较强的可读性。

1. 命令式文件（script）

（1）命令行的简单叠加，并在当前路径下保存为 *.m 文件；

（2）以百分号"%"开头的语句为注释行；

（3）在命令行窗口运行时，以分号";"结束的语句结果不显示；

（4）M 文件的运行与在命令行窗口中逐行输入命令语句的运行相同；

（5）文件中所用的变量均为全局变量，文件运行时全局变量生成并保存在内存中。

2. 函数式文件（function）

（1）以"function"语句开头，需要标明函数名及传递的参数；

（2）文件名与函数名必须一致，输入、输出参数可有可无；

（3）所用变量为局部变量，若不输出，变量则不保存在内存中；

（4）文件内可编辑子函数，并在本文件内调用；

（5）函数式文件可自身调用自身；

（6）若程序中含有绘图命令，运行后结果将保留在图形窗口中；

（7）程序运行后，在命令行窗口的内存中只保留最后的结果。

3. 子函数与局部函数

（1）主函数：函数文件中题头定义的函数为主函数，可在命令行窗口中调用。

（2）子函数：在函数体内定义的其他函数均为子函数，子函数只能被主函数或同一主函数下其他子函数调用。

（3）局部函数：放置在当前目录下的函数文件为局部函数，它只能被当前目录及其父目录中的程序语句调用。

（4）需要注意的内容：

①局部函数在可用范围上大于子函数，在编辑结构上与一般的函数文件相同；子函数只能在主函数文件中编辑。

②在程序 M 文件中调用函数时，检测次序依次为：是否为本文件的子函数、局部函数、搜索路径上的其他 M 文件。

例 5.1 Matlab 程序文件。

（1）Matlab 程序文件——命令式文件。

```
%ex5_1_1.m   Matlab程序文件    %1) 命令式文件
[x,y,z]=peaks;
surf(x,y,z); colormap(gca,hsv)
axis off; view(-10,20)
text(2.0,2.5,7,'peaks graph','fontsize',15)
saveas(gca,'图5-1.tif')
```

在 Matlab 命令行窗口运行 ex5_1_1.m，得到结果图 5-1 并将其存为 tif 文件，文件 ex5_1_1.m 中的所有变量（变量 x、y、z）均为全局变量，出现在内存中。

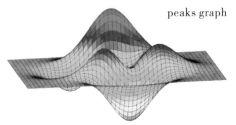

peaks graph

图 5-1 程序 ex5_1_1.m 运行结果图

（2）Matlab 程序文件——函数式文件（无参数传递）。

```
%ex5_1_2.m   Matlab程序文件   %2) 函数式文件——无参数传递
function yv=ex5_1_2()
% Compute the integral of y from 0 to pi.
y=@(x) sin(x).^3;
xmin=0; xmax=pi;
yv=integral(y,xmin,xmax)
```

在 Matlab 命令行窗口运行 ex5_1_2.m，得到如下结果，即 y 的积分结果为 $yv=1.3333$，文件 ex5_1_2.m 中的所有变量均为局域变量，不出现在内存中，该文件运行的最终结果未赋值于变量，默认变量为 ans（=1.3333）存于内存中。

```
>> ex5_1_2
yv =      1.3333
ans =      1.3333
```

（3）Matlab 程序文件——函数式文件（有参数传递）。

```
%ex5_1_3.m   Matlab程序文件    %3) 函数式文件——有参数传递
function yv=ex5_1_3(y)
% Compute the integral of y from 0 to pi.
xmin=0; xmax=pi;
yv=integral(y,xmin,xmax)
```

在 Matlab 命令行窗口运行 ex5_1_3.m，得到如下结果。可以看出：在程序 ex5_1_3.m 运行前，先定义函数句柄 y，通过参数传递将 y 输入到运行的程序 ex5_1_3.m 中，最终得到结果 $yv=1.3333$，该变量是局域变量，不保存在内存中，该结果通过参数传递输出 $yint=1.3333$，y 和 $yint$ 是保留在内存中的变量。

```
>> y=@(x) sin(x).^3;
>> yint=ex5_1_3(y)
yv =      1.3333
yint =      1.3333
```

（4）Matlab 程序文件——函数式文件（自身调用自身）。

```
function f=ex5_1_4(n)
global k
k=k+1
if n>2
    f=ex5_1_4(n-1)+ex5_1_4(n-2);
else
    f=1;
end
```

在 Matlab 命令行窗口先定义全局变量 k（global k），再赋值 k 为 0，通过参数传递 k 调用函数文件 ex5_1_4. m，得到如下结果。可以看出，程序运行中，函数文件 ex5_1_4. m 自身调用自身，最终结果赋值为 fv（=2）存于内存，全局变量 k 运算过程中值发生变化，直到 $k=3$，k 也出现在内存中。

```
>> global k; k=0; fv=ex5_1_4 (3)
k =      1
k =      2
k =      3
fv =      2
```

（5）Matlab 程序文件——函数式文件中含有子函数。

```
%ex5_1_5.m   Matlab程序文件   %5) 函数式文件中含有子函数
function c=ex5_1_5(a,b)          %主函数
c=test1(a,b)*test2(a,b);
function c=test1(a,b)          %子函数1
c=a+b;
function c=test2(a,b)          %子函数2
c=a-b;
```

在 Matlab 命令行窗口先赋值 a 和 b，通过参数传递调用 ex5_1_5. m，得到如下结果。可以看出，命令行窗口赋值的 a 和 b 变量出现在内存中，函数文件中，ex5_1_5 为主函数，程序运行时主函数调用了子函数 test1 和 test2，函数文件 ex5_1_5. m 运行的最终结果赋值于变量 c，c 也出现在内存中。

```
>> a=[1:3;2:4;3:5]; b=a'; c=ex5_1_5(a,b)
c =
     0     0     0
     0     0     0
     0     0     0
```

5.1.2　函数变量及作用域

在 Matlab 的函数文件中，变量主要有输入变量、输出变量、函数的内部变量以及全局变量。

1. 输入变量

输入变量相当于函数的入口，是函数操作的主要对象，也是局部变量。针对输入变量进行操作的函数有：

（1）控制输入变量个数函数：nargin、nargin（'filename'）；

（2）不定数目输入变量函数 varargin，其功能为将函数的所有输入变量存储在 varargin 命名的单元变量中；

（3）函数输入变量名个数 inputname（argnumber），其返回调用函数时变量输入的个数，该函数只能在用户定义的函数文件内使用，通常用于程序调试。

2．输出变量

输出变量与输入变量相对应，是函数出口，针对输出变量进行操作的内置函数有：

（1）控制输出变量个数函数：nargout、nargout('filename')；

（2）不定数目输出变量函数：varargout。

3．内部变量

除特殊声明外，Matlab 函数文件中的变量均为局部变量。若需要使用全局变量，在所用之处均需由 global 给予定义。

（1）局部变量不被加载到工作空间内存中；

（2）全局变量被加载并出现在工作空间内存中。

例 5.2　函数变量及作用域。

（1）函数变量及作用域——输入变量 nargin。

```
%ex5_2_1.m   函数变量及作用域   %1) 输入变量nargin
function c = ex5_2_1(a,b)
switch nargin
    case 1, c = a + a;
    case 2, c = a + b;
    otherwise, c = 0;
end
```

在 Matlab 命令行窗口调用 ex5_2_1. m，得到如下结果。

```
%命令行窗口运行如下指令：
a=1:2;b=3:4;
c1=ex5_2_1(a)
c2=ex5_2_1(a,b)
c3=ex5_2_1()
nargin('ex5_2_1')
%得到结果：
c1 =        2        4
c2 =        4        6
c3 =        0
ans =          2
```

（2）函数变量及作用域——输入变量 varargin。

```
%ex5_2_2.m   函数变量及作用域   %2) 输入变量varargin
function ex5_2_2(X,Y,varargin)
fprintf('Total number of inputs = %d\n',nargin);
nVarargs = length(varargin);
fprintf('Inputs in varargin(%d):\n',nVarargs)
for k = 1:nVarargs
    fprintf('   %d\n', varargin{k})
end
```

在 Matlab 命令行窗口运行 ex5_2_2. m，得到如下结果。可以看出，总输入变量个数为5 个，输入的可变变量为 3 个，分别是 30、40、50。

```
>> ex5_2_2(10,20,30,40,50)
Total number of inputs = 5
Inputs in varargin(3):
   30
   40
   50
```

（3）函数变量及作用域——输入变量 inputname。

```
%ex5_2_3.m  函数变量及作用域  %3) 输入变量inputname
function ex5_2_3(a,b,c)
for m = 1:nargin
    disp(['Calling variable ' num2str(m) ' is ''' inputname(m) '''.'])
end
```

在 Matlab 命令行窗口运行 ex5_2_3. m，得到如下结果。

```
>> x = {'hello','goodbye'}; y = struct('a',42,'b',78); z = rand(4); ex5_2_3(x,y,z)
Calling variable 1 is 'x'.
Calling variable 2 is 'y'.
Calling variable 3 is 'z'.
```

（4）函数变量及作用域——输出变量 nargout。

```
%ex5_2_4.m  函数变量及作用域  %4) 输出变量nargout
function [dif,absdif] = ex5_2_4(y,x)
dif = y - x;
if nargout > 1
    disp('Calculating absolute value')
    absdif = abs(dif);
end
```

在 Matlab 命令行窗口运行 ex5_2_4. m，得到如下结果。

```
>> x=1:2:5; y=1:3; dyx1=ex5_2_4(y,x)
dyx1 =      0    -1    -2

>> x=1:2:5; y=1:3; [dyx2,absdyz2]=ex5_2_4(y,x)
Calculating absolute value
dyx2 =      0    -1    -2
absdyz2 =      0     1     2
```

（5）函数变量及作用域——输出变量 varargout。

```
%ex5_2_5.m  函数变量及作用域  %5) 输出变量varargout
function [s,varargout] = ex5_2_5(x)
nout = max(nargout,1) - 1;
s = size(x);
for k = 1:nout
    varargout{k} = s(k);
end
```

在 Matlab 命令行窗口运行 ex5_2_5. m，得到如下结果。

```
>> [s,rows,cols] = ex5_2_5 (rand(4,5,2))
s =      4     5     2
rows =      4
cols =      5
```

（6）函数变量及作用域——全局变量 global。

```
%ex5_2_6.m  函数变量及作用域  %6) 全局变量global
function y=ex5_2_6(x)
global a;          %全局变量global定义
y=polyval(a,x);
disp('the value of polyval(a,x) is')
```

在 Matlab 命令行窗口运行 ex5_2_6. m，得到如下结果。

```
>> global a; a=[1:3];   %全局变量global定义并赋值
x=[2:2:4]; y=ex5_2_6(x)
the value of polyval(a,x) is
y =     11    27
```

（7）函数变量及作用域应用。

编制一个函数，综合应用 nargin，nargout，varargin，varargout，目的是求出各位学生（总数目不确定）的个人平均成绩以及指定科目的学生平均成绩。

编制函数文件程序 ex5_2_7.m 实现本题求值，程序中主函数 ex5_2_7 调用子函数 ex5_2_7f，程序如下。

```
%ex5_2_7.m  函数变量及作用域
function ex5_2_7()
lessons={'math','english','chinese'}                 %指定科目
Namescore=struct('name1',[3,4,5],'name2',[4,5,3])   % 输入学生指定科目的成绩
[psm, lessm]=ex5_2_7f (lessons,Namescore.name1,Namescore.name2)
function [psm, lessm] = ex5_2_7f(lessons,varargin)  % 子函数
inpn=nargin-1;             %changed nargin to nargin-1
lesn=length(lessons);      %lessons is cell array;
outn=nargout;
psn=cell2mat(reshape(varargin,inpn,1));
lessm=zeros(1,lesn); varargout=mat2cell(zeros(1,inpn),1,inpn);
for i=1:lesn
    switch lessons{i}          %changed (i) to {i}
        case'math',   k=1;     %added the line
        case'english', k=2;     %added the line
        case'chinese', k=3;     %added the lineend
        otherwise, disp('There is some uncount lesson!!')
    end
    lessm(k)=mean(psn(:,k));
end
for i=1:inpn
    varargout{i}= mean(psn(i,:));
end
psm=varargout;
```

在 Matlab 命令行窗口运行 ex5_2_7.m，得到如下结果。可以看出，指定科目为"lessons = {'math', 'english', 'chinese'}"，输入的学生指定科目的成绩为"Namescore = struct（'name1'，[3，4，5]，'name2'，[4，5，3]）"，即输入两位学生的三门指定科目成绩后，得到两位学生三门科目的个人平均成绩均为 4（$psm=[4][4]$）；指定科目的学生平均成绩为 $lessm=3.5000\ 4.5000\ 4.0000$。

```
>> ex5_2_7
lessons =
  1×3 cell 数组
    'math'    'english'    'chinese'
Namescore =
  包含以下字段的 struct:
    name1: [3 4 5]
    name2: [4 5 3]
psm =
  1×2 cell 数组
    [4]    [4]
lessm =
    3.5000    4.5000    4.0000
```

5.2 控制语句及常用函数

类似于其他计算机语言的程序编制，在 Matlab 程序编制中，常常需要用到控制语句和常用函数。以下介绍 Matlab 中的控制语句、函数句柄以及辅助函数。

5.2.1　控制语句

在 Matlab 程序编制中，常需将某些程序语句反复运行或有条件地运行。因此，适当地采用控制语句编写的程序可呈现出结构化的形式，这样编写出的程序清晰、简单、易读、运行高效。

Matlab 中的控制语句有：循环语句、选择语句、分支语句、人机交互语句等。

1．循环语句

循环语句包括循环体和循环的最终条件。循环语句有以下两类：

（1）for 循环：循环次数是预先设定好的，其格式为：

    for v = expression（数值循环条件）

      statements（循环体）

      end

（2）while 循环：循环次数由逻辑判断量为 1 决定，其格式为：

    while v = expression（逻辑循环条件）

      statements（循环体）

      end

2．选择语句

Matlab 提供了 if-else-end 语句用以判断选择。

（1）选择语句的一般形式：

    if expression（）（逻辑条件）

      statements；

    else expression（）（逻辑条件）

      statements；

      end

（2）选择语句的结构中，程序只执行符合条件的 statements，然后退出。

3．分支语句

Matlab 提供了 switch-case-otherwise 语句以实现多种情形下的开关控制，常用于分支结构的程序设计。

（1）通用格式：

    switch switch_expr

      case case_expr，

       statement，…，statement

      case ｛case_expr1，case_expr2，case_expr3，…｝

       statement，…，statement

       …

      otherwise，

       statement，…，statement

    end

（2）分支语句结构中，程序只执行符合开关条件的 statements 块，然后退出。

4．人机交互语句

（1）用户输入提示命令 input，其常用格式为：x = input(prompt)，R = input(prompt，'s')；

（2）等待用户反应命令 pause，在程序的调试过程中或用户查看中间结果时采用。其调用格式：pause，pause(n)，pause on，pause off；

（3）echo 命令：使文件的程序语句在执行时可见，其命令有：echo on，echo off，echo file on，echo file off；

（4）请求键盘输入命令 keyboard，与 echo 相似，常在程序的调试或程序运行过程中修改变量的时候采用；

（5）中断命令 break，常出现在需要中断的循环语句中。

例 5.3　控制语句。

（1）控制语句——for 循环。

```
%ex5_3_1.m 控制语句----1) for循环
E=[1:3;2:4;3:5]; [m,n]=size(E);
%单重for循环
for i=1:m
    A(i,1:n)=1./(i+[1:n]-1);
end
A   %单循环后生成的矩阵
%双重for循环·
for i=1:m
    for j=1:n
        a(i,j)=1/(i+j-1);
    end
end
a   %双循环后生成的矩阵
```

在 Matlab 命令行窗口运行 ex5_3_1. m，得到如下结果。

```
>> ex5_3_1
A =
    1.0000    0.5000    0.3333
    0.5000    0.3333    0.2500
    0.3333    0.2500    0.2000
a =
    1.0000    0.5000    0.3333
    0.5000    0.3333    0.2500
    0.3333    0.2500    0.2000
```

（2）控制语句——while 循环。

```
%ex5_3_2.m   控制语句----2) while循环
n=1;
while prod(1:n)<1.e100      % prod(1:n)=n!
    n=n+1;
end
n
w=[prod(1:n-1),prod(1:n)] %验证循环条件
```

在 Matlab 命令行窗口运行 ex5_3_2. m，得到如下结果。

```
>> ex5_3_2
n =    70
w =
  1.0e+100 *
    0.0171    1.1979
```

（3）控制语句——选择语句。

```
%ex5_3_3.m   控制语句----3) 选择语句
function f=ex5_3_3(x)
if x<0
  f=0;
elseif x<1
  f=x;
elseif x<2
  f=2-x;
else
  f=0;
end
```

在 Matlab 命令行窗口运行 ex5_3_3. m，得到如下结果。

```
>> fv=[ex5_3_3(-1),ex5_3_3(1.36)]
fv =
          0     0.6400
```

（4）控制语句——分支语句。

```
%ex5_3_4.m    控制语句----4) 分支语句switch-case-otherwise
h = 1; xmax = 10; clf
x = -xmax:h/5:xmax;                    % computational grid
legtex={'delta function';'square wave';'hat function'};
for plt = 1:3
    subplot(3,1,plt)
    switch plt
        case 1, v = (x==0);                 % delta function
        case 2, v = (abs(x)<=3);            % square wave
        case 3, v = max(0,1-abs(x)/3);      % hat function
    end
    plot(x,v,'.','markersize',14), grid on
    axis([-xmax xmax -.5 1.5])
    text(-xmax+1,0.8,legtex{plt},'fontsize',13)
    set(gca,'xtick',[],'ytick',[0 1],'fontsize',15)
end
```

在 Matlab 命令行窗口运行 ex5_3_4. m，得到 delta 函数、方波、三角波的图示，如图 5 – 2 所示。

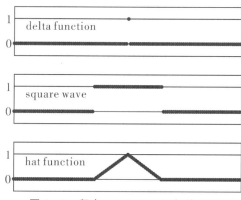

图 5 – 2   程序 ex5_3_4. m 运行结果图

（5）控制语句——人机交互语句 input。

```
%ex5_3_5.m    控制语句----5) 人机交互语句 %Request user input
function ex5_3_5()
prompt1 = 'What is the original value? ';
x = input(prompt1)
y = x*10
prompt2 = 'Do you want more? Y/N [N]: ';
str = input(prompt2,'s');
if str == 'Y'
    ex5_3_5()
end
```

在 Matlab 命令行窗口运行 ex5_3_5. m，通过键盘输入提示需要输入的量，使程序运行并得到如下结果。

```
>> ex5_3_5
What is the original value? 10
x =      10
```

```
y =    100
Do you want more? Y/N [Y]: Y
What is the original value? 5
x =      5
y =     50
Do you want more? Y/N [Y]: N
>>
```

5.2.2 常用函数

程序设计的常用函数支持 Matlab 程序 M 文件的编辑。Matlab 编程中常用的函数如下。

1. 函数句柄

函数句柄是 Matlab 特有的语言结构，在使用中可保存函数信息，其优点为：

（1）实现函数间的相互调用；

（2）获得函数加载的所有方式；

（3）拓宽子函数以及局部函数的使用范围。

2. 函数句柄的调用和操作

（1）由 feval 调用函数句柄：feval(<函数句柄>，参数列表)，以获得函数求值；

（2）函数句柄与函数名字符串之间可进行转换：func2str 和 str2func；

（3）通过内置函数 isa 调用，判断变量是否为函数句柄；

（4）通过内置函数 save，可将函数句柄保存为 Matlab 数据文件*. mat，并由内置函数 load 调用后打开。

3. 执行函数

Matlab 提供了一系列的执行函数，有：eval，evalc，feval，builtin，evalin，assignin，run。

（1）$y = \text{eval}(\text{'function}(x)\text{'})$ 等同于 $y = \text{function}(x)$；

（2）$y = \text{feval}(\text{function},x)$ 等同于 $y = \text{function}(x)$；

（3）$f1 = \text{builtin}(\text{'exp'}, 1{:}5)$ 等同于 $f1 = \text{exp}(1{:}5)$，'exp'是内置函数。

4. 时间控制函数

Matlab 提供了时间控制的辅助函数，可用于记录程序运行的时间。

（1）计时函数：cputime，tic，toc，etime；

（2）时间控制函数：now，date，clock，datenum，datestr，datevec，calendar，weekday，eomday，datetick 等。

①日期表达形式：dd-mm-yyyy，mm/dd/yy，mm/dd；

②时间表达形式：HH:MM:SS 和 HH:MM:SS PM。

5. 容错函数

Matlab 提供了报错和警告函数：error，warning、lasterr、lastwarn、errortrap on/off、try-catch-end 等。

（1）报告程序出错的函数：error；

（2）对程序运行结果给出提醒的函数：warning；

（3）尝试运行函数：try-catch-end。

6. M 文件的调用记录

M 文件的调用记录可用于分析执行过程中各函数的耗时，据此了解文件执行过程中的瓶颈问题，避免程序设计出现冗余以及耗费时间。

（1）获取 M 文件记录的函数 profile，其调用格式为 profile + <参数 action，option>，参数有 on，detail，history，off，report(viewer)，filename，plot，resume，clear 等；

（2）函数 profile 的其他调用格式有 $s = \text{profile}(\text{'status'})$；$p = \text{profile}(\text{'info'})$。

例 5.4 常用函数。

（1）常用函数——函数句柄创建及调用。

```
%ex5_4_1.m  常用函数----函数句柄创建及调用
mod=@(a,x) a(1)*x+a(2)*x.^2;  %创建函数句柄
x=[19 25 31 38 44]; y=[19 32.3 49 73.3 98.8];
A=nlinfit(x,y,mod,[0,1]);      %调用函数句柄
xx=19:0.1:44;  yy=mod(A,xx);
%绘制拟合图形
plot(x,y,'or'); line(xx,yy); axis([15,50,0,120]);
legend('实验点', '拟合曲线','location','NW')
xlabel x; ylabel y; set(gca,'fontsize',15)
```

在 Matlab 命令行窗口运行 ex5_4_1. m，得到结果图 5 - 3。

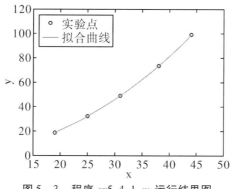

图 5 - 3　程序 ex5_4_1. m 运行结果图

（2）常用函数——函数句柄创建及调用。

```
%ex5_4_2.m  常用函数----函数句柄创建及调用
%comparing the Bessel function and the sperical Bessel function
function ex5_4_2
n=0:3; lenn=length(n); x=[0:0.01:10]';
for i=1:lenn
    sbesselj=jnxcal(n(i),x);     %call sub-function
    %Bessel function & spherical Bessel function
    bessjnx=[besselj(n(i),x),sbesselj];
    subplot(2,lenn,i); plot(x(1:10:end),bessjnx(1:10:end,1),'.');
    hold on; plot(x(1:10:end),bessjnx(1:10:end,2),'o')
    legend(['besselj(' num2str(n(i)) ', x)'],['sbesselj(' num2str(n(i)) ', x)'])
    xlabel x; ylabel 'J_n(x)'; set(gca,'ylim',[-0.5,1],'fontsize',15)
    %sperical Bessel function calculated by Bessel function
    besseljs=sqrt(pi./(2*x)).*besselj(n(i)+1/2,x);
    bessjnx=[besseljs,sbesselj];
    subplot(2,lenn,lenn+i); plot(x,bessjnx(:,1),'o',x,bessjnx(:,2),'.')
    legend(['besseljs(' num2str(n(i)) ', x)'],['sbesselj(' num2str(n(i)) ', x)'])
    text(0.5,-0.3,{'besseljs=';'sqrt(pi./(2x))*besselj(n(i)+1/2,x)'},'fontsize',13)
    xlabel x; ylabel 'J_n(x)'; set(gca,'ylim',[-0.5,1],'fontsize',15)
end
%the (unnormalized ) sinc function for n calculated by function handle
function jnx=jnxcal(n,x)
j0x=@(x) sin(x)./x;
j1x=@(x) sin(x)./x.^2-cos(x)./x;
```

```
j2x=@(x) (3./x.^2-1).*sin(x)./x-3*cos(x)./x.^2;
j3x=@(x) (15./x.^3-6./x).*sin(x)./x-(15./x.^2-1).*cos(x)./x;
if n==0
    jnx=j0x(x);
elseif n==1
    jnx=j1x(x);
elseif n==2
    jnx=j2x(x);
else
    jnx=j3x(x);
end
```

在 Matlab 命令行窗口运行 ex5_4_2. m，得到结果图 5 - 4。

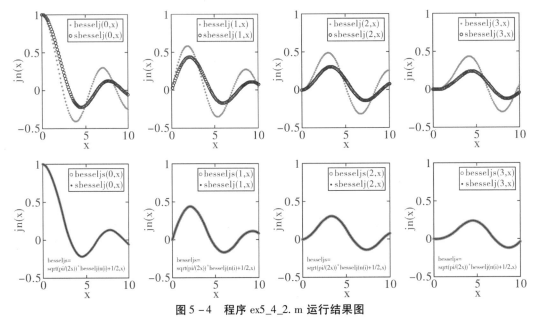

图 5 - 4　程序 ex5_4_2. m 运行结果图

（3）常用函数——函数句柄调用计算。

```
%ex5_4_3.m 常用函数----函数句柄调用计算 % plot the first besselj function
n=0:2; lenn=length(n); x=[0:0.01:10]';
for i=1:lenn
    bessjnx=zeros(size(x));    %calculate the bessjnx by function handle
    for j=1:length(x)
        bessjnx(j)=1/(2*pi)*integral(@(the) cos(n(i)*the-x(j)*sin(the)),-pi,pi);
    end
    bess=[besselj(n(i),x),bessjnx];
    subplot(1,lenn,i); plot(x,bess(:,1),'ob',x,bess(:,2),'.r')
    legend(['besselj(' num2str(n(i)) ', x)'],'bessjnx')
    xlabel x; ylabel 'J_n(x)'; set(gca,'ylim',[-0.5,1],'fontsize',15)
end
```

在 Matlab 命令行窗口运行 ex5_4_3. m，得到结果图 5 -5。

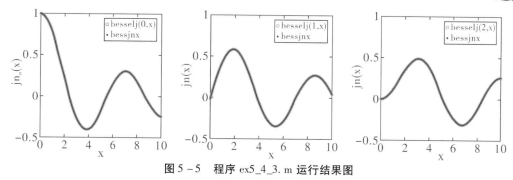

图 5 - 5 程序 ex5_4_3. m 运行结果图

（4）常用函数——执行函数计算函数值。

```
%ex5_4_4.m 常用函数----执行函数计算函数值: feval(fun,x), eval('fun(x)'), fun(x)
x=[0:0.01:10]';
j0x=@(x) sin(x)./x; j0xv=feval(j0x,x);
j1x=@(x) sin(x)./x.^2-cos(x)./x; j1xv=eval('j1x(x)');
plot(x,j0xv,'ob',x,j1xv,'.r'); legend('feval( j0x,x)','eval( j1x(x))')
xlabel x; ylabel 'jnx(x)'; set(gca,'ylim',[-0.5,1],'fontsize',15)
```

在 Matlab 命令行窗口运行 ex5_4_4. m，得到结果图 5 - 6。可以看出：

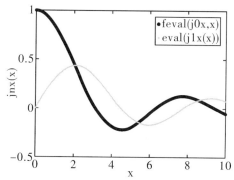

图 5 - 6 程序 ex5_4_4. m 运行结果图

（5）常用函数——容错函数 error。

```
%ex5_4_5.m 常用函数----容错函数: %error
n = 5;
if ~ischar(n)
    error('Error. \nInput must be a char, not a %s.',class(n))
end
```

在 Matlab 命令行窗口运行 ex5_4_5. m，得到如下程序错误的提示结果。

```
>> ex5_4_5
错误使用 ex5_4_5 (line 4)
Error.
Input must be a char, not a double.
```

（6）常用函数——容错函数 warning。

```
%ex5_4_6.m 常用函数----容错函数: %warning, & try catch end
try
    a = fun1(5,6);
catch
    warning('Problem using function.    Assigning a value of 0.');
    a = 0;
    error('& the function used must be error.');
end
```

在 Matlab 命令行窗口运行 ex5_4_6. m，得到如下程序警告和错误提示结果。

```
>> ex5_4_6
警告: Problem using function.   Assigning a value of 0.
> In ex5_4_6 (line 5)
错误使用  ex5_4_6 (line 7)
& the function used must be error.
```

（7）常用函数——时间控制函数 calendar，eomday。

```
%ex5_4_7.m 常用函数----时间控制函数: eomday 给出指定年月的当月最后一天
calendar(now)
eomday(2021,2)
y = 2010:2020;
E = eomday(y,2*ones(length(y),1)');
year = y(find(E==29))'
```

在 Matlab 命令行窗口运行 ex5_4_7. m，得到如下结果。结果显示出程序运行的月历、2021 年 2 月最后一天的日期是 28 号、2010 至 2020 年间 2 月份最后一天是 29 号的年份为 2012、2016 和 2020。

```
>> ex5_4_7
              Apr 2022
     S     M     Tu     W     Th     F     S
     0     0     0     0     0     1     2
     3     4     5     6     7     8     9
    10    11    12    13    14    15    16
    17    18    19    20    21    22    23
    24    25    26    27    28    29    30
     0     0     0     0     0     0     0
ans =
    28
year =
        2012
        2016
        2020
```

（8）常用函数——时间控制函数 datenum，datetick。

```
%ex5_4_8.m 常用函数----时间控制函数: datenum,datetick
%plot graph of population data based on the 1990 U.S. census
t = (1900:10:1990)';          % Time interval
p = [75.995 91.972 105.711 123.203 131.669 ...
     150.697 179.323 203.212 226.505 249.633]';   % Population
plot(datenum(t,1,1),p,'-o')     % Convert years to date numbers and plot
grid on; datetick('x',11)        % Replace x-axis ticks with 2-digit year labels
xlabel 'year(1900-1990)'; ylabel 'population'; set(gca,'fontsize',15)
```

在 Matlab 命令行窗口运行程序 ex5_4_8. m，程序中调用了内置时间辅助函数 datenum 和 datetick，得到结果图 5 −7。

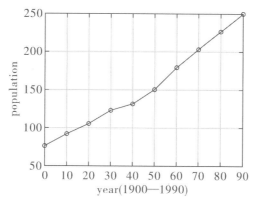

图 5-7 程序 ex5_4_8.m 运行结果图

（9）常用函数——计时函数 tic，toc。

```
%ex5_4_9.m 常用函数----计时函数: tic, toc
function ex5_4_9
x = rand(1024,1);
tic;            %计时开始
funplot(x)
t=toc           %计时结束

%function funplot(x)
function funplot(x)
N=length(x);
subplot(1,2,1); plot(x,'.'); axis([0,N,0,1])
xlabel 'i'; ylabel 'value of x'; set(gca,'fontsize',15)
y=real(fft(x)); k=[0:N/2, -N/2+1:-1];
subplot(1,2,2);plot(k,y,'o');    xlim([-N/2,N/2])
xlabel 'k'; ylabel 'fft(x)'; set(gca,'fontsize',15)
```

在 Matlab 命令行窗口运行 ex5_4_9.m，得到如下结果和结果图 5-8。可以看出，调用子函数绘图的时间消耗为 $t = 0.2614$。

```
>> ex5_4_9
t =        0.2614
```

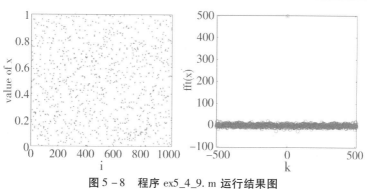

图 5-8 程序 ex5_4_9.m 运行结果图

（10）常用函数——文件调用记录函数 profile on，profile viewer。

```
%ex5_4_10.m 常用函数----文件调用记录函数: profile on, profile viewer

profile on -history       %启动M文件调用记录
n = 100; M = magic(n);
profile viewer                  % profile report    %View the results in the Profiler window.
s=profile('status')             %显示当前状态的调用记录
```

```
p=profile('info')
profile off                    %停止调用记录
```

在 Matlab 命令行窗口运行 ex5_4_10. m，得到如下结果和结果图 5-9。

```
>> ex5_4_10
s =
    包含以下字段的 struct:
        ProfilerStatus: 'off'
           DetailLevel: 'mmex'
                 Timer: 'performance'
       HistoryTracking: 'on'
           HistorySize: 1000000
p =
    包含以下字段的 struct:
         FunctionTable: [2×1 struct]
       FunctionHistory: [2×3 double]
        ClockPrecision: 1.0000e-07
            ClockSpeed: 3.5930e+09
                  Name: 'MATLAB'
              Overhead: 0
```

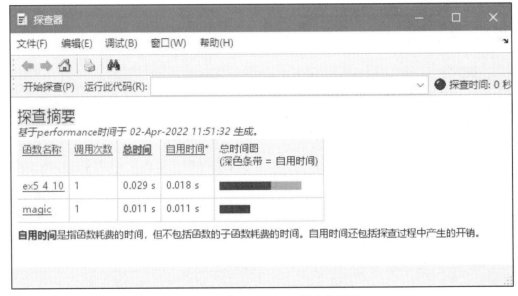

图 5-9　程序 ex5_4_10. m 运行结果图

5.3　程序优化及调试

　　Matlab 程序编制与其他计算机语言程序编制一样，同一目标可通过多种不同的途径达到，其中存在较优的途径，因此，可采用一些优化的方法，编制优化的 Matlab 程序。

　　程序编制完成后，在程序运行中，可能会出现错误或警告。若出现错误，程序无法完成运行，必须对程序中的错误加以修正；若出现警告，通常程序可完成运行，但结果的取舍需要考虑更多相关因素后才能最终确定。

5.3.1　程序优化

　　程序优化的方法有多种，此处着重介绍 Matlab 环境下程序运行高效的优化方法。由于 Matlab 环境不具备管理系统资源的能力，因此大计算量的程序运行时，应尽可能关闭不必要的窗口和应用程序以节省计算机的内存资源，提高 Matlab 程序的运行效率。

下面介绍在 Matlab 程序设计中常用的、简单实用的程序优化方法。

1. 以矩阵作为操作主体

（1）尽量避免循环运算，将循环运算转换为向量运算；

（2）强调对矩阵本身整体的运算，避免对矩阵元素的操作；

（3）程序中插入计时语句，实时显示程序运行时间，为优化提供信息。计时函数有 tic、toc、cputime、etime 等。

2. 变量的预定义

（1）对于变量维数不断增大的情形，为提高程序运行效率，需预定义该变量维数；

（2）根据变量最大维数估计，通过矩阵 zeros 预定义变量的矩阵维数。

3. 内存的管理

（1）对存储进行合理操作及管理可提高程序运行效率；

（2）Matlab 语言中的内存管理函数有 clear（从内存中清除变量或函数），pack（重新分配内存），quit（退出 Matlab，释放所用内存），save（将指定变量存入当前目录），load（从当前目录调出指定变量）。

例5.5 程序优化。

（1）程序优化——矩阵为操作主体。

```
%ex5_5_1.m  程序优化----1) 矩阵为操作主体
function ex5_5_1
tic; x=1:0.1*pi:1+1000*pi; y=sin(x); t=toc;   %time start   %向量运算 %time end
[x1,y1,t1]=ex5_5_1a;   Lxy=1:21;  %调用子函数
%plot part of the results
subplot(1,2,1); plot(x(Lxy),y(Lxy),'.-b'); title('向量运算')
text(0.1,-0.8,['caltime = ' num2str(t,2)],'fontsize',13)
xlabel x; ylabel y; set(gca,'fontsize',15)
subplot(1,2,2); plot(x1(Lxy),y1(Lxy),'.-r'); title('矩阵元素运算')
text(0.1,-0.8,['caltime = ' num2str(t1,2)],'fontsize',13)
xlabel x1; ylabel y1; set(gca,'fontsize',15)
%sub-function   %矩阵元素运算
function [x,y,t]=ex5_5_1a
tic; x(1)=1; y(1)=sin(x(1));
for i=2:10001; x(i)=x(i-1)+0.1*pi; y(i)=sin(x(i)); end
t=toc;
```

在 Matlab 命令行窗口运行 ex5_5_1.m，得到结果图 5 - 10，可以看出，向量运算所需时间更少，即左图中的 caltime = 0.00016 较右图中 caltime = 0.0022 小了一个量级。

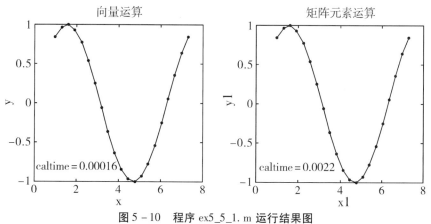

图 5 - 10 程序 ex5_5_1.m 运行结果图

（2）程序优化——预定义变量。

```
%ex5_5_2.m   程序优化----2) 预定义变量
function ex5_5_2
x=zeros(1,10001); y=zeros(size(x));   %预定义变量
tic                                   %time start
x(1)=1; y(1)=sin(x(1));
for i=2:10001
      x(i)=x(i-1)+0.1*pi; y(i)=sin(x(i)); %矩阵元素运算
end
t=toc;                                %time end
[x1,y1,t1]=ex5_5_1a;                  %调用子函数
%plot part of the results
Lxy=1:21;
subplot(1,2,1); plot(x(Lxy),y(Lxy),'.-b'); title('预定义变量')
text(0.1,-0.8,['caltime = ' num2str(t,2)],'fontsize',13)
xlabel x; ylabel y; set(gca,'fontsize',15)
subplot(1,2,2); plot(x1(Lxy),y1(Lxy),'.-r'); title('未预定义变量')
text(0.1,-0.8,['caltime = ' num2str(t1,2)],'fontsize',13)
xlabel x1; ylabel y1; set(gca,'fontsize',15)
%sub-function   %矩阵元素运算
function [x,y,t]=ex5_5_1a
tic
x(1)=1; y(1)=sin(x(1));
for i=2:10001
      x(i)=x(i-1)+0.1*pi; y(i)=sin(x(i));
end
t=toc;
```

在 Matlab 命令行窗口运行 ex5_5_2. m，得到结果图 5 – 11。可以看出，对应相同的矩阵元素的计算，预定义变量 x 和 y 的运算需要更少的时间，即左图中的 $caltime = 0.00024$ 较右图中 $caltime = 0.0015$ 小了一个量级。

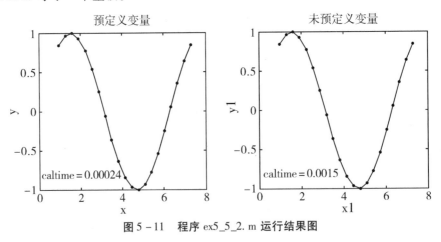

图 5 – 11　程序 ex5_5_2. m 运行结果图

5.3.2　程序调试

Matlab 程序编辑器中提供了程序调试功能。当 Matlab 程序运行不能完成时，需要根据命令行窗口的提示信息进行程序调试，确定程序中的错误并予以修正，使程序运行至结束并得到结果。

1. M 文件错误的种类

（1）语法错误：发生在 M 文件程序代码解释的过程中，一般由变量定义、函数参数输入类型有误或矩阵运算阶数不符等引起；

（2）执行错误：在程序运行过程中，由溢出或死循环等引起，这些错误与程序中的运算或运算逻辑相关。

2．M 文件错误的识别

（1）语法错误可根据运行 M 文件后命令行窗口的提示信息获知。

（2）执行错误较难识别，常用的识别方法有：

①输出程序运行的中间结果；

②使用 keyboard 或 pause 函数暂时中断程序，以实现需要的调试；

③注释掉函数头，在程序语句运行过程中获得调试信息；

④使用调试菜单逐条运行程序语句查找错误。

3．M 文件错误的确定

（1）程序设计中应避免出现 NaN，Inf 或空阵，方法是在可能出现的异常数值处加入识别函数 isnan，isinf，isempty 进行判断。

（2）通过调试，确定错误出现的位置。Matlab 程序的主要调试函数有：

①设置断点 dbstop in < M 文件名 > at < 行号 > ；

②显示断点信息 dbstatus ；

③显示 M 文件文本（包括行号）dbtype ；

④从断点处继续执行 dbstep ；

⑤显示 M 文件执行时调用的堆栈 destack ；

⑥实现工作空间的切换 dbup/dbdown ；

⑦退出调试状态 dbquit 等。

例 5.6　程序调试。

（1）程序调试——错误的识别。

```
%例5.6  ex5_6_1.m  程序调试----1) 错误的识别
A=[1,2;3,4];
B=[1,2,3;4,5,6;7,8,9];
C=A*B
```

在 Matlab 命令行窗口运行 ex5_6_1. m，得到如下结果，可以看出错误信息为在 ex5_6_1 第 4 行的矩阵乘法 $C = A \cdot B$ 中，矩阵维数必须一致。

```
>> ex5_6_1
错误使用  *
内部矩阵维度必须一致。
出错  ex5_6_1 (line 4)
C=A*B
```

（2）程序调试——调试过程示例。

```
%例5.6  ex5_6_2.m  程序调试----2) 调试过程示例  dbstop, dbstep, dbclear
function xyz = ex5_6_2(x)
n = length(x);
y = (1:n).*x;
z = (1:n)./x;
xyz=[x(:),y(:),z(:)];
```

在 Matlab 命令行窗口通过命令 dbstop ex5_6_2 调试程序 ex5_6_2. m 的运行，运行进入调试状态时（由 $K \gg$ 显示），通过命令 dbstep 使程序继续运行，直到出现错误信息或得到运行的最终结果时才停止，命令行窗口的调试过程和结果如下。

```
>> dbstop ex5_6_2        % 设置调试运行ex5_6_2
>> v=ex5_6_2(1:3)        % 调用程序  ex5_6_2
```

```
3    n = length(x);
K>> dbstep
4    y = (1:n).*x;
K>> dbstep
5    z = (1:n)./x;
K>> dbstep
6    xyz=[x(:),y(:),z(:)];
K>> dbstep
函数 ex5_6_2 末尾。
K>> dbstep
v =
     1    1    1
     2    4    1
     3    9    1
```

5.4 应用实例

例 5.7 鸡兔同笼问题：鸡兔同笼，头共 36 个，脚共 100 只。求鸡和兔各多少只？

解： 该问题求解由以下步骤完成：

（1）问题分析：由常识获知，鸡有 1 个头 2 只脚，兔有 1 个头 4 只脚。根据题意，列出由已知条件得到的线性方程组，作为求解的数学模型。

（2）数学模型：设鸡、兔分别有 x 和 y 只，则

$$\begin{cases} x + y = 36 \\ 2x + 4y = 100 \end{cases} \tag{5-1}$$

（3）计算流程：采用 Matlab 的控制语句编程，构造求解数学模型的计算流程，如图 5 - 12 所示。

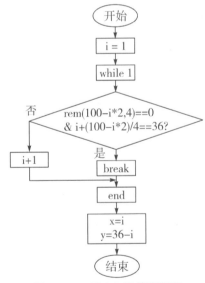

图 5 - 12   例 5.7 计算流程图

（4）程序编制及运行：基于计算流程图 5 - 12，编写 Matlab 程序 ex5_7. m 如下。

```
%例5.7 ex5_7.m求解鸡兔同笼问题：鸡兔同笼，头共36个，脚共100只。求鸡和兔各多少只？
%控制语句编程求解
i=1;
while 1
    if rem(100-i*2,4)==0 & (i+(100-i*2)/4)==36
        break;
    end
```

```
        i=i+1;
    end
x=i                    %鸡的数目
y=36-i                 %兔的数目
```

在 Matlab 命令行窗口运行 ex5_7. m 的这些语句，得到如下结果。

```
x =      22
y =      14
```

（5）结果分析：运行程序 ex5_7. m 得到鸡和兔分别为 22 只和 14 只。

（6）方法和程序优化：若不采用控制语句编程，根据列出的数学模型，在 Matlab 环境中可直接采用矩阵除法或内置函数 solve 的调用，求解线性方程组，其程序语句如下。

```
%例5.7 求解鸡兔同笼问题：鸡兔同笼，头共36个，脚共100只。求鸡和兔各多少只？
%矩阵除法求解
xy = [1,1;2,4]\[36;100]
%线性方程组求解
syms x y; [xs,ys] = solve(x+y==36, x*2+y*4==100)
```

在 Matlab 命令行窗口运行 ex5_7. m 的这些语句，得到如下结果。可以看出，矩阵除法或 solve 函数调用求解线性方程组的结果与控制语句编程的结果一致，即鸡和兔分别为 22 只和 14 只，结果中 xy 为一个向量，xs 和 ys 为符号量。

```
xy =
    22
    14
xs = 22
ys = 14
```

例5.8　编程计算题：一筐鸡蛋，每次拿 1 个，正好拿完；每次拿 2 个，还剩 1 个；每次拿 3 个，正好拿完；每次拿 4 个，还剩 1 个；每次拿 5 个，还差 1 个；每次拿 6 个，还剩 3 个；每次拿 7 个，正好拿完；每次拿 8 个，还剩 1 个；每次拿 9 个，正好拿完。请问筐里最少有多少个鸡蛋？

解： 该问题由以下步骤完成求解。

（1）问题分析：根据题意，设一筐鸡蛋有 x 个。

每次拿 1 个，正好拿完，有 $x = m_1$；

每次拿 2 个，还剩 1 个，有 $x = 2 \times m_2 + 1$；

每次拿 3 个，正好拿完，有 $x = 3 \times m_3$；

每次拿 4 个，还剩 1 个，有 $x = 4 \times m_4 + 1$；

每次拿 5 个，还差 1 个，有 $x = 5 \times m_5 + 4$；

每次拿 6 个，还剩 3 个，有 $x = 6 \times m_6 + 3$；

每次拿 7 个，正好拿完，则 $x = 7 \times m_7$；

每次拿 8 个，还剩 1 个，有 $x = 8 \times m_8 + 1$；

每次拿 9 个，正好拿完，有 $x = 9 \times m_9$。

已知的条件最终可归为：筐里鸡蛋个数是 7 和 9 的倍数，即 $x = 7 \times 9 \times n$。

（2）数学模型：设筐里最少有 x 个鸡蛋，求解的数学模型为 $x = 7 \times 9 \times n$，且有余数 rem $(x, [1:9]) = [0, 1, 0, 1, 4, 3, 0, 1, 0]$，$n$ 为正整数。

（3）计算流程：求解 x 可采用条件循环的方式确定 n，进而确定 x。编制的计算流程如图 5 - 13 所示。

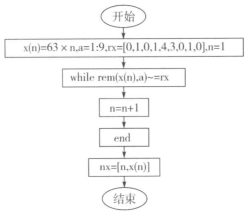

图 5 – 13　例 5.8 计算流程图

（4）程序编制及运行：根据数学模型 $x = 7 \times 9 \times n$，$\text{rem}(x, 1:9) = [\,0,1,0,1,4,3,0,1,0\,]$（$n$ 为正整数）以及计算流程图 5 – 13，编制 Matlab 程序 ex5_8_1. m 如下。

```
%ex5_8_1.m    例5.8
% 设鸡蛋总数为 x = 63×n (n = 0,1,2,3...), 且 rem(x,[8,6,5]) = [1,6,4]
x=@(n) 63*n; a=1:9; rx=[0,1,0,1,4,3,0,1,0]; n=1;
while any(rem(x(n),a)~=rx)
      n=n+1;
end
nx=[n,x(n)]            %results
rx=rem(x(n),a)         % testx(n)
```

在 Matlab 命令行窗口运行 ex5_8_1. m，得到如下结果。

```
>> ex5_8_1
nx =
            23          1449
rx =
      0     1     0     1     4     3     0     1     0
```

（5）结果分析：可以看出，当 $n = 23$ 时，筐里满足条件的最少鸡蛋个数为 $x = 1449$，向量 $rx = [\,0,1,0,1,4,3,0,1,0\,]$ 即为满足的已知条件。该问题是否有其他的求解方法？

（6）不同方法求解：求解该问题可采用不同的方法，如用矩阵除法求解线性方程组。通过分析问题，列出线性方程组为：$a \times m = 63 \times n - rx$，其中 $a = \text{diag}([1:9])$，$rx = [\,1,0,1,4,3,0,1,0\,]$，采用的计算流程与图 5 – 13 相似，while 条件改为矩阵除法求解线性方程组得到的解 m 各元素是整数，编制的计算程序 ex5_8_2. m 如下。

```
%ex5_8_2.m    例5.8
%线性方程组 a*m = 63*n - rx,   x=63*n,   m需是整数
x=@(n) 63*n; a=diag(1:9); rx=[0 1 0 1 4 3 0 1 0]; n=1;
while any(a\(x(n)-rx')-fix(a\(x(n)-rx')))
      n=n+1;
end
nx=[n,x(n)]              %results
txc=rem(x(n),[1:9])     % testx(n)
```

在 Matlab 命令行窗口运行 ex5_8_2. m，得到如下结果。该程序与程序 ex5_8_1. m 运行结果相同，即筐里满足条件的最少鸡蛋个数为 $x = 1449$。

```
>> ex5_8_2
nx =
            23          1449
txc =
      0     1     0     1     4     3     0     1     0
```

（7）进一步计算：筐里满足条件的次最少鸡蛋个数是多少？满足条件的更多鸡蛋数有什么规律？该问题由例 5.9 解答得到。

例 5.9　同例 5.8，满足条件的鸡蛋数有什么规律？

解：该问题由以下步骤完成求解。

（1）根据题意，设一筐鸡蛋有 x 个，由

每次拿 1 个，正好拿完，有 $x = m_1$；

每次拿 2 个，还剩 1 个，有 $x = 2 \times m_2 + 1 = 2 \times (m_2 - 4) + 9$；

每次拿 3 个，正好拿完，有 $x = 3 \times m_3$；

每次拿 4 个，还剩 1 个，有 $x = 4 \times m_4 + 1 = 2 \times 2 \times (m_4 - 2) + 9$；

每次拿 5 个，还差 1 个，有 $x = 5 \times m_5 + 4 = 5 \times (m_5 - 1) + 9$；

每次拿 6 个，还剩 3 个，有 $x = 6 \times m_6 + 3 = 2 \times 3 \times (m_6 - 1) + 9$；

每次拿 7 个，正好拿完，则 $x = 7 \times m_7$；

每次拿 8 个，还剩 1 个，有 $x = 8 \times m_8 + 1 = 2 \times 2 \times 2 \times (m_8 - 1) + 9$；

每次拿 9 个，正好拿完，有 $x = 9 \times m_9$。

已知的条件最终可归为：筐里鸡蛋个数是 7、9、$3 \times (20 \times n + 3)$ 的因数乘积，即 $x = 7 \times 9 \times (20 \times n + 3)$，由于 $x = 8 \times m_8 + 1$ 中的 m_8 是整数，因此 n 为奇数。

（2）数学模型：设筐里满足条件的鸡蛋有 x 个，$x = 7 \times 9 \times (20 \times n + 3)$，$n$ 为奇数。

（3）计算流程：求解 x 可采用 for 循环的方式确定奇数 n，进而确定 x。编制的计算流程如图 5 – 14 所示。

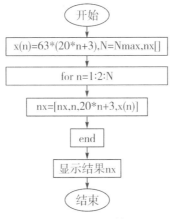

图 5 – 14　例 5.9 计算流程图

（4）程序编制及运行：根据计算流程图 5 – 14，编制程序 ex4_9.m 如下。

```
%ex5_9.m    例5.9
x=@(n) 7*9*(20*n+3); nx=[ ]; N=10
for n=1:2:N
    nx=[nx; n,20*n+3,x(n)];
end
nx              %results
% 以上程序的优化
n20=@(n) 20*n+3; x=@(n) 7*9*n; N=10
n=(1:2:N)'; nn=n20(n); xn=x(nn);
nx=table(n,nn,xn)
```

在 Matlab 命令行窗口运行 ex5_9. m，得到如下结果。可以看出，采用 for 循环与采用向量计算的结果一致，即筐里满足条件的鸡蛋个数为 $n=1$，$20\times n+3=23$，$x=1449$；$n=3$，$20\times n+3=63$，$x=3969$；$n=5$，$20\times n+3=103$，$x=6489$；…

```
>> ex5_9
N =
      10
nx =

            1            23           1449
            3            63           3969
            5           103           6489
            7           143           9009
            9           183          11529

% 以上程序优化后的结果
N =
      10
nx =

    n      nn        xn

    1      23      1449
    3      63      3969
    5     103      6489
    7     143      9009
    9     183     11529
```

例 5.10　编制 Matlab 程序，绘出分形中的 Sierpinski Gasket。

解：分形中的 Sierpinski Gasket 已在例 2.18（ex2_18. m）中通过 Matlab 程序绘出，此处由以下步骤完成优化的程序实现。

（1）问题分析：根据 Sierpinski Gasket 图可知，Sierpinski Gasket 具有自相似性，随 n 增大 1，Sierpinski Gasket 中的每个三角形变为 4 个更小的等边三角形，其中有 3 个相同。

（2）数学模型：分形 Sierpinski Gasket 的确定，每次循环都将等边三角形边长半折，由此新增三个中点，原三角形变为 4 个更小的等边三角形，新的等边三角形由 3 个点逆时针确定，如图 5-15 中 $n=1$ 的 Sierpinski Gasket 所示。

原三角形三顶点：$a01=[0,0]$；$a02=[1,0]$；$a03=[0.5,sqrt(3)/2]$。

新增的三个中点：$at1=(a01+a02)/2$；$at2=(a02+a03)/2$；$at3=(a03+a01)/2$。

新的三个三角形：$[a01,at1,at3]$；$[at1,a02,at2]$；$[at3,at2,a03]$。　　　　(5-2)

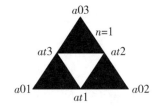

图 5-15　一重（$n=1$）Sierpinski Gasket 自相似图

（3）计算流程：在 Matlab 中可由复数（实部和虚部）表示二维直角坐标系中的一个点，基于例 2.18 的程序流程，将程序设计流程中的坐标点用复数表示，由此优化 Sierpinski Gasket 的程序设计流程，如图 5-16 所示。

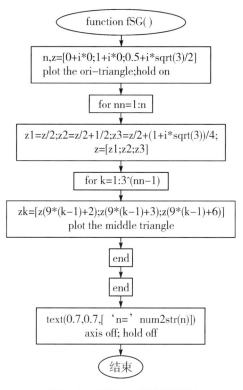

图 5 - 16　例 5.10 程序流程图

（4）程序编制及运行：根据式（5 - 2）及流程图 5 - 16 编制 Matlab 程序 ex5_10.m 如下。

```
%ex5_10.m    例5.10 编制优化程序，绘出 Sierpinski Gasket 图。
function ex5_9()
N=8;
for n=0:N-1
      subplot(2,N/2,n+1); fSG(n)
end
% subfunction for drawing
function fSG(n)
xm=1; ym=sqrt(3)/2;
z=[0+i*0;xm+i*0;1/2*xm+i*ym];
fill(real(z),imag(z),'k');hold on;   %plot filled zone
for nn=1:n
      z1=z/2; z2=z/2+1/2; z3=z/2+(i*sqrt(3)+1)/4; z=[z1;z2;z3];
      for k=1:3^(nn-1)
            zk=[z(9*(k-1)+2);z(9*(k-1)+3);z(9*(k-1)+6)];
            fill(real(zk),imag(zk),'w'); %fill
      end
end
hold off;    axis off; text(0.7,0.7, ['n=' num2str(n)],'fontsize',18)
```

在 Matlab 命令行窗口运行 ex5_10.m，得到结果图 5 - 17。

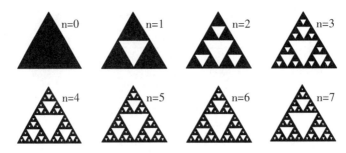

图 5 - 17　程序 ex5_10.m 运行结果图

（5）结果分析：与程序 ex2_18.m 比较，程序 ex5_10.m 采用复数矩阵整体运算，避免了矩阵元素操作，优化后程序语句更少、结构更清晰。若计算程序运行时间，可添加时间控制函数，在 Matlab 命令行窗口运行如下语句，得到的结果显示：程序 ex5_10.m 运行时间更短（t1 = 0.8874），定量显示了程序的优化。

```
>> tic; figure; ex5_10; t1=toc;   tic; figure; ex2_18; t2=toc; t1t2=[t1,t2]
t1t2 =      0.8874      0.8918
```

习　题

1. 举例说明 Matlab 程序 M 文件的两种类型。

2. 设计一个函数 M 文件优化的程序，说明其优化的方法、程序中的全局和局域变量、编程采用的控制语句类型，并调用该函数 M 文件给出程序优化结果显示。

3. 对于 $x = 0:0.1:2*pi$，分别采用调用内置函数 sin、执行函数 eval 或 feval 调用函数 sin 和函数句柄 @sin，求 $\sin(x)$ 的值。

4. 通过定义函数句柄，求函数 $f(x) = ae^x + bx^2$ 的值，其中 $a = 2$，$b = 3$，$x = 1:5$。

5. 调试并修改以下函数程序，使其能够计算多个学生的个人平均成绩和他们每门课程的平均成绩；说明该函数程序中用到的变量类型、控制语句类型；并算出 3 个学生的个人平均成绩以及数学、英语和汉语课程的平均成绩。

```
%ex5_ex 编制一个函数，综合应用函数 nargin,nargout,varargin,vargout 等，目的是
%        求各学生（总数目不确定）的个人平均成绩以及指定科目的平均成绩。
function [varargout]=ex5_ex(lessons,varargin)
inputnum=nargin;
lessonnum=length(lessons);
outputnum=nargout;
for i=1:lessonnum
    switch lessons(i)
        case'math'
            varargout{1}=sum(varargin{1:inputnum}(1));
        case'english'
            varargout{2}=sum(varargin{1:inputnum}(2));
        case'chinese'
            varargout{3}=sum(varargin{1:inputnum}(3));
    end
end
for i=1:inputnum
    varargout{i+3}=sum(varargin{i}(:));
end
```

6　计算方法程序实现

本章基于 Matlab 语言，根据数值计算方法，充分运用如前所述的数值计算、符号运算、图形处理以及控制流的程序设计相关内容，编制 Matlab 程序文件，使计算方法的应用在 Matlab 环境中得以程序实现。

6.1　插值与拟合

本节介绍拉格朗日（Lagrange）多项式插值、埃尔米特（Hermite）多项式插值、Matlab 内置插值函数调用，通过 Matlab 程序实现基于插值基点和样本值的插值计算。

6.1.1　插值

1. 插值

要求近似函数 $y(x)$ 与被近似函数 $f(x)$ 在自变量 x 的某些点位置具有相同的函数值以及直到某阶导数的函数值。

2. 拉格朗日多项式插值

（1）线性插值（两点插值）：过点 $(x_0, f(x_0))$ 和点 $(x_1, f(x_1))$ 作一直线 $y(x)$，由此计算区域 $[x_0, x_1]$ 内 x 位置处的函数值 $y(x)$，如式（6-1）所示：

$$y(x) = \frac{x - x_1}{x_0 - x_1} f(x_0) + \frac{x - x_0}{x_1 - x_0} f(x_1) \tag{6-1}$$

（2）二次插值（三点插值）：过三点 $(x_i, f(x_i))$，$(i = 0, 1, 2)$，作一抛物线 $y(x)$，由此计算位于 $[x_0, x_2]$ 内 x 位置处的函数值 $y(x)$，如式（6-2）所示：

$$y(x) = \frac{(x - x_1)(x - x_2)}{(x_0 - x_1)(x_0 - x_2)} f(x_0) + \frac{(x - x_0)(x - x_2)}{(x_1 - x_0)(x_1 - x_2)} f(x_1)$$
$$+ \frac{(x - x_0)(x - x_1)}{(x_2 - x_0)(x_2 - x_1)} f(x_2) \tag{6-2}$$

（3）拉格朗日插值：设 $f(x)$ 是给定的函数，x_0，x_1，x_2，…，x_n 是 $n+1$ 个相异点，$f(x)$ 在这些点上的函数值记为 f_0，f_1，f_2，…，f_n，要在阶数不超过 n 的多项式中找到 $y(x)$，使得 $y(x_i) = f_i$，$i = 0, 1, 2, …, n$，则 x_0，x_1，x_2，…，x_n 称为插值基点，f_0，f_1，f_2，…，f_n 称为被插值点或样本值，$y(x)$ 称为拉格朗日插值多项式，如式（6-3）所示：

$$y(x) = \sum_{i=0}^{n} \prod_{\substack{j=0 \\ j \neq i}}^{n} \frac{x - x_j}{x_i - x_j} f_i \tag{6-3}$$

在实际应用中，n 阶拉格朗日插值对某些函数并不适用，它可能导致插值的龙格（Runge）现象，为避免龙格现象的出现，必须采用低阶多项式插值，即通过插值点用折线段连接逼近原曲线。常用的低阶拉格朗日多项式插值可选择线性插值或二次插值。

（4）拉格朗日插值计算流程图。

根据式（6-3），图 6-1 给出了拉格朗日 n 阶多项式插值的计算流程图。

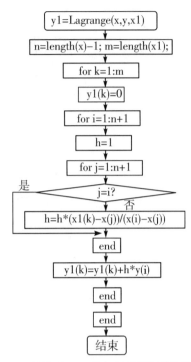

图6-1 拉格朗日 n 阶多项式插值计算流程图

3. 埃尔米特多项式插值

插值样本点包括插值节点对应的函数值及其一阶导数值的多项式插值。

（1）埃尔米特插值：设已知 $n+1$ 个插值节点 x_0，x_1，x_2，$\cdots$，x_n 及其对应的函数值 y_0，y_1，y_2，$\cdots$，y_n 和一阶导数值 y_0'，y_1'，y_2'，$\cdots$，y_n'，由式（6-4）计算插值区域内任意 x 的函数值 y 的 n 阶埃尔米特插值多项式。

$$y(x) = \sum_{i=0}^{n} h_i \left[(x_i - x)(2a_iy_i - y_i') + y_i \right] \tag{6-4}$$

其中：

$$h_i = \prod_{\substack{j=0 \\ j \neq i}}^{n} \left(\frac{x - x_j}{x_i - x_j} \right)^2, \quad a_i = \sum_{\substack{j=0 \\ j \neq i}}^{n} \frac{1}{x_i - x_j}$$

（2）埃尔米特插值计算流程图。

根据式（6-4），图6-2给出了 n 阶埃尔米特插值的计算流程图。

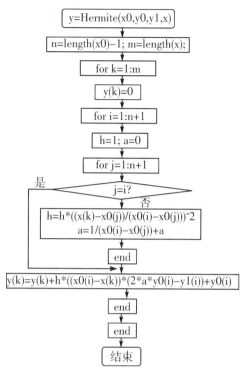

图 6 - 2　n 阶埃尔米特插值计算流程图

4. Matlab 内置插值函数

（1）三次样条插值：样条函数可以给出光滑的插值曲线或曲面，因此在数值逼近中经常被采用。设已知 $n+1$ 个插值节点 $x = [\ x_0, x_1, x_2, \cdots, x_n\ ]$ 及其对应的函数值 $y = [\ y_0, y_1, y_2, \cdots, y_n\ ]$，若要计算插值区域内任意 $x1$ 的三次样条插值 $y(x1)$，在 Matlab 中可直接调用内置函数 spline$(\ x, y, x1\ )$ 实现。

（2）分段插值：类似于样条函数插值，在 Matlab 中可直接调用内置的分段插值函数 interp1$(\ x, y, x1,\ 'method'\ )$ 实现一元函数分段插值，其中 method 分别为 nearest、next 和 previous。

（3）多元函数分段插值：二元函数插值 interp2，三元函数插值 interp3，n 元函数插值 interpn。

例 6.1　多项式插值。

（1）多项式插值——拉格朗日插值。根据表 6 - 1 所示 $y = \ln x$ 的数值，采用拉格朗日插值计算 $\ln(0.54)$ 和 $\ln(0.65)$ 的近似值。

表 6 - 1　已知 $y = \ln x$ 的 5 个数值

x	0.4	0.5	0.6	0.7	0.8
y	- 0.916291	- 0.693147	- 0.510826	- 0.357765	- 0.223144

基于已知的 5 个插值基点及其样本值，进行拉格朗日四阶多项式插值。根据拉格朗日插值计算流程图 6 - 1，编制程序 ex6_1_1. m，程序语句中包含了已知数据点和插值结果的绘图，程序如下。

```
%ex6_1_1.m　多项式插值　%1) lagrange插值
function ex6_1_1
x=0.4:0.1:0.8; y=[-0.916291,-0.693147,-0.510826,-0.357765,-0.223144];
```

```
x1=[0.54,0.65]; y1=lagrange(x,y,x1)
y2=log(x1); dy=norm(y2-y1,inf); x1y1=vpa([x1;y1],6)
%plot all the data & state all the items
p=plot(x,y,'o-.',x1,y1,'*r');
L=legend('已知数据点','插值点'); title('lagrange interp')
text(0.55,-0.9, ['max error = ',num2str(dy,'%8.2e')],'fontsize',15)
set(p,'linewidth',2, 'markersize',8)
set(L,'Location','northwest','fontsize',15)
xlabel x; ylabel y; set(gca, 'fontsize',15)
% lagrange insert
function y=lagrange(x0,y0,x)
n=length(x0); m=length(x); y=zeros(1,m);
for i=1:n
    p=ones(1,m);
    for j=1:n
        if j~=i
            p(1:m)=p(1:m).*(x(1:m)-x0(j))/(x0(i)-x0(j));
        end
    end
    y(1:m)=p(1:m)*y0(i)+y(1:m);
end
```

在 Matlab 命令行窗口运行 ex6_1_1. m，得到如下结果和结果图 6-3。可以看出，在保留与已知数据相同的精度的情况下，采用拉格朗日插值得到的 $\ln(0.54)$ 和 $\ln(0.65)$ 的近似值分别为 -0.615984 和 -0.431332。

```
>> ex6_1_1
x1y1 =
[          0.54,          0.65]
[ -0.615984,    -0.431332]
```

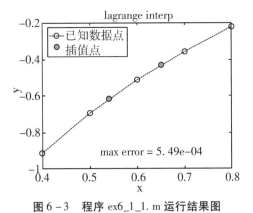

图 6-3　程序 ex6_1_1. m 运行结果图

(2) 多项式插值—— 拉格朗日插值出现龙格现象。函数 $f(x) = 1/(1+x^2)$ 在区间 $[-5,5]$ 上的各阶导数存在，在此区间上取 11 个等距节点作为插值基点，则十阶拉格朗日插值在区间边界发散。

编制函数 $f(x) = 1/(1+x^2)$ 的拉格朗日十阶多项式插值程序 ex6_1_2. m，程序运行结果见图 6-4，可以看出，十阶拉格朗日插值在区间 $[-5,5]$ 边界发散。

```
%ex6_1_2.m  多项式插值  %2) 拉格朗日插值出现龙格现象
function ex6_1_2
x=-5:1:5; y=1./(1+x.^2); x0=-5:0.1:5;
y0=lagrange(x,y,x0); y1=1./(1+x0.^2);
clf; plot(x,y,'ob',x0,y0,'--r'); hold on; plot(x0,y1,'-b');
```

```
legend('插值样本点','10阶lagrange插值','y=1/(1+x^2)','location','best')
xlabel x; ylabel y; set(gca,'fontsize',15)
%lagrange insert
function y=lagrange(x0,y0,x)
n=length(x0); m=length(x); y=zeros(1,m);
for i=1:n
    p=ones(1,m);
    for j=1:n
        if j~=i
            p(1:m)=p(1:m).*(x(1:m)-x0(j))/(x0(i)-x0(j));
        end
    end
    y(1:m)=p(1:m)*y0(i)+y(1:m);
end
```

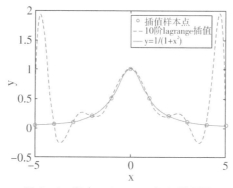

图 6-4　程序 ex6_1_2. m 运行结果图

（3）多项式插值——分段插值 interp1 避免龙格现象出现。

调用 Matlab 内置函数 interp1 对函数 $f(x) = 1/(1 + x^2)$ 在区间 $[-5, 5]$ 进行线性插值，编制程序 ex6_1_3. m 如下，程序运行结果见图 6-5，可以看出低阶的分段线性插值避免了龙格现象的出现。

```
%ex6_1_3.m   多项式插值   %3) 分段插值interp1避免Runge现象出现
x=-5:1:5; y=1./(1+x.^2); x0=-5:0.1:5;
y0= interp1(x,y,x0); y1=1./(1+x0.^2);
clf; plot(x,y,'ob',x0,y0,'--r'); hold on; plot(x0,y1,'-b');
legend('插值样本点','interp1插值','y=1/(1+x^2)','location','best')
xlabel x; ylabel y; set(gca ,'ylim',[-0.5,2],'fontsize',15)
```

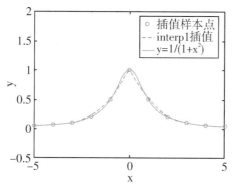

图 6-5　程序 ex6_1_3. m 运行结果图

（4）多项式插值——埃尔米特插值。根据如下所列的给定数据表 6-2，采用埃尔米特多项式插值，给出 $x = [0.5, 3.50, 5.5]$ 时函数 y 的近似值。

表6-2　计算多项式插值的数据

x_0	$0 : 0.1 * \mathrm{pi} : 2 * \mathrm{pi}$
$y_0 = \sin(x_0)$	$\sin(0 : 0.1 * \mathrm{pi} : 2 * \mathrm{pi})$
$y_1 = \cos(x_0)$	$\cos(0 : 0.1 * \mathrm{pi} : 2 * \mathrm{pi})$

注：pi 为圆周率 π 的值。

根据埃尔米特插值的计算流程图6-2，编制 Matlab 程序 ex6_1_4.m，程序中同时绘出插值结果图，程序如下。

```
%ex6_1_4.m   多项式插值   %4) Hermite插值
function ex6_1_4
x0=0:0.1*pi:2*pi; y0=sin(x0); y1=cos(x0);      %样本值y0,y1
x=[0.5,3.50,5.5]; yture=sin(x); y=hermite(x0,y0,y1,x)   %°函数求值
x1=x'; yt=yture'; y1=y'; table(x1,yt,y1,'VariableNames',{'x' 'yture' 'y'})
clf; plot(x0,y0,'.-b',x,y,'>g'); hold on; plot(x,yture,'*r')
legend('original data','hermite insert','ytrue')
xlabel x; ylabel y=sin(x); set(gca,'xlim',[0,2*pi],'fontsize',15)
%function of hermite insert
function y=hermite(x0,y0,y1,x)
n=length(x0); m=length(x); y=zeros(1,m);
for i=1:n
    h=ones(1,m); a=0.0;
    for j=1:n
        if j~=i
            h(1:m)=h(1:m).*((x(1:m)-x0(j))/(x0(i)-x0(j))).^2;
            a=1/(x0(i)-x0(j))+a;
        end
    end
    y(1:m)=y(1:m)+h(1:m).*((x0(i)-x(1:m))*(2*a*y0(i)-y1(i))+y0(i));
end
```

在 Matlab 命令行窗口运行 ex6_1_4.m，得到如下结果和结果图6-6。可以看出：$x = [0.5, 3.50, 5.5]$ 时函数 y 的近似值为 0.47943、-0.35078 和 -0.70554，埃尔米特插值得到的结果与其真值 yture 一致。

```
>> ex6_1_4
ans =
    x          yture           y

   0.5         0.47943         0.47943
   3.5        -0.35078        -0.35078
   5.5        -0.70554        -0.70554
```

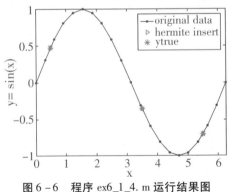

图6-6　程序 ex6_1_4.m 运行结果图

（5）多项式插值——样条函数插值。1900—1990 年美国人口普查的数目如表6-3所示，利用样条插值估计 2000 年美国的人口数。

表 6 – 3　1900—1990 年美国人口普查数目

t	1900	1910	1920	1930	1940	1950	1960	1970	1980	1990
p	75.995	91.972	105.711	123.203	131.669	150.697	179.323	203.212	226.505	249.633

调用 Matlab 内置函数 spline 对已知数据进行样条插值，编制程序 ex6_1_5.m 如下。

```
%ex6_1_5.m  多项式插值  %5) 样条函数插值
t = 1900:10:1990;
p = [ 75.995   91.972   105.711   123.203   131.669 ...
      150.697 179.323   203.212   226.505   249.633 ];
t1=1900:1:2000; p1=spline(t,p,t1); p2000=p1(end)    % spline smoothing
clf; plot(t,p,'ob',t1,p1,'m:'); hold on; pt2=plot(2000,p2000,'rd');
L=legend('census data','spline interp ','p2000');
set(L, 'location', 'southeast', 'fontsize', 15)
set(pt2, 'linewidth',2, 'markersize',10)
text(1945,p2000,['p2000 = ',num2str(p2000,6),' \rightarrow'],'fontsize', 15);
xlabel year; ylabel 'Population';
set(gca,'xlim',[1890,2010], 'ylim',[50,300], 'fontsize',15)
```

在 Matlab 命令行窗口运行 ex6_1_5.m，得到如下结果和结果图 6 – 7。可以看出，样条函数插值得到 2000 年美国人口数 $p2000 = 270.606$。

```
>> ex6_1_5
p2000 =   270.6060
```

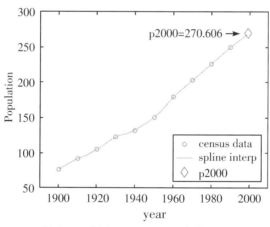

图 6 – 7　程序 ex6_1_5.m 运行结果图

6.1.2　拟合

1. 最小二乘拟合——方法介绍

（1）在科学实验数据的统计分析中，往往要从一组实验数据（x_i，y_i）中寻找出自变量 x 和因变量 y 之间的函数关系，即 $y = f(x,a_1,a_2,\cdots,a_m)$；

（2）现有 x、y 一组观测数据（x_i，y_i）（$i = 1,2,\cdots,n$），寻找 m（$m<n$）个参数 a_1，a_2，$\cdots$，a_m 的最佳估计值，使各个观测点上变量 y 的观测值与真值的估计值 y' 之差的平方和为最小，即

$$\begin{cases} Q = \sum_{i=1}^{n} \left[y_i - y_i' \right]^2 = \sum_{i=1}^{n} \left[y_i - f(x_i,a_1,a_2,\cdots a_m) \right]^2 \\ \dfrac{\partial Q}{\partial a_i} = 0, \quad i = 1,2,\cdots,m \end{cases}$$

$$(6-5)$$

由此，利用求极值的方法，求出 m 个参量的最佳估计值 a_1，a_2，$\cdots$，a_m。

2. 多项式最小二乘拟合——Matlab 实现

（1）调用内置函数 polyfit 进行多项式最小二乘拟合，得到多项式降幂形式的系数，由此得到拟合的多项式；

（2）利用矩阵除法求解线性方程组（6-5），得到多项式的拟合系数，从而得到最小二乘拟合的多项式。

3. 非线性最小二乘拟合——Matlab 实现

（1）调用内置函数 nlinfit 进行非线性函数的最小二乘拟合；

（2）Matlab 中还提供了其他内置拟合函数，实现给定模型的数据拟合，这些内置函数为 fitnlm、nlintool、nlparci、nlpredci。

4. 快速傅里叶（Fourier）变换——方法介绍

（1）在函数逼近中，当函数为周期函数时，采用三角多项式逼近未知的函数比代数多项式更合适，由此引入傅里叶逼近和快速傅里叶变换；

（2）连续的傅里叶变换：

①函数 $f(x)$ 到 $F(k)$ 的傅里叶变换：

$$F(k) = \int_{-\infty}^{\infty} f(x)\exp(-ikx)\mathrm{d}x, \ k \in R \tag{6-6}$$

②函数 $F(k)$ 到 $f(x)$ 的逆傅里叶变换：

$$f(x) = \frac{1}{2\pi}\int_{-\infty}^{\infty} F(k)\exp(ikx)\mathrm{d}k, \ x \in R \tag{6-7}$$

（3）离散的傅里叶变换：

①函数 $f(x)$ 到 $F(k)$ 的傅里叶变换：

$$F(k) = h\sum_{j=1}^{N} f(x_j)\exp(-ikx_j), \ x \in [0, 2\pi]$$

$$h = x_{i+1} - x_i, \ k = -\frac{N}{2} + 1, \cdots, \frac{N}{2} \tag{6-8}$$

②函数 $F(k)$ 到 $f(x)$ 的逆傅里叶变换：

$$f(x_j) = \frac{1}{2\pi}\sum_{k=-\frac{N}{2}+1}^{\frac{N}{2}} F(k)\exp(ikx_j)$$

$$2\pi = Nh, \ j = 1,2,\cdots,N \tag{6-9}$$

③物理空间函数 $f(x)$ 到傅里叶空间函数 $F(k)$ 的离散变换有：

物理空间：离散的，有界的，$x \in \{h, 2h, \cdots, 2\pi - h, 2\pi\}$

$$\downarrow\uparrow \qquad \downarrow\uparrow$$

傅里叶空间：有界的，离散的，$k \in \{-N/2+1, -N/2+2, \cdots, N/2\}$

5. Matlab 中的傅里叶变换内置函数

（1）快速傅里叶变换内置函数 fft(x, N)：

$$X(k) = \sum_{j=1}^{N} x(j)\omega_N^{(j-1)(k-1)}, \ \omega_N = \mathrm{e}^{(-2\pi i)/N}$$

$$\mathrm{fft}(x,N)\,\mathrm{with}\ k = 0, 1, \cdots, \frac{N}{2}, -\frac{N}{2}+1, -\frac{N}{2}+2, \cdots, -1 \tag{6-10}$$

（2）快速逆傅里叶变换内置函数 ifft(X, N)：

$$x(j) = (1/N)\sum_{k=1}^{N} X(k)\omega_N^{-(j-1)(k-1)}, \ \omega_N = \mathrm{e}^{(-2\pi i)/N}$$

$$\mathrm{ifft}(X,N)\,\mathrm{with}\ j = 1, 2, \cdots, N \tag{6-11}$$

6.　傅里叶变换的 Matlab 实现

（1）快速离散的傅里叶变换内置函数调用 fft(n)，fft(x,n)，ifft(n)，ifft(x，n)；

（2）二维快速离散的傅里叶变换内置函数调用 fft2(x)，ifft2(x)；

（3）n 维快速离散的傅里叶变换内置函数调用 fftn(x)，ifftn(x)。

例 6.2　多项式拟合。

（1）多项式拟合——polyfit 拟合。根据拟合公式 $y = a + bx + cx^2$，对表 6-4 的数据进行最小二乘拟合。

表 6-4　多项式拟合数据

x	0.5	1.0	1.5	2.0	2.5	3.0
y	1.75	2.45	3.81	4.80	8.00	8.60

拟合公式 $y = a + bx + cx^2$ 是标准的二阶多项式，其最小二乘拟合可调用 Matlab 内置函数 polyfit，编制的拟合程序 ex6_2_1.m 如下。

```
%ex6_2_1.m  多项式拟合  %1) 2阶多项式 polyfit拟合
x=[0.5,1.0,1.5,2.0,2.5,3.0];
y=[1.75,2.45,3.81,4.80,8.00,8.60];
a=polyfit(x,y,2); yt=vpa(poly2sym(a),5)     %symbolic express
x1=[0.5:0.05:3.0]; y1=polyval(a,x1);     %y1=a(1)*x1.^2+a(2)*x1+a(3);
%plot the data and fitting line by polyfit-2
clf; plot(x,y,'o','markersize',10); hold on; plot(x1,y1,'-r')
legend('已知数据点','polyfit-2','location', 'northwest')
xlabel x; ylabel y; set(gca,'fontsize',15)
```

在 Matlab 命令行窗口运行 ex6_2_1.m，得到如下结果和结果图 6-8。可以看出，拟合得到的二阶多项式为 $yt = 0.49x^2 + 1.2501x + 0.856$，已知数据点在拟合曲线 polyfit-2 附近。

```
>> ex6_2_1
yt = 0.49*x^2 + 1.2501*x + 0.856
```

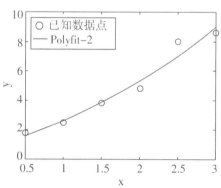

图 6-8　程序 ex6_2_1.m 运行结果图

（2）多项式拟合。调用内置函数 polyfit 对表 6-5 所列数据进行五阶多项式拟合，并与五阶拉格朗日插值进行比较。

表 6-5　多项式拟合数据

x	0.5	1.0	1.5	2.0	2.5	3.0
y	1.75	2.45	3.81	4.80	8.00	8.60

编制 Matlab 程序 ex6_2_2.m，实现已知数据点的拟合、插值、拟合与插值的比较。调用内置函数 polyfit 对已知的 6 个数据点进行五阶多项式拟合，并绘出拟合曲线。基于已知的 6 个数据点，采用五阶拉格朗日插值，在已知数据点区域内绘出该插值的多项式曲线。程序 ex6_2_2.m 如下。

```
%ex6_2_2.m  多项式拟合  %2) n阶多项式polyfit拟合
function ex6_2_2
x=[0.5,1.0,1.5,2.0,2.5,3.0]; y=[1.75,2.45,3.81,4.80,8.00,8.60];
x1=0.5:0.05:3.0; yn=polyval(polyfit(x,y,length(x)-1),x1);
ylag=lagrange(x,y,x1);    err=norm(yn-ylag,inf)
%plot the data and polyfit-n and lagrage interp
clf; subplot(1,2,1); plot(x,y,'o','markersize',10);
hold on; plot(x1,yn,'-r','linewidth',2)
legend('已知数据点','polyfit-n','location', 'northwest')
xlabel x; ylabel y; set(gca,'xlim',[0.5,3],'fontsize',15)
subplot(1,2,2); plot(x,y,'o','markersize',10);
hold on; plot(x1,ylag,'-r','linewidth',2)
legend('已知数据点','Lagrange  插值','location', 'northwest')
xlabel x; ylabel y; set(gca,'xlim',[0.5,3],'fontsize',15)
%lagrange insert
function y=lagrange(x0,y0,x)
n=length(x0); m=length(x); y=zeros(1,m);
for i=1:n
    p=ones(1,m);
    for j=1:n
        if j~=i
            p(1:m)=p(1:m).*(x(1:m)-x0(j))/(x0(i)-x0(j));
        end
    end
    y(1:m)=p(1:m)*y0(i)+y(1:m);
end
```

在 Matlab 命令行窗口运行 ex6_2_2. m，得到如下结果和结果图 6 - 9。可以看出，五阶多项式拟合曲线（左图）与插值曲线（右图）一致，在已知数据点区域内的极差为 4.9×10^{-13}。

```
>> ex6_2_2
err =    4.9027e-13
```

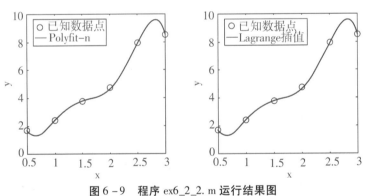

图 6 - 9 程序 ex6_2_2. m 运行结果图

（3）多项式拟合。基于表 6 - 6 的已知数据，采用最小二乘拟合，求出表达式 $y = a + bx^2$ 的参数 a 和 b，并对由多项式拟合内置函数 polyfit 调用和由矩阵除法求解线性方程组得到的结果进行比较。

表 6 - 6 最小二乘拟合数据

x	19	25	31	38	44
y	19.0	32.3	49.0	73.3	98.8

调用内置函数 polyfit 对自变量为 x^2 的函数 y 进行一阶多项式拟合，同时由矩阵除法求解线性方程组得到拟合系数，并将以上两种方法的结果进行比较，这些内容由编制的程序 ex6_2_3. m 实现，程序如下。

```
%ex6_2_3.m  多项式拟合   %3) 多项式polyfit拟合、矩阵除法得到拟合系数
x=[19 25 31 38 44]; y=[19 32.3 49 73.3 98.8]; x0=[19:0.2:44];
%方法一：多项式polyfit拟合  y=a+b*x^2
ab1=polyfit(x.^2,y,1); y0p=polyval(ab1,x0.^2);
%方法二：矩阵除法求解线性方程组  y=a+b*x^2
x1=x.^2; x1=[ones(5,1),x1'];
ab=x1\y'; y0m=ab(1)+ab(2)*x0.^2;
%plot the results figure
clf; subplot(1,2,1); plot(x,y,'o'); hold on; plot(x0,y0p,'-r')
legend('已知数据点','polyfit拟合曲线','location','northwest')
text(15,10,['[b,a] = [',num2str(ab1,4),']'],'fontsize',13)
xlabel x; ylabel y; set(gca,'fontsize',15)
subplot(1,2,2); plot(x,y,'o'); hold on; plot(x0,y0m,'-r')
legend('已知数据点','mat拟合曲线','location','northwest')
text(15,10,['[a,b] = [',num2str(ab,4),']'],'fontsize',13)
xlabel x; ylabel y; set(gca,'fontsize',15)
```

在 Matlab 命令行窗口运行 ex6_2_3. m，得到结果图 6 - 10。可以看出，采用多项式拟合内置函数 polyfit 调用、矩阵除法求解线性方程组两种方法得到的拟合表达式的参数结果一致，即拟合参数 a 和 b 分别为 0.5937 和 0.05058。

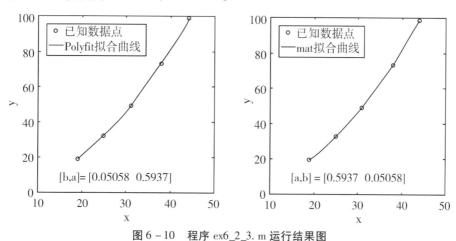

图 6 - 10　程序 ex6_2_3. m 运行结果图

（4）多项式拟合。基于表 6 - 7 的已知数据，调用非线性最小二乘拟合内置函数 nlinfit，求拟合模型 $y = a + bx^2$ 的参数 a 和 b，并给出它们的拟合均方差。

表 6 - 7　非线性最小二乘拟合数据

x	19	25	31	38	44
y	19.0	32.3	49.0	73.3	98.8

根据已知数据点和给出的拟合模型，调用内置函数 nlinfit 可得到拟合参数及其拟合误差，这些内容由编制的程序 ex6_2_4. m 实现，程序如下。

```
%ex6_2_4.m  多项式拟合   %4) 采用nlinfit非线性拟合得拟合系数及其误差
mod=@(ab,x) ab(1)+ab(2)*x.^2;
x=[19 25 31 38 44]; y=[19 32.3 49 73.3 98.8];
ab0=[0,0]; [abv,R,J,CovB]=nlinfit(x,y,mod,ab0); errabv=sqrt(diag(CovB));
xx=19:44; yy=mod(abv,xx);
%plot the results figure
clf;   plot(x,y,'o'); hold on; plot(xx,yy,'-r')
legend('实验点','y=a+bx^2','location','northwest')
```

```
text(30,20,['a = ' num2str(abv(1),4) '\pm' num2str(errabv(1),4)],'fontsize',13)
text(30,10,['b = ' num2str(abv(2),4) '\pm' num2str(errabv(2),4)],'fontsize',13)
xlabel x; ylabel y; set(gca,'fontsize',15)
```

在 Matlab 命令行窗口运行 ex6_2_4. m，得到结果图 6 – 11。可以看出，由非线性最小二乘拟合得到的参数 $a = 0.5937 \pm 0.2810$，$b = 0.05058 \pm 0.00023$。

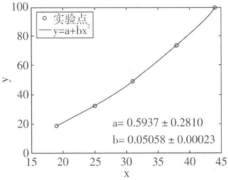

图 6 – 11　程序 ex6_2_4. m 运行结果图

例 6.3　傅里叶变换。

（1）傅里叶变换——给出时域高斯脉冲的频域波形。

```
% ex6_3_1.m Convert a Gaussian pulse from the time domain to the frequency domain
% compiled from Matlab help
% Define signal parameters and a Gaussian pulse, X.
Fs = 100; tmax=0.5;                    % Sampling frequency
t = -tmax:1/Fs:tmax;           % Time vector
L = length(t);                 % Signal length
X = 1/(4*sqrt(2*pi*0.01))*(exp(-t.^2/(2*0.01)));
% To use the fft function to convert the signal to the frequency domain
n = 2^nextpow2(L);Y = fft(X,n);
% Plot the pulse in the time domain.
subplot (1,2,1); plot(t,X,'linewidth',2)
title('Gaussian Pulse in Time Domain')
xlabel('Time (t)'); ylabel('X(t)');
set(gca,'xtick',-tmax:tmax/2:tmax,'fontsize',15)
% Define the frequency domain and plot the unique frequencies.
f = Fs*[-n/2+1:n/2]/n; P = abs(Y([n/2+2:n,1:n/2+1])/n); fmax=max(f);
subplot(1,2,2); plot(f,P,'linewidth',2)
title('Gaussian Pulse in Frequency Domain')
xlim([-fmax,fmax]); xlabel('Frequency (f)'); ylabel('|P(f)|');
set(gca,'xtick',-fmax:fmax/2:fmax,'fontsize',15)
```

在 Matlab 命令行窗口运行 ex6_3_1. m，得到结果图 6 – 12。

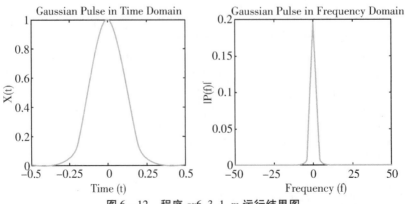

图 6 – 12　程序 ex6_3_1. m 运行结果图

（2）傅里叶变换——给出时域 sinc 函数 $\sin(x)/x$ 的频域波形。

```
% ex6_3_2.m Convert the sinc function from the time domain to the frequency domain
% Define signal parameters and the sinc function, X.
Fs = 2; tmax=10*pi;              % Sampling frequency
t = -tmax:1/Fs:tmax;            % Time vector
L = length(t);                   % Signal length
X = sin(t)./t;
% To use the fft function to convert the sinc function to the frequency domain
n = 2^nextpow2(L); Y = fft(X,n);
% Plot the pulse in the time domain.
subplot (1,2,1); plot(t,X,'linewidth',2)
title('Sinc function in Time Domain')
xlabel('Time (t)'); ylabel('X(t)'); set(gca,'fontsize',15)
% Define the frequency domain and plot the unique frequencies.
f = Fs*[-n/2+1:n/2]/n; P = abs(Y([n/2+2:n,1:n/2+1])/n); fmax=max(f);
subplot(1,2,2); plot(f,P,'linewidth',2)
title('Gaussian Pulse in Frequency Domain')
xlim([-fmax,fmax]); xlabel('Frequency (f)'); ylabel('|P(f)|');
set(gca,'xtick',-fmax:fmax/2:fmax,'fontsize',15)
```

在 Matlab 命令行窗口运行 ex6_3_2. m，得到结果图 6-13。

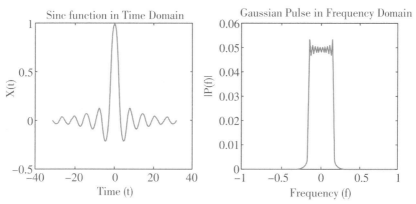

图 6-13　程序 ex6_3_2. m 运行结果图

（3）傅里叶变换——给出时域余弦波的频域波形。

```
%例6.3 Fourier变换  ex6_3_3.m ----3)Compare cosine-wave in the time domain and
% the frequency domain, compiled from Matlab help.
% Specify the parameters of a signal
Fs = 10; tmax=2*pi;       % Sampling frequency
t = -tmax:1/Fs:tmax;        % Time vector
L = length(t);              % Length of signal
x1 = cos(1*t); x2 = cos(5*t); X = [x1; x2];
% Define the new length using the nextpow2 function.
% Specify the dim argument to use fft along the rows of X
n = 2^nextpow2(L);    dim = 2;    Y = fft(X,n,dim);
% Calculate the double-sided spectrum of each signal.
f = Fs*[-n/2+1:n/2]/n; P = abs(Y(:,[n/2+2:n,1:n/2+1])/n); fmax=max(f);
% Plot each row of X & the amplitude spectrum for each row in a single figure.
for i = 1:2
    subplot(2,2,2*(i-1)+1); plot(t,X(i,:))
    title(['Row ',num2str(i),' in the Time Domain'])
    xlabel('Time (t)'); ylabel('X(t)'); set(gca,'fontsize',14)
    subplot(2,2,2*(i-1)+2); plot(f,P(i,:));xlim([-fmax,fmax]);
    title(['Row ',num2str(i), ' in the Frequency Domain'])
    xlabel('Frequency (f)'); ylabel('|P(f)|');
```

```
        set(gca,'xtick',-fmax:fmax/2:fmax,'fontsize',14)
end
```

在 Matlab 命令行窗口运行 ex6_3_3. m，得到结果图 6 – 14。

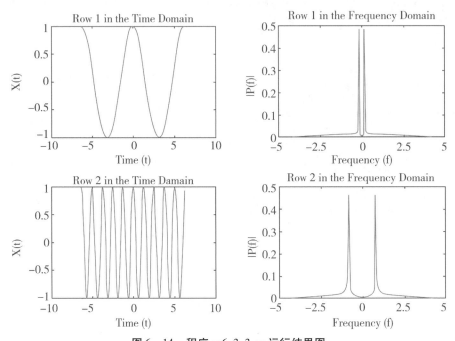

图 6 – 14　程序 ex6_3_3. m 运行结果图

（4）傅里叶变换——fft, conv 调用。已知记录 $\{x_n\} = [4\ 3\ 2\ 1\ 0\ 1\ 2\ 3]$，其对应记录 $\{y_n\} = [1\ 1\ 1\ 1\ 1\ 1\ 1\ 1]$，用 fft 算法求 $\{x_n\}$ 离散频谱 $\{C_k\}$，并进行以上记录的线性卷积运算，其中 $k = 0，1，\cdots，7$。

由 x_n 的个数确定 N，由 k 的取值确定 NN，将 y_n 的个数增加至 NN 个，记为 yy，其增加值取 0，离散频谱由 Matlab 内置函数快速傅里叶变换 fft 的调用得到 $C_k = \mathrm{fft}(x, NN) = fxk$，类似地 $fyk = \mathrm{fft}(x, NN)$，直接调用卷积的内置函数 $\mathrm{conv}(x, yy)$ 计算线性卷积，其值与 ifft $(fxk.\ ^*fyk)$ 相同，以子图的方式绘出相关图形结果。编制程序 ex6_3_4. m 如下。

```
%ex6_3_4.m   Fourier 变换——%4) fft, conv调用
x=[4 3 2 1 0 1 2 3];   y=[1 1 1 1 1 1 1 1]; N=length(x);   n=1:N; k=0:7;
%convolution calculation
NN=2*length(k); yy=[y,zeros(1,NN-N)]; xy=real(conv(x,yy)); xy=xy(:,1:NN);
fx=fft(x,NN); fy=fft(y,NN); yx=real(ifft(fx.*fy)); is=isequal(xy,yx)
%the calculation of{Ck}=fxk   & fyk
fk=-NN/2+1:NN/2;
fxk=real(fx([NN/2+2:NN,1:NN/2+1]));fyk=real(fy([NN/2+2:NN,1:NN/2+1]));
%plot the data x
subplot(2,3,1); plot(n,x,'-o','linewidth',2); legend('function x');
xlabel n; ylabel x; set(gca,'fontsize',15)
subplot(2,3,4) ; plot(fk,fxk,'-*','linewidth',2); legend('fft(x)');
xlabel k; ylabel Fx; set(gca,'fontsize',15)
%plot the data y
subplot(2,3,2); plot(n,y,'-o','linewidth',2); legend('function y');
xlabel n; ylabel y; set(gca,'fontsize',15)
subplot(2,3,5) ; plot(fk,fyk,'-*','linewidth',2); legend('fft(y)');
xlabel k; ylabel Fy; set(gca,'fontsize',15)
%plot the data xy
subplot(2,3,3); plot(1:NN,xy,'-o','linewidth',2); legend('conv(x,y)');
```

```
xlabel n; ylabel xy; set(gca,'fontsize',15)
subplot(2,3,6); plot(1:NN,yx,'-*','linewidth',2); legend('ifft(fx,fy)');
xlabel n; ylabel iFxy; set(gca,'fontsize',15)
```

在 Matlab 命令行窗口运行 ex6_3_4. m，得到如下结果和结果图 6 - 15。可以看出，逻辑量 is = 1，即已知离散量 x 和 y 的快速傅里叶变换的点乘结果的逆傅里叶变换与 x 和 y 的卷积结果一致，该结论从图 6 - 15 也可得到。

```
>> ex6_3_4
is =
  logical
   1
```

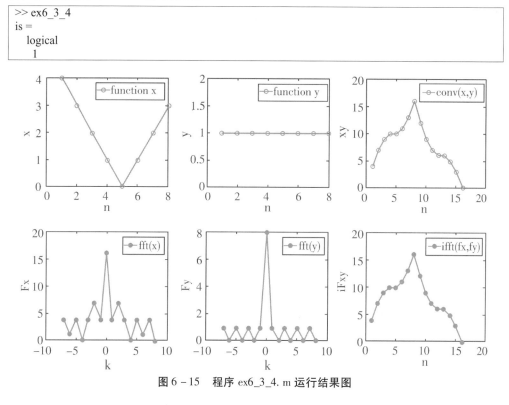

图 6 - 15　程序 ex6_3_4. m 运行结果图

6.2　积分与微分

6.2.1　积分

根据定积分的几何意义，函数 $f(x)$ 在区间 $[a,b]$ 上的定积分 $F = \int_a^b f(x)\,\mathrm{d}x$ 求值，是在直角坐标系中求函数曲线 $f(x)$ 与 x 轴所夹的面积。

1. 牛顿—柯特斯（Nowton - Cotes）系列数值求积公式

采用数值计算中的化整为零、以直代曲等技巧，将求积区域等间距划分，可得到牛顿—柯特斯系列求积公式。

（1）矩形求积公式。

①数值计算方法。

A. 用一串等间距的离散点 $x_0 (= a)$，x_1，x_2，$\cdots$，$x_n (= b)$，将区间 $[a,b]$ 分成 n 等份，每个小区间的长度为 $h = (b - a)/n$，如图 6 - 16 所示；

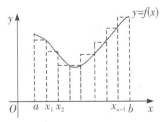

图 6 - 16 矩形求积示意图

B. 在任一小区间 $[x_{i-1}, x_i]$ 上任取一点，对应的函数值取为 $f(x_i)$，根据定积分几何意义，函数在该小区间上的积分可表示为：

$$S_i = h_i f(x_i), \quad h_i = x_i - x_{i-1}, \quad i = 1, 2, \cdots, n$$

C. 函数在 $[a, b]$ 上的积分为：

$$F = \int_a^b f(x) \, dx = \sum_{i=1}^n S_i = \sum_{i=1}^n h_i f(x_i) \tag{6-12}$$

②Matlab 程序实现。

A. 编制被积函数 y 的函数句柄或函数 M 文件；

B. 确定积分区间划分步长 h 及等距节点分布；

C. 调用函数 cumsum(y) 或 sum(y)，求矩形的面积和；

D. 显示数值求积结果。

（2）梯形求积公式。

①数值计算方法。

A. 用一串等间距离散点 $x_0(=a)$, x_1, x_2, $\cdots$, $x_n(=b)$，将区间 $[a,b]$ 分成 n 等份，每个小区间的长度为 $h = (b-a)/n$，如图 6 - 17 所示；

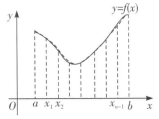

图 6 - 17 梯形求积示意图

B. 在这些离散点上的函数值设为 $f(x_0)$, $f(x_1)$, $f(x_2)$, $\cdots$, $f(x_n)$，根据定积分几何意义，函数在第 i 个小区间上的积分可表示为：

$$S_i = \frac{f(x_{i-1}) + f(x_i)}{2} \cdot \frac{b-a}{n}, \quad 其中, \quad i = 1, 2, \cdots, n$$

C. 函数在 $[a,b]$ 上的积分为：

$$F = \int_a^b f(x) \, dx = \sum_{i=1}^n S_i = \frac{h}{2} \left[f(a) + 2 \sum_{i=1}^{n-1} f(x_i) + f(b) \right] \tag{6-13}$$

②Matlab 程序实现。

A. 编制被积函数 y 的函数句柄或函数 M 文件；

B. 确定积分区间划分步长 h 及等距节点分布；

C. 调用函数 trapz(x, y) 求梯形面积和；

D. 显示数值求积结果。

（3）辛普森（Simpson）求积公式。

①数值计算方法。

A. 用一串等距离散点 $a = x_0 < x_1 < x_2 < \cdots < x_{2n-1} < x_{2n} = b$，将区间 $[a, b]$ 分成 $2n$ 个相等的小区间，每个小区间长度为 $h = (b-a)/2n$，如图 $6-18$ 所示：

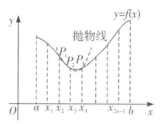

图 $6-18$　辛普森求积示意图

B. 设函数 $y = f(x)$ 在 $2n+1$ 个离散点上的值分别表示为 $f(x_0)$，$f(x_1)$，$f(x_2)$，$\cdots$，$f(x_{2n-2})$，$f(x_{2n-1})$，$f(x_{2n})$，在每两个相邻小区间内，过三个点作一对称轴与 Y 轴平行的抛物线，共有 n 条抛物线，相应地得到 n 个抛物线梯形；

C. 这 n 个抛物线梯形的面积之和，就是函数积分 $\int_a^b f(x)\,\mathrm{d}x$ 的近似值。

②计算一个抛物线梯形的面积。

设抛物线方程为 $y = Ax^2 + Bx + C$，如图 $6-19$ 所示。

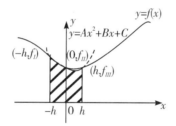

图 $6-19$　抛物线梯形面积求值示意图

此抛物线经过三点：$(-h, f_I)$，$(0, f_{II})$，(h, f_{III})，构成以下等式：

$$\begin{cases} f_I &= Ah^2 - Bh + C \\ f_{II} &= C \\ f_{III} &= Ah^2 + Bh + C \end{cases}$$

有：

$$\frac{1}{3}Ah^2 + C = \frac{1}{6}(f_I + 4f_{II} + f_{III})$$

该抛物线梯形的面积为：

$$S = \int_{-h}^{h} (Ax^2 + Bx + C)\,\mathrm{d}x = 2h\left(\frac{1}{3}Ah^2 + C\right) = \frac{h}{3}(f_I + 4f_{II} + f_{III})$$

③计算 n 个抛物线梯形的面积。

将区间 $[a, b]$ 分成 n 个求解区间（含两个小区间），它们分别为 $[x_0, x_2]$，$[x_2, x_4]$，$\cdots$，$[x_{2n-2}, x_{2n}]$，其内的抛物线梯形面积分别为：

$$S_1 = \int_{x_0}^{x_2} f(x)\,\mathrm{d}x = \frac{h}{3}[f(x_0) + 4f(x_1) + f(x_2)]$$

$$S_2 = \int_{x_2}^{x_4} f(x)\,\mathrm{d}x = \frac{h}{3}[f(x_2) + 4f(x_3) + f(x_4)]$$

$$\vdots$$

$$S_n = \int_{x_{2n-2}}^{x_{2n}} f(x)\,\mathrm{d}x = \frac{h}{3}[f(x_{2n-2}) + 4f(x_{2n-1}) + f(x_{2n})]$$

则此 n 个抛物线梯形的面积之和即为辛普森求积公式：

$$F = \int_a^b f(x)\,\mathrm{d}x = \frac{h}{3}\left[f(x_0) + f(x_{2n}) + 4\sum_{i=1}^{n} f(x_{2i-1}) + 2\sum_{i=1}^{n-1} f(x_{2i})\right] \qquad (6-14)$$

④Matlab 程序实现。

A. 编制被积函数 y 的函数句柄或函数 M 文件；

B. 调用内置函数 quad('fun', a, b, tol, trace) 或 integral('fun', a, b, 'Abstol', value) 获得数值求积；

C. 显示数值求积结果。

2．其他数值求积方法

（1）高斯（Gauss）求积公式。

①等间距划分求积区域的数值积分方法不能计算广义积分，广义积分可采用高斯求积公式，即不等距内插求积公式。

②Matlab 程序实现。

A. 编制被积函数 y 的函数句柄或函数 M 文件；

B. 调用自适应的高斯—克朗罗德（Gauss–Kronrod）数值求积内置函数 quadgk 求积分；

C. 显示数值求积结果。

（2）蒙特卡洛（Monte Carlo）方法数值求积。

①蒙特卡洛方法。

A. 蒙特卡洛方法的数学基础：概率论中的大数定律和中心极限定理。

B. 蒙特卡洛方法的基本原理：当所要求解的问题是某随机事件出现的概率，或者是某个随机变量的期望值时，可以通过数字模拟试验的方法，得到该事件出现的频率，或该随机变量抽样试验值的算术平均，并用它们作为问题解的近似值。

C. 蒙特卡洛方法解题的主要步骤：构造或描述概率过程；从已知概率实现分布抽样；建立各估计量的关系式。

②Matlab 程序实现。

A. 构造与随机过程相关的函数关系式 fun，编制蒙特卡洛模拟程序；

B. 运行蒙特卡洛程序，得到积分近似值；

C. 显示数值求积结果。

（3）多重数值积分。

①Matlab 提供了多重积分内置函数：二重积分内置函数 integral2、dblquad、quad2d；三重积分内置函数 integral3、triplequad。

②Matlab 程序实现。

A. 编制被积函数 y 的函数句柄或函数 M 文件；

B. 调用多重积分内置函数求得数值积分；

C. 显示数值求积结果。

（4）符号积分。

①当被积函数积分有解析式时，可调用符号积分内置函数 int(S, v, a, b) 求积分 $\int_a^b S\,\mathrm{d}v$ 的值。

②Matlab 程序实现。

A. 设置被积函数 S 的符号表达式；

B. 调用符号积分内置函数 int 求积分；

C. 显示符号求积结果，也可转为浮点数显示。

例6.4　数值积分。

（1）数值积分。采用牛顿—柯特斯系列求积公式，求积分 $\int_0^{3\pi} \mathrm{e}^{-0.5t}\sin(t+\pi/6)\,\mathrm{d}t$ 的近似值。

分别采用牛顿—柯特斯系列求积公式：矩形公式、梯形公式、辛普森公式以及自适应求积内置函数 integral 调用给出数值积分值，并列表比较结果。编制的 Matlab 程序 ex6_4_1. m 如下。

```
%ex6_4_1.m  Newton-Cotes 数值积分
y=@(t) exp(-0.5.*t).*sin(t+pi/6);
d=pi/1000; t=0:d:3*pi; nt=length(t); y0=y(t);
%-------------
% 1) 矩形求积  rectangle formula
sc=cumsum(y0)*d;    y1=sc(nt)-sc(1); %or using cumsum
y1t=(sum(y0)-y0(1))*d;              %or using sum
y1y1t=[y1,y1t];                   % results
%-------------
% 2) 梯形求积  trapezoid formula
y2=trapz(t,y0); %y2=trapz(y0)*d;              %or
y2t=(y0(1)+y0(nt))*d/2+sum(y0(2:1:nt-1))*d; %or using sum formula
y2y2t=[y2,y2t];                        % results
%-------------
% 3) Simpson求积  Simpson formula
y3=quad(y,0,3*pi);    y3t=quad(y,0,3*pi,1e-10);
y3y3t=[y3,y3t];                       % results
%-------------
% 4) global adaptive method
y4=integral(y,0,3*pi); y4t=integral(y,0,3*pi,'AbsTol',1e-10);
y4y4t=[y4,y4t];
%-------------
% to compare the rectangle, trapespod, Simpson, and integral results
format long
Rnames={'rectangle';'trapespod';'Simpson';'integral'};
resint=[y1y1t;y2y2t;y3y3t;y4y4t]; resint1=resint(:,1); resint2=resint(:,2);
Tablelist=table(resint1,resint2,'Rownames',Rnames)
```

在 Matlab 命令行窗口运行 ex6_4_1. m，得到结果如下。可以看出，矩形求积的两种程序编制得到的结果一致，梯形求积的两种程序编制得到的结果也一致。辛普森求积内置函数调用时设置误差为 1×10^{-10} 的结果与默认误差的结果在小数点后第 7 位数字以后不同，内置函数 integral 调用时设置误差为 1×10^{-10} 的结果与默认误差的结果一致，因此辛普森积分结果更接近 integral 的结果。

```
>> ex6_4_1
Tablelist =
```

	resint1	resint2
rectangle	0.900047822983218	0.900047822983218
trapespod	0.900840276606885	0.900840276606885
Simpson	0.900840811006463	0.900840787826926
integral	0.900840787818886	0.900840787818886

（2）数值积分。采用 Gauss 积分内置函数，求 $\int_0^\infty x^5 \exp(-x)\sin(x)\,\mathrm{d}x$ 的近似值。

调用高斯积分内置函数 quadgk 求广义积分的数值结果，编制 Matlab 程序 ex6_4_2. m 如下。

```
%ex6_4_2.m  Gauss 数值积分
f = @(x) x.^5.*exp(-x).*sin(x);
%-----------
% 1) adaptive Gauss-Kronrod quadrature
[Gg,errbnd]=quadgk(f,0,inf,'RelTol',1e-8,'AbsTol',1e-12)
%-----------
% 2) global adaptive quadrature and default error tolerances
Gi=integral(f,0,inf,'RelTol',1e-8,'AbsTol',1e-12)
%-----------
```

在 Matlab 命令行窗口运行 ex6_4_2.m，得到如下结果。可以看出，高斯积分结果与自适应积分结果一致。

```
>> ex6_4_2
Gg = -14.999999999998360
errbnd =       9.438575934506708e-09
Gi = -14.999999999998360
```

（3）数值积分。采用蒙特卡洛方法进行积分，求半径 R 为 $\sqrt{3}$ 的半球体积近似值。

①构造与随机过程相关的函数关系式：$f(x,y,z) = x^2 + y^2 + z^2 - R^2$。

②取 $x = 2R \cdot rand - R$，$y = 2R \cdot rand - R$，$z = 2R \cdot rand - R$，$rand$ 为 $[0,1]$ 的随机数。

③随机抽样，计算 $f(x,y,z) \leq 0$ 出现的频次 n_0，当抽样次数 n 足够大时，得到半径为 R 的球体体积 $(2R)^3 \cdot n_0/n$，进而得到半球体积。

④计算流程如图 6 - 20 所示：

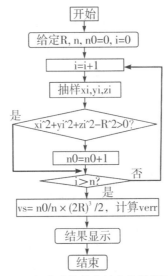

图 6 - 20　积分求值的蒙特卡洛计算流程图

⑤根据图 6 - 20，编制 Matlab 程序 ex6_4_3.m 如下。

```
%ex6_4_3.m 通过MC方法积分求半径R为sqrt(3)的半球体积
R=sqrt(3); fc=@(x,y,z) x.^2+y.^2+z.^2-R.^2;
n0=0; n=50000;
for i=1:n
    rn=rand(1,3); xyz=2*R*rn-R;
    fv=fc(xyz(1),xyz(2),xyz(3));
    if fv<=0; n0=n0+1; end
end
vs=1/2*n0/n*(2*R)^3; vv=2/3*pi*R^3; verr=norm(vs-vv,1);
vt=table(n,vs,vv,verr)    % vt=[n,vmc,vv,verr]
% draw the half-sphere
[x,y,z]=sphere; x=x*R;y=y*R;z=z*R;          % 半径=1转为 R
[m,n]=size(z); z(1:fix(m/2),:)=0; surf(x,y,z);   % 半球
xlabel x; ylabel y;zlabel z; set(gca,'fontsize',15)
```

在 Matlab 命令行窗口运行 ex6_3_4.m，得到如下结果和结果图 6 - 21。可以看出，当 $n = 50000$ 时，蒙特卡洛积分结果 vs 与球体积公式计算结果 vv 的误差在第 4 位有效数字上，当 $n = 500000$ 时，vs 与 vv 的误差在第 5 位有效数字上，即蒙特卡洛计算的精度与模拟计算的次数直接相关。

```
>> ex6_4_3
vt =
```

n	vs	vv	verr
50000	10.8212991894319	10.8827961854053	0.061496995973382

```
>> ex6_4_3
vt =
```

n	vs	vv	verr
500000	10.8906782165799	10.8827961854053	0.00788203117459751

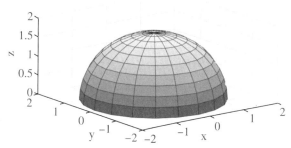

图 6-21　程序 ex6_4_3.m 运行结果图

（4）数值积分。多重积分计算，求以下定积分的值。

$$S_1 = \int_{-1}^{1} \int_{-1}^{1} (x^2 + y^2 - 1 < 0) \mathrm{d}x\mathrm{d}y$$

$$S_2 = \int_{0}^{1} \int_{0}^{1-x} \left[(x+y)^{1/2} (1+x+y)^2 \right]^{-1} \mathrm{d}y\mathrm{d}x$$

$$S_3 = \int_{-1}^{1} \int_{0}^{1} \int_{0}^{\pi} \left[y\sin(x) + z\cos(x) \right] \mathrm{d}x\mathrm{d}y\mathrm{d}z$$

调用辛普森积分和自适应积分内置函数，求 $S1$、$S2$ 和 $S3$ 多重积分的数值结果，编制的 Matlab 程序 ex6_4_4.m 如下。

```
%ex6_4_4.m 多重数值积分
%--------------
f1=@(x,y) x.^2+y.^2-1<0;
f2=@(x,y) 1./(sqrt(x+y).*(1+x+y).^2);
f3=@(x,y,z) y.*sin(x)+z.*cos(x);
%--------------
%f1二重数值积分
Q1d=dblquad(f1,-1,1,-1,1);
Q1q=quad2d(f1,-1,1,-1,1,'AbsTol',1e-14);
S1=[Q1d;Q1q];
%--------------
%f2二重数值积分
ymax=@(x) 1-x;
Q2q=quad2d(f2,0,1,0,ymax);
Q2i=integral2(f2,0,1,0,ymax,'AbsTol',1e-14);
S2=[Q2q;Q2i];
%--------------
%f3三重数值积分
Q3i=triplequad(f3,0,pi,0,1,-1,1);
Q3t=integral3(f3,0,pi,0,1,-1,1);
S3=[Q3i;Q3t];
%--------------
methods={'quad','integral'};
format long; St=table(S1,S2,S3,'Rownames',methods)
```

在 Matlab 命令行窗口运行 ex6_4_4. m，得到如下结果。

```
>> ex6_4_4
St =
                 S1                  S2                   S3
    quad    3.1415764503876    0.285398259384449    1.99999999436264
    integral 3.14155148081262   0.285398175390866            2
```

（5）数值积分。符号积分：采用符号积分计算 $S = \int_1^5 \left(\ln\left(\frac{5}{x} \right) \right)^{1/2} \mathrm{d}x$ 的值，并与调用数值

积分内置函数 quad、integral 的结果进行比较。

先采用符号积分求值，再与调用辛普森积分的内置函数 quad 和自适应积分内置函数 integral 得到的数值结果进行比较，编制的 Matlab 程序 ex6_4_5. m 如下。

```
%ex6_4_5.m 符号积分、并与数值积分结果比较
%----------符号积分
syms xs; fs=(log(5/xs))^(1/2);
fsv=double(int(fs,1,5));
%----------数值积分
fx=@(x) (log(5./x)).^(1/2);
fxq=quad(fx,1,5);           %Simpson quandrature
fxi=integral(fx,1,5);      %global adaptive quandrature
%----------符号积分与数值积分比较
S=[fsv;fxq;fxi];   %vpa(S,8)
methods={'symint','quad','integral'};
St=table(S,'Rownames',methods)
```

在 Matlab 命令行窗口运行 ex6_4_5. m，得到如下结果。可以看出，符号积分结果 symint 与 integral 积分结果一致，辛普森积分 quad 的结果与符号积分值在第 6 位有效数字上存在误差。

```
>> ex6_4_5
St =
                    S
    symint     2.83994011761231
    quad       2.83993682028464
    integral   2.83994011761231
```

6.2.2 微分

1. 数值微分公式

（1）两点公式。

根据两点 $(x_0, f(x_0))$ 和 $(x_1, f(x_1))$ 的线性插值公式，导出一阶数值微分公式如下：

线性插值公式：

$$f(x) = P_1(x) + R_1(x)$$

$$P_1(x) = \frac{x - x_1}{x_0 - x_1} f(x_0) + \frac{x - x_0}{x_1 - x_0} f(x_1), R_1(x) = \frac{1}{2!} f''(\xi)(x - x_0)(x - x_1)$$

一阶导数：

$$P_1'(x) = \frac{f(x_1) - f(x_0)}{x_1 - x_0}, \quad R_1'(x) = \frac{2x - x_0 - x_1}{2} f''(\xi) + \frac{(x - x_0)(x - x_1)}{2} \cdot \frac{\mathrm{d}}{\mathrm{d}x}[f''(\xi)]$$

当两点充分接近时，可得一阶数值微分公式：

$$f'(x) = \frac{f(x_1) - f(x_0)}{x_1 - x_0} \tag{6-15}$$

其截断误差为 $\varepsilon \leqslant \dfrac{x_1 - x_0}{2} \max\limits_{x_0 \leqslant x \leqslant x_1} |f''(x)|$

（2）三点公式。

根据三点 $(x_0, f(x_0))$，$(x_1, f(x_1))$ 和 $(x_2, f(x_2))$ 的拉格朗日插值公式，导出二阶数值微分公式如下：

函数的三点拉格朗日插值表达式：

$$f(x) = P_2(x) + R_2(x)$$

$$P_2(x) = \frac{(x - x_1)(x - x_2)}{(x_0 - x_1)(x_0 - x_2)} f(x_0) + \frac{(x - x_0)(x - x_2)}{(x_1 - x_0)(x_1 - x_2)} f(x_1) + \frac{(x - x_0)(x - x_1)}{(x_2 - x_0)(x_2 - x_1)} f(x_2)$$

$$R_2(x) = \frac{1}{3!} f'''(\xi)(x - x_0)(x - x_1)(x - x_2)$$

一阶导数：

$$f'(x) = P_2'(x) + R_2'(x)$$

$$P_2'(x) = \frac{2x - x_1 - x_2}{(x_0 - x_1)(x_0 - x_2)} f(x_0) + \frac{2x - x_0 - x_2}{(x_1 - x_0)(x_1 - x_2)} f(x_1) + \frac{2x - x_0 - x_1}{(x_2 - x_0)(x_2 - x_1)} f(x_2)$$

$$R_2'(x) = \frac{f'''(\xi)}{3!} [(x - x_0)(x - x_1) + (x - x_0)(x - x_2) + (x - x_1)(x - x_2)]$$

$$+ \frac{1}{3!}(x - x_0)(x - x_1)(x - x_2) \frac{\mathrm{d}}{\mathrm{d}x}[f'''(x)]$$

二阶导数：

$$f''(x) = P_2''(x) + R_2''(x)$$

在 x_0，x_1，x_2 点上二阶导数分别为：

$$f''(x_0) = \frac{1}{h^2}[f(x_0) - 2f(x_1) + f(x_2)] + \left[-hf'''(\xi_1) + \frac{h^2}{6} f^{(4)}(\xi_2)\right]$$

$$f''(x_1) = \frac{1}{h^2}[f(x_0) - 2f(x_1) + f(x_2)] + \frac{-h^2}{12} f^{(4)}(\xi)$$

$$f''(x_2) = \frac{1}{h^2}[f(x_0) - 2f(x_1) + f(x_2)] + \left[hf'''(\xi_1) - \frac{h^2}{6} f^{(4)}(\xi_2)\right]$$

当三点充分接近时，可得二阶数值微分公式：

$$f''(x) = \frac{1}{h^2}[f(x_0) - 2f(x_1) + f(x_2)] \tag{6-16}$$

（3）Matlab 程序实现。

①根据式（6-15）、（6-16），编制程序计算 $f(x)$ 的一阶、二阶数值微分；

②调用内置函数 diff(f)、diff(f, n) 可得函数 $f(x)$ 的一阶、n 阶数值微分；

③调用内置函数 gradient，得到多元函数 $F(x, y, z)$ 的梯度数值矩阵，即 $[fx, fy, fz]$ = gradient(F, hx, hy, hz)。

2. 符号微分

运用 Matlab 符号运算功能，实现符号微分计算。

（1）调用内置函数 diff，可得符号 S 的微分：diff(S)，diff($S, 'v', n$)。

（2）调用内置函数 jacobian，可得多元符号函数 F 对其多元变量偏导构成的 jacobian 符号矩阵。

例 6.5　微分。

（1）微分。数值微分：通过数值微分公式（6-15）、（6-16）和内置函数 diff 调用，求 $f(x) = \sin(x)$ 的一阶、二阶导数，并给出结果图示。

设自变量 x 在 $[-\pi, \pi]$ 区域，等距节点 x 点的间距为 h，通过数值微分公式（6-15）、（6-16）和 diff 内置函数调用，得到 $f(x) = \sin(x)$ 的一阶、二阶导数，编制 Matlab 程序 ex6_5_1. m 如下。

```
%ex6_5_1.m 数值微分 From Matlab help
h = 0.001;   x = -pi:h:pi;   f = sin(x);   n=length(x);        % range
%formula (6.15) & (6.16)
yf1=(f(2:n)-f(1:n-1))/h;                        % first derivative
zf2=(f(1:end-2)-2*f(2:end-1)+f(3:end))/h/h;      % second derivative
%calculation by diff
y = diff(f)/h;   z = diff(y)/h;      % first, second derivative
subplot(1,2,1); plot(x,f,'--b',x(2:n),yf1,':r', x(3:n),zf2,'-.k','linewidth',2)
leg={'f(x)=sin(x)','df(x)/h','d(df(x)/h)/h'};
legend(leg,'fontsize',13,'location','northeast')
title('formula calculation')
xlabel x; ylabel F(x); set(gca,'xlim',[-4,6],'fontsize',15)
subplot(1,2,2); plot(x,f,'--b',x(2:n),y,':r', x(3:n),z,'-.k','linewidth',2)
leg={'f(x)=sin(x)','df(x)/h','d(df(x)/h)/h'};
legend(leg,'fontsize',13,'location','northeast')
title('call diff calculation')
xlabel x; ylabel F(x); set(gca,'xlim',[-4,6],'fontsize',15)
```

在 Matlab 命令行窗口运行 ex6_5_1. m，得到结果图 6-22。可以看出，通过数值微分公式（6-15）、（6-16）和 diff 内置函数调用得到的 $f(x) = \sin(x)$ 的一阶、二阶导数一致。

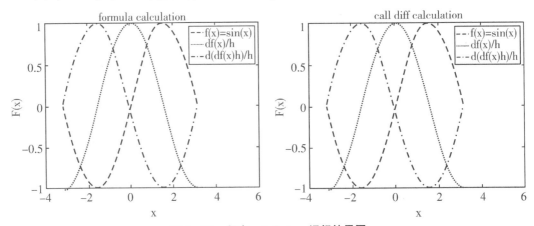

图 6-22　程序 ex6_5_1. m 运行结果图

（2）微分。数值微分：通过数值微分的 Matlab 内置梯度函数 gradient 调用，求 $F(x,y) = x^2 + \sin(y)$ 在 $[-2,2]$ 区域内的 x 和 y 间隔为 0.2 的梯度值，并给出结果图示。

设变量 x 和 y 为在 $[-2,2]$ 区域内的等距节点，间距均为 0.2，通过调用数值微分梯度函数 gradient，得到 $F(x,y) = x^2 + \sin(y)$ 的梯度值，编制程序 ex6_5_2. m 如下。

```
%ex6_5_2.m 数值微分_梯度函数gradient
h=0.2; v = -2:h:2; [x,y]=meshgrid(v);
F=x.^2+sin(y); [px,py]=gradient(F,h,h);
%plot the 2D gradient
for i=1:2
    subplot(1,2,i);
    switch i
        case 1; quiver(x,y,px,py); hold on; contour(v,v,F)
        case 2; quiver(x,y,px,py); hold on; contourf(v,v,F)
    end
    xlabel x; ylabel y; set(gca,'fontsize',15)
end
```

在 Matlab 命令行窗口运行 ex6_5_2. m，得到如下显示 $F(x,y)$ 梯度的结果图 6 - 23。

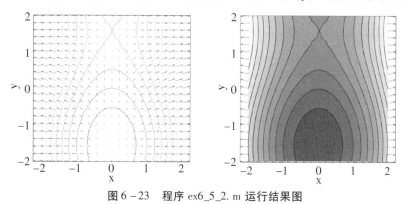

图 6 - 23　程序 ex6_5_2. m 运行结果图

（3）微分。符号微分：通过调用符号微分内置函数 diff，计算 $f(x)=\sin(x)$ 的一阶、二阶导数，并给出结果图示。

设自变量 x 为符号，其取值范围在区域 $[-\pi,\pi]$，通过调用符号微分内置函数 diff，得到 $f(x)=\sin(x)$ 的一阶、二阶导数，编制程序 ex6_5_3. m 如下。

```
%ex6_5_3.m 符号微分
syms x; f = sin(x);
y = diff(f);      % first derivative
z = diff(y);      % second derivative
%plot the 2D graph
fplot(f,[-pi,pi],'--b','linewidth',2);hold on;
fplot(y,[-pi,pi],':r','linewidth',2);
fplot(z,[-pi,pi],'-.k','linewidth',2)
title('symbolic function calculation')
leg={'f(x)=sin(x)','df(x)/dx','d^2f(x)/dx^2'};
legend(leg,'fontsize',13,'location','northeast')
xlabel x; ylabel F(x); set(gca,'xlim',[-4,6],'fontsize',15)
```

在 Matlab 命令行窗口运行 ex6_5_3. m，得到结果图 6 - 24，可以看出，其结果与图 6 - 22 的数值微分计算公式和内置函数 diff 调用得到的结果一致。

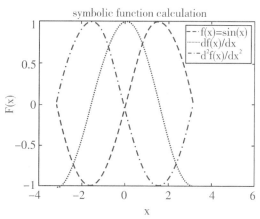

图 6 - 24　程序 ex6_5_3. m 运行结果图

（4）微分。多元函数的符号微分：已知二元函数 $F = [3x-\cos(xy)-0.5,\ x^2+\sin(y)]$，调用多元函数微分的内置函数 jacobian，求该函数 F 的微分矩阵 $\mathrm{d}Fxy = \mathrm{jacobian}(F,[x,y])$。

设自变量 x 和 y 为符号，通过多元函数导数内置函数 jacobian 的调用，得到多元函数 F 对 x 和 y 的偏导数矩阵，编制 Matlab 程序 ex6_5_4. m 如下。

```
%ex6_5_4.m 多元函数符号微分内置函数jacobian
syms x y;
F=[3*x-cos(x*y)-0.5,x^2+sin(y)];
dFxy=jacobian(F,[x,y])
```

在 Matlab 命令行窗口运行 ex6_5_4. m，得到如下结果。

```
>> ex6_5_4
dFxy =
[ y*sin(x*y) + 3, x*sin(x*y)]
[            2*x,     cos(y)]
```

6.3　方程（组）求解

6.3.1　线性方程（组）

一般的 n 阶线性方程组可表示为：

$$\begin{cases} a_{11}x_1 + a_{12}x_2 + a_{13}x_3 + \cdots + a_{1n}x_n = b_1 \\ a_{21}x_1 + a_{22}x_2 + a_{23}x_3 + \cdots + a_{2n}x_n = b_2 \\ \qquad\qquad\qquad\qquad\vdots \\ a_{n1}x_1 + a_{n2}x_2 + a_{n3}x_3 + \cdots + a_{nn}x_n = b_n \end{cases}$$

$$\Rightarrow \sum_{j=1}^{n} a_{ij}x_j = b_i,\ i = 1, 2, \cdots, n \tag{6-17}$$

其矩阵的形式：

$$Ax = b \tag{6-18}$$

其中：$A = \begin{bmatrix} a_{11} & a_{12} & \cdots & a_{1n} \\ a_{21} & a_{22} & \cdots & a_{2n} \\ \vdots & \vdots & & \vdots \\ a_{n1} & a_{n2} & \cdots & a_{nn} \end{bmatrix}$, $b = \begin{bmatrix} b_1 \\ b_2 \\ \vdots \\ b_n \end{bmatrix}$

本节介绍线性方程组求解的直接法、迭代法、Matlab 中的符号解法以及采用稀疏系数矩阵除法的解法。

1. 直接法

直接法是低阶稠密线性方程组求解的有效方法。

（1）数值方法：通过矩阵的变形直接得到方程组的解，在 Matlab 中由矩阵除法实现。

（2）Matlab 程序实现。

①在 Matlab 中写出方程组的系数矩阵 A 和常数项向量 b；

②由矩阵除法（右除"/"或左除"\"）直接求解；也可调用内置函数 mrdivide 或 mldivide 直接求解。

2. 迭代法

迭代法用某种极限过程逐渐逼近方程组的精确解。此方法是大型稀疏线性方程组求解的重要方法。

（1）数值方法：通过给定初值，将线性方程组的求解归结为重复计算一组彼此独立的线性方程式（迭代式），当迭代过程中的重复计算收敛条件满足时，退出迭代，可得到满足给定误差要求的数值解。

（2）迭代式：从线性方程组的矩阵方程 $Ax = b \rightarrow (-L + D - U)x = b$ 出发，构造不同的迭代式，其中，矩阵 D 是系数矩阵 A 主对角线上元素的矩阵，矩阵 $-L$ 和 $-U$ 分别是系数矩阵 A 下对角和上对角元素的矩阵。

①雅可比（Jacobi）迭代式：

$$Ax = b \rightarrow (D - L - U)x = b \rightarrow Dx = (L + U)x + b$$

$$\Rightarrow x^{(k+1)} = D^{-1}(L + U)x^{(k)} + D^{-1}b , k = 0, 1, 2, \cdots \qquad (6-19)$$

②高斯—塞德尔 ［Gauss–Seidel（G–S）］迭代式：

$$Ax = b \rightarrow (D - L - U)x = b \rightarrow (D - L)x = Ux + b$$

$$\Rightarrow x^{(k+1)} = (D - L)^{-1}Ux^{(k)} + (D - L)^{-1}b , k = 0, 1, 2, \cdots \qquad (6-20)$$

③逐次超松弛（SOR）迭代式：

$$Ax = b \rightarrow w(D - L - U)x + Dx = Dx + wb$$

$$\rightarrow (D - wL)x = [(1 - w)D + wU]x + wb$$

$$\Rightarrow x^{(k+1)} = (D - wL)^{-1}[(1 - w)D + wU]x^{(k)} + w(D - wL)^{-1}b$$

$$k = 0, 1, 2, \cdots，最佳估计值 w \in [1, 2] \qquad (6-21)$$

④两步迭代法的迭代式：

$$Ax = b \rightarrow (D - L - U)x = b \rightarrow (D - L)x = Ux + b$$

$$或 \rightarrow (D - U)x = Lx + b$$

$$\Rightarrow x^{(k+1/2)} = (D - L)^{-1}Ux^{(k)} + (D - L)^{-1}b , k = 0, 1, 2, \cdots$$

$$x^{(k+1)} = (D - U)^{-1}Lx^{(k+1/2)} + (D - U)^{-1}b \qquad (6-22)$$

（3）迭代法计算流程：不同迭代式求解线性方程组的计算流程相似，计算流程如图 6–25 所示：

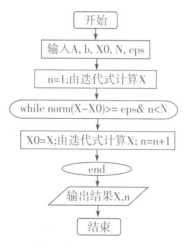

图 6–25　迭代法求解线性方程组的计算流程图

（4）Matlab 程序实现：根据迭代法求解线性方程组的计算流程图，编制计算程序。

①在 Matlab 中写出线性方程组的系数矩阵 A 和常数项向量 b；

②由 A 抽取元素获得 L、D、U，代入选用的迭代式迭代计算；

③当迭代计算前后结果差满足给定误差要求或达到最大迭代次数限定时，退出迭代计算；

④获得线性方程组迭代计算的数值解，同时给出迭代次数。

3. 稀疏系数矩阵除法

不存储线性方程组系数中的零元素，构造稀疏系数矩阵，再利用矩阵除法直接求解。

（1）稀疏矩阵的创建。

①调用稀疏矩阵函数 sparse (i, j, s, m, n)；

②调用对角带函数 spdiags (B, d, m, n)；

③特殊稀疏矩阵：稀疏单位阵 speye、稀疏均匀分布随机阵 sprand、稀疏正态分布随机阵

sprandn。

（2）稀疏矩阵的运算。

①调用内置函数 full(A) 将稀疏矩阵 A 转为满矩阵；

②调用内置函数 spy 实现稀疏矩阵图示。

（3）稀疏系数矩阵除法求解线性方程组。

①创建稀疏系数矩阵 A 和常数项向量 b；

②用矩阵除法直接求解。

4．调用内置函数解法

利用 Matlab 的线性方程组求解的内置函数获得解。

（1）调用 linsolve 代入系数矩阵和常数项的符号形式求解；

（2）调用 solve 代入线性方程组的符号表达式求解；

（3）调用 vpasolve 代入线性方程组的符号表达求解。

例 6.6 线性方程组求解。

（1）线性方程组求解。直接法：求解下列线性方程组。

$$\begin{cases} 0.4096x_1 + 0.1234x_2 + 0.3678x_3 + 0.2943x_4 = 0.4043 \\ 0.2246x_1 + 0.3872x_2 + 0.4015x_3 + 0.1129x_4 = 0.1550 \\ 0.3645x_1 + 0.1920x_2 + 0.3781x_3 + 0.0643x_4 = 0.4240 \\ 0.1784x_1 + 0.4002x_2 + 0.2786x_3 + 0.3927x_4 = -0.2557 \end{cases}$$

构建四阶线性方程组的系数矩阵 A、常数项向量 b，用矩阵除法直接求解，编制程序 ex6_6_1.m 如下。

```
%ex6_6_1.m 矩阵除法求解线性方程组
A=[0.4096,0.1234,0.3678,0.2943;    0.2246,0.3872,0.4015,0.1129
   0.3645,0.1920,0.3781,0.0643;    0.1784,0.4002,0.2786,0.3927];
b=[0.4043,0.1550,0.4240,-0.2557]';
x1=A\b;   x2=mldivide(A,b);   %[x1,x2]
xtable=table(x1,x2)
```

在 Matlab 命令行窗口运行 ex6_6_1.m，得到如下结果。

```
>> ex6_6_1
xtable =
       x1          x2
     _____    _____

     -0.18192    -0.18192
     -1.663      -1.663
     2.2172      2.2172
     -0.4467     -0.4467
```

（2）线性方程组求解。迭代法：采用迭代法求解下列线性方程组，设初值均为 0，计算误差为 1×10^{-6}。

$$\begin{cases} 10x_1 - x_2 = 9 \\ -x_1 + 10x_2 - 2x_3 = 7 \\ -2x_2 + 10x_3 = 6 \end{cases}$$

构建三阶线性方程组的系数矩阵 A、常数项向量 b，迭代求解线性方程组，分别根据雅可比迭代、高斯—塞德尔迭代、逐次超松弛迭代以及二步法迭代的迭代式，基于迭代法的计算流程图 6 - 25，编制计算程序 ex6_6_2.m 如下。

```
%ex6_6_2.m 迭代法求解线性方程组
%      10*x1-x2=9;  %    -x1+10*x2-2*x3=7;   %    -2*x2+10*x3=6
```

```
A=[10,-1,0;-1,10,-2;0,-2,10]; b=[9,7,6]'; w=1.1; N=100; eps=1.0e-6;
D=diag(diag(A)); U=-triu(A,1); L=-tril(A,-1); X=zeros(length(b)+1,3);
for i=1:3        %three methods
    switch i
        case 1; B=D\(L+U); f=D\b;             % Jacobi
        case 2; B=(D-L)\U; f=(D-L)\b;         % Gauss-Seidel
        case 3; B=(D-w*L)\((1-w)*D+w*U); f=(D-w*L)\b*w; % SOR
    end
    x0=[0;0;0]; y=B*x0+f; n=1;
    while norm(y-x0)>=eps && n < N
        x0=y; y=B*x0+f; n=n+1;
    end
    X(:,i)=[y;n];
end
xjacobi=X(:,1); xseidel=X(:,2); xsor=X(:,3);
% 2step method
G1=(D-L)\U; f1=(D-L)\b; G2=(D-U)\L; f2=(D-U)\b;
x0=[0;0;0]; y=G1*x0+f1; y=G2*y+f2; n=1;
while norm(y-x0)>=eps && n < N
    x0=y; y=G1*x0+f1; y=G2*y+f2; n=n+1;
end
x2step=[y;n];
xtable=table(xjacobi,xseidel,xsor,x2step,'Rownames',{'x1','x2','x3','n'})
```

运行 ex6_6_2.m 得到如下结果。可以看出。在相同的计算误差要求下，不同迭代式得到了相同的数值解，但迭代次数不同，二步迭代法的迭代次数最少。

```
>> ex6_6_2
xtable =

          xjacobi      xseidel      xsor       x2step
         _____     _____    _____    _____

    x1    0.99579      0.99579     0.99579     0.99579
    x2    0.95789      0.95789     0.95789     0.95789
    x3    0.79158      0.79158     0.79158     0.79158
    n      11            7           8           6
```

（3）线性方程组求解。符号解法：采用符号运算求解下列线性方程组。

$$\begin{cases} 10x_1 - x_2 = 9 \\ -x_1 + 10x_2 - 2x_3 = 7 \\ -2x_2 + 10x_3 = 6 \end{cases}$$

根据待求解的线性方程组构建符号表达式、符号系数矩阵 A、常数项向量 b，分别调用内置函数 solve、linesolve 以及符号矩阵除法，求解线性方程组，编制 Matlab 程序 ex6_6_3.m 如下。

```
%ex6_6_3.m 符号求解线性方程组
%        10*x1-x2=9;  %     -x1+10*x2-2*x3=7;  %     -2*x2+10*x3=6
syms x1 x2 x3; f1=10*x1-x2; f2=-x1+10*x2-2*x3; f3=-2*x2+10*x3;
[x1,x2,x3]=solve(f1==9,f2==7,f3==6);    % 1) using solve function
X1=[x1;x2;x3];
A=sym([10,-1,0;-1,10,-2;0,-2,10]); b=sym([9;7;6]);
X2=linsolve(A ,b);                      %2) using linsolve function
X3=A\b;                                 %3)using matrix division
results_3= [X1,X2,X3]                    %results by three methods
```

运行 ex6_6_3.m 得到如下结果，可以看出，线性方程组的三种符号解法得到的结果一致。

```
>> ex6_6_3
results_3 =
[ 473/475, 473/475, 473/475]
[  91/95,   91/95,   91/95]
[ 376/475, 376/475, 376/475]
```

（4）线性方程组求解。稀疏矩阵除法求解：采用稀疏矩阵除法求解下列线性方程组，取 $n=10$，并与满系数矩阵的求解结果进行比较。

$$\begin{pmatrix} 4 & 1 & & \\ 1 & 4 & \ddots & \\ & \ddots & \ddots & 1 \\ & & 1 & 4 \end{pmatrix}_{n \times n} \begin{pmatrix} x_1 \\ x_2 \\ \vdots \\ x_n \end{pmatrix} = \begin{pmatrix} 1 \\ 1 \\ \vdots \\ 1 \end{pmatrix}$$

根据待求解的线性方程组构建稀疏系数矩阵 A 及其满矩阵 $full(A)$，常数项向量 b，用矩阵除法直接求解线性方程组，显示稀疏系数矩阵和满系数矩阵的计算耗时 tsparse 和 tfull。编制的 Matlab 程序 ex6_6_4. m 如下。

```
%ex6_6_4.m 稀疏矩阵技术求解线性方程组
n=10;
a1=sparse(1:n,1:n,4*ones(1,n),n,n);
a2=sparse(2:n,1:n-1,ones(1,n-1),n,n);
A=a1+a2+a2'; b=ones(n,1);
tic;x=A\b;tsparse=toc;        % sparse matrix
aa=full(A); tic;xx=aa\b;tfull=toc;        %full matrix
Maxerror=norm(x-xx,inf);        %the max error of the two results
res_comp=table(Maxerror, tsparse, tfull,'Rownames',{'results'})
%plot the matrix A
spy(A,'b',10);   title('矩阵A的结构图');   axis([0,n,0,n]);
xlabel n; ylabel n; set(gca,'xtick',0:2:10,'fontsize',15)
```

在 Matlab 命令行窗口运行 ex6_6_4. m，得到如下结果以及构建的稀疏矩阵示意图 6 – 26。可以看出，系数矩阵为稀疏矩阵和满系数矩阵得到的结果的极差 $Maxerror = 2.7756 \times 10^{-17}$，该值小于 Matlab 数值运算的舍入误差 1×10^{-15}，即两者的结果一致，但稀疏矩阵的运算所需时间更少。

	Maxerror	tsparse	tfull
results	2.7756e-17	0.010831	0.088376

（`>> ex6_6_4` / `res_comp =`）

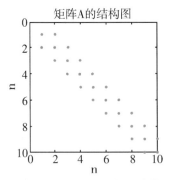

图 6 – 26　线性方程组系数矩阵的图示

6.3.2　非线性方程（组）

对于非线性方程（组）$f(x) = 0$，$f(x)$ 为高阶多项式或含有指数、对数或三角函数时，该非线性方程（组）在很多情况下没有精确解，其求解可利用数值计算方法得到满足某种误差或精度的数值解。本节介绍非线性方程（组）数值求解的二分法、不动点迭代法、牛顿迭代法以及 Matlab 内置函数调用的解法。二分法只适用于数值求解单个非线性方程，其他方法都可用于单个非线性方程和非线性方程组的求解。

1. 二分法

对于非线性方程 $f(x)=0$，$f(x)$ 为 $[a,b]$ 上的连续函数，且有 $f(a)\cdot f(b)<0$，则该非线性方程在 $[a,b]$ 中至少有一个实根，可以通过二分法求得一个实根的近似值。

（1）数值方法：逐步将含根区间半分，通过判别函数值的符号，进一步搜寻有根区间，将有根区间充分缩小，求出满足误差或精度要求的根的近似值。图 6 – 27 是二分法的示意图。

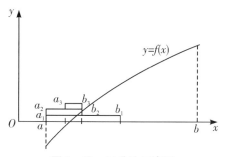

图 6 – 27   二分法示意图

（2）二分法计算流程：在区间 $[a,b]$ 中，若 $f(a)\cdot f(b)=0$，则若 $f(a)=0$，$x=a$，否则 $x=b$；若 $f(a)\cdot f(b)>0$，则初步判断该区域无根；若 $f(a)\cdot f(b)<0$，则该区域有根。将有根区间 $[a,b]$ 半分，取其中点 $x=(a+b)/2$，计算 $f(x)$，如果 $f(x)=0$，则 x 为所求的实根；若 $f(x)\cdot f(a)>0$，令 $a=x$；否则令 $b=x$。进而对新区域 $[a,b]$ 进一步半分，重复以上步骤，直到 $f(x)<\varepsilon$，此时的 x 为所求的、满足精度 ε 要求的实根。若该方程不止一个实根，则从 $x=a$ 算起，以 Δx 为增量，依次判断在 Δx 区间内是否有根，并求出所有实根。二分法的计算流程如图 6 – 28 所示。

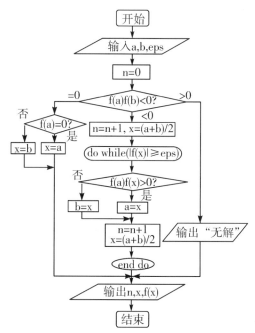

图 6 – 28   二分法计算流程图

（3）Matlab 程序实现。

①定义需求解的非线性方程的函数句柄或编制其函数 M 文件；

②根据二分法计算流程，编制二分法的程序语句或函数 M 文件；

③在 Matlab 窗口运行编制的程序或调用 M 文件求解。

2. 不动点迭代

（1）数值方法：不动点迭代法是非线性方程（组）$f(x) = 0$ 求根逐次逼近的一种方法，该方法是将非线性方程（组）$f(x) = 0$ 改写成其等价形式 $x = g(x)$，x^* 满足方程 $f(x^*) = 0$ 等价于 x^* 满足 $x^* = g(x^*)$，x^* 为 $g(x)$ 的不动点。求解时用等价式 $x = g(x)$ 反复计算，得到迭代序列：

$$x_{n+1} = g(x_n), \quad n = 0, 1, 2, \cdots \tag{6-23}$$

该迭代序列收敛时，有 $x^* = \lim_{n \to \infty} x_n$ 为非线性方程的根。

（2）不动点迭代法的几何意义：在直角坐标系的 Oxy 平面上确定直线 $y = x$ 与 曲线 $y = g(x)$ 交点 P^*，用不动点迭代法求根即为反复从 $y = g(x)$ 出发，由 $y = x$ 获得 x，最终找到 $y = g(x)$ 和 $y = x$ 的交点 P^* 的横坐标 x^*。当迭代序列收敛时，可得非线性方程（组）的一个根，若序列发散，则无法由该迭代式求得根。图 6-29 是非线性方程（组）求解的不动点迭代示意图，其中（a）收敛，（b）发散。

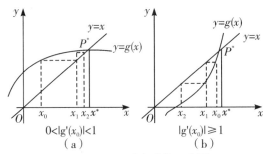

图 6-29　不动点迭代示意图

（3）不动点迭代计算流程：从非线性方程（组）$f(x) = 0$ 出发，得到变形的方程式 $x = g(x)$，由此得到迭代式（6-23），当 $|x_{n+1} - x_n| < \varepsilon$ 时迭代收敛，可得到非线性方程（组）的根 x^*，若不收敛，迭代次数超限后退出迭代计算，不能求得非线性方程（组）的根。不动点迭代计算流程如图 6-30 所示，它与线性方程组求解的迭代法计算流程图相似。

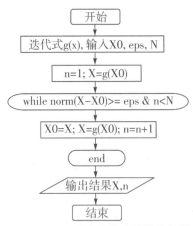

图 6-30　不动点迭代法计算流程图

（4）Matlab 程序实现。

①根据式（6-23）构造需求解的非线性方程（组）的迭代式函数句柄或函数 M 文件；

②根据计算流程图 6-30，编制不动点迭代法程序语句或函数 M 文件；

③在 Matlab 命令行窗口运行编制的程序语句或函数 M 文件。

3. 牛顿迭代法

（1）数值方法：牛顿迭代法是将非线性方程（组）转化为线性方程（组）后迭代求解的

方法。设 x_0 为 $f(x) = 0$ 的一个近似根，则 $f(x)$ 在点 x_0 附近的泰勒展开式为：
$$f(x) = f(x_0) + f'(x_0)(x - x_0) + \cdots$$
保留到线性项，该非线性方程在点 x_0 附近可近似表示为：
$$f(x_0) + f'(x_0)(x - x_0) = 0$$
得到牛顿迭代式：
$$x = x_0 - f(x_0)/f'(x_0)$$
由该牛顿迭代式可得非线性方程的一个新的近似根。由迭代式反复计算，得到迭代序列：
$$x_{n+1} = x_n - f(x_n)/f'(x_n), \ n = 0,1,2,\cdots \tag{6-24}$$
若该迭代序列收敛，有 $x^* = \lim\limits_{n \to \infty} x_n$ 为该非线性方程的根。

（2）几何意义：牛顿迭代法求解过程中，$f'(x_0) = f(x_0)/(x_0 - x)$ 为曲线 $f(x)$ 在 x_0 点的斜率，用此式反复计算可得第 $n+1$ 个近似根 $x_{n+1} = x_n - f(x_n)/f'(x_n)$，如图 6-31 所示，因此，牛顿迭代法又称为切线法。

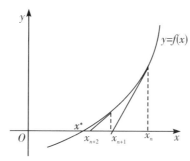

图6-31　牛顿迭代法示意图

（3）牛顿迭代法计算流程：应用牛顿迭代法时，在迭代中需采用牛顿迭代式，迭代初值通常选在根的附近，牛顿迭代法计算流程图与不动点迭代的一样，如图 6-30 所示。

（4）Matlab 程序实现。

①根据式（6-24）构建需求解的非线性方程（组）的牛顿迭代式函数句柄或函数 M 文件；

②根据计算流程图 6-30，编制牛顿迭代的程序语句或函数 M 文件；

③在 Matlab 命令行窗口运行编制的程序语句或函数 M 文件。

4. Matlab 内置函数调用

（1）符号解法：内置函数 solve 调用，$y = $ solve（'符号表达式'）；

（2）数值解法：

①函数 roots 的调用：$y = $ roots(p)，p 为降幂排列的多项式系数向量，该方法只适合求解非线性表达式为多项式的情形；

②函数 fzero 的调用：$y = $ fzero$(fun, x0, option)$，fun 为非线性方程函数句柄或函数 M 文件，$x0$ 为初值，option 为选项，该方法只适合求解单个非线性方程；

③函数 fsolve 的调用：$y = $ fsolve$(fun, x0, option)$，fun、$x0$、option 同上，该方法适合求解非线性方程或方程组。

（3）Matlab 程序实现：

①编制需求解的非线性方程（组）的函数句柄或函数 M 文件。

②在 Matlab 命令行窗口调用内置函数求解。

例6.7　非线性方程（组）求解。

（1）非线性方程（组）求解。二分法：求非线性方程 $x^2 - x - 1 = 0$ 的一个正根，要求误差小于 0.0001。

由函数句柄定义非线性函数 $f = x^2 - x - 1$，在自变量 x 大于零的区域二分，取 $a = 0$，$b = 2$，eps $= 0.0001$，根据二分法计算流程图 $6 - 28$，编制 Matlab 程序 ex6_7_1. m 如下。

```
%ex6_7_1.m 二分法求解非线性方程: x^2-x-1=0的一个正根, 要求误差小于0.0001.
f=@(x) x^2-x-1; a=0; b=2; eps=0.0001;
n=0; x=[];
if f(a)*f(b)<0
    n=1; c=(a+b)/2;
    while abs(f(c))>eps
        if f(a)*f(c)<0; b=c; else; a=c; end
        n=n+1; c=(a+b)/2;
    end
    x=c;
elseif abs(f(a))<eps
    x=a;
elseif abs(f(b))<eps
    x=b;
else disp(['find no-root between [' num2str(a) ', ' num2str(b) ']']);
end
nx_res=[n,x]
```

在 Matlab 命令行窗口运行 ex6_7_1. m，得到如下结果。可以看出，经过 14 次二分，得到该非线性方程的一个正根 $x = 1.6180$。

```
>> ex6_7_1
nx_res =    14.0000    1.6180
```

（2）非线性方程（组）求解。不动点迭代法：求非线性方程 $3x^2 - e^x = 0$ 的一个正根，要求误差小于 0.0001。

根据题意，构造两种不动点迭代式，分别为 $g1 = \log(3x^2)$，$g2 = \sqrt{\exp(x)/3}$，并由函数句柄表示，初值取 $x0 = 1$，误差 eps $= 0.0001$，最大迭代次数 $N = 100$，根据不动点迭代法计算流程图 $6 - 30$，编制 Matlab 程序 ex6_7_2. m 如下。

```
%ex6_7_2.m 不动点迭代 求非线性方程 3*x^2-exp(x)=0 的根, 误差小于0.0001。
g1=@(x) log(3*x.^2); g2=@(x) sqrt(1/3*exp(x));
rlabel={'log(3*x.^2)','sqrt(1/3*exp(x))'};
eps=0.0001; N=100; n_res=[]; x_res=[];
for i=1:2
    if i==1; g=g1; else; g=g2;    end
    n=1; x0=1; x1=g(x0);
    while norm(x1-x0)>=eps & n<=N
        n=n+1; x0=x1; x1=g(x0);
    end
    n_res=[n_res;n];x_res=[x_res;x1];
end
restable=table(n_res,x_res,'Rownames',rlabel)
```

在 Matlab 命令行窗口运行 ex6_7_2. m，得到如下结果。可以看出，由 $g1$ 和 $g2$ 迭代式分别经过 21 次和 9 次迭代，得到该非线性方程的一个正根，分别为 $x = 3.7330$ 和 $x = 0.91009$，由此可知，不同的不动点迭代式，相同的初值，会得到非线性方程不同的根。

```
>> ex6_7_2
restable =

                        n_res      x_res
                        _____      _____

    log(3*x.^2)          21        3.733
    sqrt(1/3*exp(x))      9        0.91009
```

（3）非线性方程（组）求解。不动点迭代法和牛顿迭代法：求非线性方程 $x^2 - x - 1 = 0$ 的一个正根，要求误差小于 0.0001。

由函数句柄写出非线性函数 $f = x^2 - x - 1$，构造不动点迭代式 $g1(x) = \sqrt{x+1}$、牛顿迭代式 $g2(x) = x - f(x)/f'(x)$，均由函数句柄表示，初值取 $x_0 = 1$，误差 eps $= 0.0001$，最大迭代次数 $N = 100$，根据迭代计算流程图 6 - 30，编制 Matlab 程序 ex6_7_3. m 如下。

```
%ex6_7_3.m不动点迭代、牛顿迭代求非线性方程x^2-x-1=0的根，误差小于0.0001。
f=@(x) x.^2-x-1; df=@(x) 2*x-1; g1=@(x) sqrt(x+1); g2=@(x) x-f(x)./df(x);
rlabel={'不动点迭代','牛顿迭代'};
%iterative calculation
eps=0.0001; N=100; n_res=[]; x_res=[];
for i=1:2
    if i==1; g=g1; else; g=g2;    end
    n=1; x0=1; x1=g(x0);
    while norm(x1-x0)>=eps & n<=N
        n=n+1; x0=x1; x1=g(x0);
    end
    n_res=[n_res;n];x_res=[x_res;x1];
end
restable=table(n_res,x_res,'Rownames',rlabel)    %results
```

在 Matlab 命令行窗口运行 ex6_7_3. m，得到如下结果。可以看出，采用不动点迭代法和牛顿迭代法，分别经过 9 次和 5 次迭代，得到该非线性方程相同的一个正根 $x = 1.6180$，牛顿迭代的次数较少。

```
>> ex6_7_3
restable =

              n_res        x_res
              _____        _____

不动点迭代      9            1.618
牛顿迭代        5            1.618
```

（4）非线性方程（组）求解。不动点迭代法和牛顿迭代法：求非线性方程组
$$\begin{cases} x1 - 0.7\sin x1 - 0.2\cos x2 = 0 \\ x2 - 0.7\cos x1 + 0.2\sin x2 = 0 \end{cases}$$ 在（0.5, 0.5）附近的一个近似根，要求误差小于 0.0001。

根据题意，以矩阵方式构造非线性方程组的函数句柄：
$$f = [x1 - 0.7\sin x2 - 0.2\cos x2, x2 - 0.7\cos x1 + 0.2\sin x2]$$
一阶导数：
$$f' = [1 - 0.7\cos x1, 0.2\sin x2, 0.7\sin x1, 1 + 0.2\cos x2]$$
进而构造不动点迭代式：
$$g1 = [0.7\sin x1 + 0.2\cos x2, 0.7\cos x1 - 0.2\sin x2]$$
牛顿迭代式：$g2 = x - f(x)/f'(x)$
这些表达式由函数句柄表示，初值取 $x_0 = [0.5, 0.5]$，误差 eps $= 0.0001$，最大迭代次数 $N = 100$，根据非线性方程组迭代求解的计算流程图 6 - 30，编制程序 ex6_7_4. m 如下。

```
%ex6_7_4.m  % 采用不动点迭代法、牛顿迭代法求解非线性方程组
% nolinear equations
f=@(x) [x(1)-0.7*sin(x(1))-0.2*cos(x(2)),x(2)-0.7*cos(x(1))+0.2*sin(x(2))];
df=@(x) [1-0.7*cos(x(1)),0.2*sin(x(2));0.7*sin(x(1)),1+0.2*cos(x(2))];
g1=@(x) [0.7*sin(x(1))+0.2*cos(x(2)),0.7*cos(x(1))-0.2*sin(x(2))];
g2=@(x) x-f(x)/df(x); rlabel={'不动点迭代','牛顿迭代'};
%iterative calculation
eps=0.0001; N=100; n_res=[]; x_res=[];
for i=1:2
    if i==1; g=g1; else; g=g2;    end
    n=1; x0=[0.5,0.5]; x1=g(x0);
    while norm(x1-x0)>=eps & n<=N
```

```
            n=n+1; x0=x1; x1=g(x0);
        end
        n_res=[n_res;n]; x_res=[x_res;x1];
    end
    % show the results
    restable=table(n_res,x_res,'Rownames',rlabel)
```

在 Matlab 命令行窗口运行 ex6_7_4. m，得到如下结果。可以看出，采用不动点迭代法和牛顿迭代法，分别经 12 次和 7 次迭代，得到误差范围内该非线性方程组相同的一组近似正根 $x1 = 0.5264$、$x2 = 0.5080$ 和 $x1 = 0.5266$、$x2 = 0.5079$，这些结果在误差 $eps = 0.0001$ 范围内一致。由此可见，不动点迭代法和牛顿迭代法求解非线性方程的程序不需修改，只需将非线性方程组的迭代式写成函数句柄的矩阵形式，即可通过迭代得到非线性方程组的解。

```
>> ex6_7_4
restable =

                    n_res          x_res

    不动点迭代        12         0.52639      0.50798
    牛顿迭代           7         0.52656      0.50792
```

（5）非线性方程（组）求解。调用 Matlab 内置函数求解非线性方程 $x^2 - x - 1 = 0$，误差小于 0.0001。

根据非线性方程求解的 Matlab 内置函数调用，调用符号求解内置函数 solve、多项式根内置函数 roots、函数零值内置函数 fzero 以及非线性方程数值解内置函数 fsolve，并将内置函数调用得到的结果转化为浮点数进行比较。在调用 fzero 和 fsolve 时，非线性方程的两个初值设置为 -0.5 和 1.5，编制的程序 ex6_7_5. m 如下。

```
%ex6_7_5.m 调用Matlab内置函数求解非线性方程  x^2-x-1=0, 误差小于0.0001.
% 1) solve
syms xs; fs=xs^2-xs-1;
x_solve=double(solve(fs));
% 2) roots
p=[1,-1,-1]; x_roots=roots(p);
% 3) fzero
f=@(x) x^2-x-1;
xfz1=fzero(f,-0.5); xfz2=fzero(f,1.5);
x_fzero=[xfz1;xfz2];
% 4) fsolve
f=@(x) x^2-x-1;
xfs1=fsolve(f,-0.5); xfs2=fsolve(f,1.5);
x_fsolve=[xfs1;xfs2];
% show the results
xtable=table(x_solve,x_roots,x_fzero,x_fsolve,'Rownames',{'x1','x2'})
```

在 Matlab 命令行窗口运行 ex6_7_5. m，得到如下结果，可以看出，以上四种内置函数调用得到的非线性方程的解都相同，均有两个解，分别是 $x = -0.61803$ 和 $x = 1.618$。

```
>> ex6_7_5
xtable =
            x_solve        x_roots        x_fzero        x_fsolve

    x1      -0.61803       -0.61803       -0.61803       -0.61803
    x2       1.618          1.618          1.618          1.618
```

（6）非线性方程（组）求解。调用 Matlab 内置函数 fsolve 求非线性方程组 $\begin{cases} x1 - 0.7\sin x1 - 0.2\cos x2 = 0 \\ x2 - 0.7\cos x1 + 0.2\sin x2 = 0 \end{cases}$ 在 （0.5，0.5）附近的解，误差小于 0.0001。

根据非线性方程组求解的 Matlab 内置函数调用，调用数值求解内置函数 fsolve，求非线性方程组在 （0.5，0.5）附近的解，编制程序 ex6_7_6. m 如下。

```
%ex6_7_6.m 由fsolve求解非线性方程组在(0.5,0.5)附近的解，误差小于0.0001.
equs=@(x) [x(1)-0.7*sin(x(1))-0.2*cos(x(2)), x(2)-0.7*cos(x(1))+0.2*sin(x(2))];
x=fsolve(equs,[0.5,0.5])
```

在 Matlab 命令行窗口运行 ex6_7_6. m，得到如下结果。可以看出，该非线性方程组的解为 $x = 0.5265$ 和 0.5079，该结果与程序 ex6_7_4. m 中的不动点迭代、牛顿迭代得到的解在误差 0.0001 范围内一致。

```
>> ex6_7_6
x =      0.5265      0.5079
```

6.4　常微分方程（组）求解

常微分方程的求解是基于定解条件的求解，其定解条件可分为初值条件和边值条件两类，因此，常微分方程及其定解条件构成的初值问题和边值问题，统称定解问题。本文以一阶常微分方程初值问题为例，介绍常微分方程的数值解法，进而推广至常微分方程组和高阶常微分方程的定解问题的数值求解，本文还将介绍基于 Matlab 内置函数调用的常微分方程定解问题数值解法和符号解法。

待求解的一阶常微分方程初值问题为：

$$
\begin{cases}
\dfrac{\mathrm{d}y}{\mathrm{d}x} = f(x,y) & x \in [a,b] \\
y\big|_{x=a} = y_0
\end{cases}
\tag{6-25}
$$

6.4.1　有限差分方法

有限差分方法求解常微分方程定解问题的特点是采用数值计算的化整为零技巧，将常微分方程求解区域等间距离散化，即在求解区间 $[a, b]$ 内插入一系列等距节点，使得 $a = x_0 < x_1 < x_2 < \cdots < x_i < \cdots < x_n = b$，两相邻节点间距相同，记为 $h_i = x_{i+1} - x_i = h$，即有 $x_i = a + ih$，$i = 1, 2, \cdots, n$，同时以差分替代微分，求得常微分方程定解问题在离散节点上满足误差要求的近似解。

1. 欧拉方法

基于有限差分方法的欧拉公式和改进的欧拉公式。

（1）欧拉公式：对一阶常微分方程初值问题（6-25），在离散节点上以差商替代微分，有：

$$
\frac{y_1 - y_0}{\Delta x} \approx f(x_0, y_0) \rightarrow y_1 = y_0 + hf(x_0, y_0)
$$

由此得到欧拉公式：

$$
y_{i+1} = y_i + hf(x_i, y_i), \quad i = 0, 1, 2, \cdots, n
\tag{6-26}
$$

欧拉公式的求解也可理解为对式（6-25）中的一阶常微分方程两端求从 x_0 到 x_1 的定积分，有：

$$
y_1 = y_0 + \int_{x_0}^{x_1} f(x,y)\,\mathrm{d}x \approx y_0 + hf(x_0, y_0)
$$

由此得到各节点的函数值：$y_{i+1} = y_i + hf(x_i, y_i)$，$i = 0, 1, 2, \cdots, n$

欧拉公式还可以理解为对式（6-25）中的一阶常微分方程两端求定积分时，将斜率 $f(x, y)$ 在 (x_i, y_i) 点进行泰勒展开，并保留常数项，有：

$$
y_{i+1} = y_i + \int_{x_i}^{x_{i+1}} f(x,y)\,\mathrm{d}x = y_i + \int_{x_i}^{x_{i+1}} [f(x_i, y_i) + \cdots]\,\mathrm{d}x \approx y_i + hf(x_i, y_i)
$$

因此，由欧拉公式求得的一阶常微分方程初值问题近似解的误差较大、精度较低，只有一阶精度。

（2）改进的欧拉公式：为提高计算精度，在欧拉公式的基础上，相邻两点间的斜率取为两端点斜率的平均值 $(f(x_i, y_i) + f(x_{i+1}, y_{i+1}))/2$ ，得到改进的欧拉公式：

$$y_{i+1} = y_i + \frac{h}{2}[f(x_i, y_i) + f(x_{i+1}, y_{i+1})] , \quad i = 0, 1, 2, \cdots, n \qquad (6-27)$$

（3）实际应用的欧拉公式：通常采用显式欧拉公式（6-26）结合隐式欧拉公式（6-27）的显隐结合方式，即

$$\begin{cases} y_{i+1} = y_i + hf(x_i, y_i), & i = 0, 1, 2, \cdots, n \\ y_{i+1} = y_i + \frac{h}{2}[f(x_i, y_i) + f(x_{i+1}, y_{i+1})] \end{cases} \qquad (6-28)$$

（4）计算流程：从求解区域的初始点出发，根据欧拉公式（6-26）或改进的欧拉公式（6-27）计算各节点上的函数值，计算流程如图6-32所示。

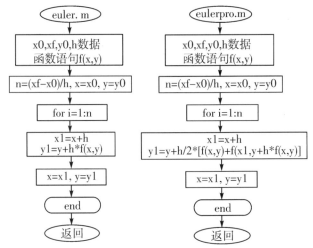

（a）欧拉公式（6-26）计算 　　（b）改进的欧拉公式（6-27）计算

图6-32　欧拉方法计算流程图

（5）Matlab 程序实现。

①建立需求解的常微分方程的函数句柄或函数 M 文件；

②根据计算流程图6-32，编制欧拉方法的程序语句；

③在 Matlab 命令行窗口运行编制的程序。

2. 龙格—库塔方法

类似于欧拉方法，设法在 $[x_i, x_{i+1}]$ 内多预报几个点的斜率值，并将它们进行线性组合，得到平均斜率的近似值，这样即可构造出具有更高精度的龙格—库塔方法的计算公式。

（1）二阶龙格—库塔公式：取区间 $[x_i, x_{i+1}]$ 内一点 $x_{i+p} = x_i + ph$ $(0 < p \leqslant 1)$，用 x_i 和 x_{i+p} 两个点的斜率值 k_1 和 k_2 线性组合得到平均斜率的近似值，则有：

$$\begin{cases} y_{i+1} = y_i + h(\lambda_1 k_1 + \lambda_2 k_2) \\ k_1 = f(x_i, y_i) & , \quad i = 0, 1, 2, \cdots, n \\ k_2 = f(x_{i+p}, y_i + phk_1) \end{cases} \qquad (6-29)$$

使上式在泰勒展开的积分中具有二阶精度，取 $\lambda_1 + \lambda_2 = 1$ ，且 $\lambda_2 p = \dfrac{1}{2}$ ，即得到二阶龙格—库塔公式。当 $p = 1, \lambda_1 = \lambda_2 = \dfrac{1}{2}$ 时，二阶龙格—库塔公式即为改进的欧拉公式。

（2）三阶龙格—库塔公式：取区间 $[x_i, x_{i+1}]$ 内三点 x_i、$x_{i+p} = x_i + ph$ $(0 < p \leqslant 1)$ 和 $x_{i+q} = x_i + qh, (p \leqslant q < 1)$ 的斜率值 k_1、k_2 和 k_3 的线性组合得到平均斜率的近似值，并要求在泰勒展开中的积分中具有三阶精度，则有：

$$\begin{cases} y_{i+1} = y_i + h(\lambda_1 k_1 + \lambda_2 k_2 + \lambda_3 k_3) \\ k_1 = f(x_i, y_i) \\ k_2 = f(x_i + ph, y_i + phk_1) \\ k_3 = f(x_i + qh, y_i + qh(rk_1 + sk_2)) \end{cases}, \quad i = 0, 1, 2, \cdots, n$$

类似地，利用泰勒展开式得到七个参数的关系：

$$\begin{cases} r + s = 1 \\ \lambda_1 + \lambda_2 + \lambda_3 = 1 \\ \lambda_2 p + \lambda_3 q = 1/2 \\ \lambda_2 p^2 + \lambda_3 q^2 = 1/3 \\ \lambda_3 pqs = 1/6 \end{cases}$$

取 $p = 1/2, q = 1$，有 $\lambda_1 = \lambda_3 = 1/6, \lambda_2 = 4/6, r = -1, s = 2$，由此得到三阶龙格—库塔公式：

$$\begin{cases} y_{i+1} = y_i + \dfrac{h}{6}(k_1 + 4k_2 + k_3) \\ k_1 = f(x_i, y_i) \\ k_2 = f(x_i + \dfrac{h}{2}, y_i + \dfrac{h}{2}k_1) \\ k_3 = f(x_i + h, y_i - hk_1 + 2hk_2) \end{cases}, \quad i = 0, 1, 2, \cdots, n \qquad (6-30)$$

（3）四阶龙格—库塔公式：类似地，取斜率 k_1、k_2、k_3 和 k_4 的线性组合得到平均斜率的近似值，在泰勒展开式的积分中具有四阶精度，导出四阶龙格—库塔公式：

$$\begin{cases} y_{i+1} = y_i + \dfrac{h}{6}(k_1 + 2k_2 + 2k_3 + k_4) \\ k_1 = f(x_i, y_i) \\ k_2 = f(x_i + \dfrac{h}{2}, y_i + \dfrac{h}{2}k_1) \\ k_3 = f(x_i + \dfrac{h}{2}, y_i + \dfrac{h}{2}k_2) \\ k_4 = f(x_i + h, y_i + hk_3) \end{cases}, \quad i = 0, 1, 2, \cdots, n \qquad (6-31)$$

（4）计算流程：从求解区域的起点出发，根据四阶龙格—库塔公式（6-31），计算各等距节点上的函数值，计算流程见图6-33。

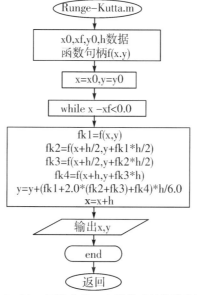

图 6-33　四阶龙格—库塔公式计算流程图

（5）Matlab 程序实现。

①建立需求解的常微分方程的函数句柄或函数 M 文件；

②根据计算流程图 6 - 33，编制四阶龙格—库塔公式计算程序，或调用 Matlab 内置函数 $[x,y] = \text{ode45}(fun, xspan, y0)$；

③在 Matlab 命令行窗口中运行编制的程序。

3. 高阶常微分方程的数值解法

（1）数值方法：将高阶常微分方程转化为一阶常微分方程组的形式，并写成一阶常微分方程的矩阵形式，采用欧拉方法、龙格—库塔方法中的公式数值求解。

（2）Matlab 程序实现。

①建立需求解的常微分方程组的函数句柄或函数 M 文件；

②编制欧拉方法或龙格—库塔方法的计算程序；

③在 Matlab 命令行窗口中运行编制的程序。

例 6.8 常微分方程的求解。

（1）常微分方程的求解。欧拉方法：采用欧拉方法和改进的欧拉方法求解常微分方程初值问题：$\begin{cases} y' = -y + x + 1, & 0 < x \leqslant 1 \\ y(0) = 1 \end{cases}$

由函数句柄列出需求解的常微分方程 $dy = -y + x + 1$，在求解区域 $[a, b]$ 内，取 $a = 0$，$b = 1$，取离散点间距 $h = 0.1$，根据欧拉方法和改进的欧拉方法计算流程图 6 - 32，编制 Matlab 程序 ex6_8_1.m 如下，其中该初值问题的精确解由内置函数 dsolve 调用得到。

```
%ex6_8_1.m 采用欧拉方法和改进的欧拉方法求解常微分方程初值问题。
function ex6_8_1
dy=@(x,y) -y+x+1;        % equ
x0=0; xf=1; y0=1; h=0.1;      % cond
[x,y]=eulerpro(dy,x0,xf,y0,h);
yt= dsolve('Dy=-y+t+1','y(0)=1','t') ; yxt=double(subs(yt,'t',x));
x1=x0:0.01:xf; yture=double(subs(yt,'t',x1)); err=max(abs(y-yxt));
plot(x,y(:,1),'ob',x,y(:,2),'dk',x1,yture,'-r');
legend('欧拉方法','改进的欧拉方法','精确解','location','NW')
text(0.05,1.3,['欧拉方法  err= ',num2str(err(1),'%6.1e')],'fontsize',14)
text(0.05,1.25,['改进的欧拉方法  err= ',num2str(err(2), '%6.1e')],'fontsize',14)
xlabel x; ylabel y; set(gca,'ylim',[1,1.5],'fontsize',15)
%eulerpro.m 欧拉方法和改进的欧拉方法
function [x,y]=eulerpro(fun,x0,xf,y0,h)
n=fix((xf-x0)/h); x=zeros(n,1); y1=zeros(n,1); y2=y1;
x(1)=x0; y1(1)=y0; y2(1)=y0;
for i=1:n
     x(i+1)=x(i)+h;
     y1(i+1)=y1(i)+h*fun(x(i),y1(i));
     y2(i+1)=y2(i)+h*(fun(x(i),y2(i))+fun(x(i+1),y2(i)+h*fun(x(i),y2(i))))/2;
end
y=[y1,y2];
```

在 Matlab 命令行窗口运行 ex6_8_1.m，得到结果图 6 - 34。可以看出，改进的欧拉方法的计算结果落在精确解的曲线上，极差为 6.6×10^{-4}；而欧拉方法的计算结果越远离初值，就越偏离精确解，极差为 1.9×10^{-2}。

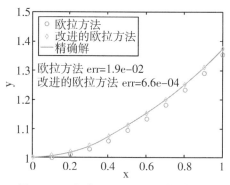

图 6-34　程序 ex6_8_1.m 运行结果图

（2）常微分方程的求解。龙格—库塔方法：采用四阶龙格—库塔方法求解常微分方程初值问题：$\begin{cases} y' = -y + x + 1, 0 < x \leq 1 \\ y(0) = 1 \end{cases}$。

由函数句柄列出需求解的常微分方程 $dy = -y + x + 1$，在求解区域 $[a, b]$ 内，取 $a = 0$，$b = 1$，取离散点间距 $h = 0.1$，根据四阶龙格—库塔方法计算流程图 6-33，编制 Matlab 程序 ex6_8_2.m 如下，其中该初值问题的精确解由内置函数 dsolve 调用得到。

```
%ex6_8_2.m 采用龙格-库塔方法求解常微分方程初值问题。
function ex6_8_2
dy=@(x,y) -y+x+1;          % equ
x0=0; xf=1; y0=1; h=0.1;      % cond
[x,y]=lgktpro(dy,x0,xf,y0,h);
yt= dsolve('Dy=-y+t+1','y(0)=1','t'); yxt=double(subs(yt,'t',x));
x1=x0:0.01:xf; yture=double(subs(yt,'t',x1)); err=norm(y-yxt,inf);
plot(x,y,'ob',x1,yture,'-r');
legend('龙格-库塔方法', '精确解','location','NW')
text(0.05,1.35,['龙格-库塔方法err= ',num2str(err(1), '%6.1e')],'fontsize',14)
xlabel x; ylabel y; set(gca,'ylim',[1,1.5],'fontsize',15)
%lgktpro.m 龙格-库塔方法
function [x,y]=lgktpro(fun,x0,xf,y0,h)
n=fix((xf-x0)/h); m=length(y0);
x=zeros(n,1); y=zeros(n,m);
x(1)=x0; y(1,:)=y0;
for i=1:n
    k1=fun(x(i),y(i,:)'); k2=fun(x(i)+h/2,y(i,:)'+k1*h/2);
    k3=fun(x(i)+h/2,y(i,:)'+k2*h/2); k4=fun(x(i)+h,y(i,:)'+k3*h);
    x(i+1)=x(i)+h; y(i+1,:)=y(i,:)+((k1+2*k2+2*k3+k4)*h/6)';
end
```

在 Matlab 命令行窗口运行 ex6_8_2.m，得到结果图 6-35。可以看出，四阶龙格—库塔方法的计算结果落在精确解的曲线上，极差为 3.3×10^{-7}。

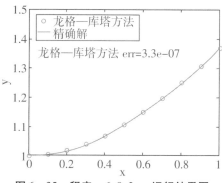

图 6-35　程序 ex6_8_2.m 运行结果图

（3）常微分方程的求解。龙格—库塔方法：采用四阶龙格—库塔方法求解一阶常微分方程组初值问题：

$$\begin{pmatrix} u' \\ v' \end{pmatrix} = \begin{pmatrix} -2 & 1 \\ 998 & -999 \end{pmatrix}\begin{pmatrix} u \\ v \end{pmatrix} + \begin{pmatrix} 2\sin x \\ 999(\cos x - \sin x) \end{pmatrix}, \quad 0 < t \le 10, \quad \begin{pmatrix} u(0) = 2 \\ v(0) = 3 \end{pmatrix}$$

用函数句柄列出需求解的常微分方程组，在求解区域 $[a,b]$ 内，取 $a=0$，$b=10$，设离散点间距 $h=0.001$，根据四阶龙格—库塔方法计算流程图 6–33，编制 Matlab 程序 ex6_8_3.m 如下，其中该初值问题的精确解由内置函数 dsolve 调用得到。

```
%ex6_8_3.m 采用龙格-库塔方法求解常微分方程组初值问题。
function ex6_8_3
f=@(x,y) [-2,1;998,-999]*y+[2*sin(x);999*(cos(x)-sin(x))];    % equ
x0=0; xf=10; y0=[2;3]; h=0.001;     % cond
[x,y]=lgktpro(f,x0,xf,y0,h);
[u,v]= dsolve('Du=-2*u+v+2*sin(t)','Dv=998*u-999*v+999*(cos(t)-sin(t))',...
              'u(0)=2,v(0)=3');        %sym solve
yxt=double(subs([u,v],'t',x)); merr=norm(y-yxt,inf);       %maxerr
plot(x,y(:,1),'.-b', x,y(:,2),'.-r');
legend('u','v','location','NE')
title(['max err= ' num2str(merr,2) ])
xlabel x; ylabel y; set(gca,'fontsize',15)

%lgktpro.m 龙格-库塔方法
function [x,y]=lgktpro(fun,x0,xf,y0,h)
n=fix((xf-x0)/h); m=length(y0);
x=zeros(n,1); y=zeros(n,m);
x(1)=x0; y(1,:)=y0;
for i=1:n
    k1=fun(x(i),y(i,:)'); k2=fun(x(i)+h/2,y(i,:)'+k1*h/2);
    k3=fun(x(i)+h/2,y(i,:)'+k2*h/2); k4=fun(x(i)+h,y(i,:)'+k3*h);
    x(i+1)=x(i)+h; y(i+1,:)=y(i,:)+((k1+2*k2+2*k3+k4)*h/6)';
end
```

在 Matlab 命令行窗口运行 ex6_8_3.m，得到结果图 6–36。可以看出，由龙格—库塔方法得到的该初值问题的数值解 u 和 v 随自变量 x 变化，这些数值结果与精确解的最大误差为 2.4×10^{-8}。

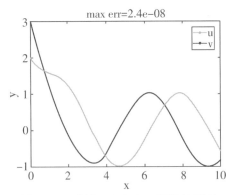

图 6–36　程序 ex6_8_3.m 运行结果图

6.4.2　内置函数调用

1. Matlab 内置函数调用数值求解

（1）常微分方程数值解法的龙格—库塔方法，在 Matlab 中有相应的内置函数可供调用，二三阶（低阶）和四五阶（高阶）的龙格—库塔方法内置函数分别是 ode23、ode45；

（2）低阶龙格—库塔方法内置函数调用方式为：$[x,y] = \text{ode23}(\text{odefun}, x\text{span}, y0)$，$[x,y] =$

$\text{ode23}(\text{odefun}, x\text{span}, y0, \text{options})$，$[x, y, xe, ye, ie] = \text{ode23}(\text{odefun}, x\text{span}, y0, \text{options})$；

（3）类似地，高阶龙格—库塔方法内置函数调用方式为：$[x, y] = \text{ode45}(\text{odefun}, x\text{span}, y0)$，$[x, y] = \text{ode45}(\text{odefun}, x\text{span}, y0, \text{options})$，$[x, y, xe, ye, ie] = \text{ode45}(\text{odefun}, x\text{span}, y0, \text{options})$。

2．Matlab 内置函数调用符号求解

（1）Matlab 提供了一阶常微分方程、一阶常微分方程组以及高阶常微分方程的符号求解内置函数 dsolve；当常微分方程存在解析解时，可调用 dsolve 直接求解；

（2）符号求解内置函数调用：$S = \text{dsolve}(\text{equ})$，$S = \text{dsolve}(\text{equ}, \text{cond})$，$S = \text{dsolve}(\text{equ}, \text{cond}, \text{Name}, \text{Value})$ 以及 $[y1, \cdots, yn] = \text{solve}(--)$。

例6.9 内置函数调用求解常微分方程。

（1）内置函数调用求解常微分方程。龙格—库塔方法 ode45、符号解法 dsolve 调用：采用四阶龙格—库塔方法和符号解法内置函数调用，求解如下的一阶常微分方程初值问题，并比较求解结果。

$$\begin{cases} y' = -y + x + 1, & 0 < x \le 1 \\ y(0) = 1 \end{cases}$$

由函数句柄列出需求解的常微分方程 $dy = -y + x + 1$，在求解区域 $[a, b]$ 内，取 $a = 0$，$b = 1$，设离散点间距 $h = 0.1$，调用 Matlab 内置函数 ode45 和 dsolve 求解常微分方程，并比较两种结果的最大之差。编制 Matlab 程序 ex6_9_1.m 如下。

```
%ex6_9_1.m 求解常微分方程初值问题。
% 龙格-库塔方法内置函数ode45调用
dy=@(x,y) -y+x+1; x0=0; xf=1; y0=1; h=0.1;      % equ & cond
[x,y]=ode45(dy,x0:h:xf,y0);        %ode45
% 符号解内置函数dsolve调用
ys=dsolve('Dy=-y+x+1','y(0)=1','x'); %dsolve
x1=x0:0.01:xf; yture=double(subs(ys,'x',x1));
%max error
err=norm(y-double(subs(ys,'x',x)),inf);
% show the results
plot(x,y,'ob',x1,yture,'-r');
legend('龙格-库塔方法', '精确解','location','NW')
text(0.05,1.35,['龙格-库塔方法  err = ',num2str(err(1), '%6.1e')],'fontsize',14)
xlabel x; ylabel y; set(gca,'ylim',[1,1.5],'fontsize',15)
```

在 Matlab 命令行窗口运行 ex6_9_1.m，得到结果图 6-37，可以看出，内置函数 ode45 和 dsolve 调用得到的结果一致，它们的差在 1.2×10^{-9} 范围内，该结果图与 ex6_8_2.m 结果图 6-35 类似，但那里的极差小于 3.3×10^{-7}，原因是内置函数 ode45 的精度高于四阶龙格—库塔方法的精度。

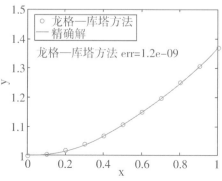

图 6-37 程序 ex6_9_1.m 运行结果图

（2）内置函数调用求解常微分方程。龙格—库塔方法的 ode45 调用和符号解法 dsolve 调用：采用四阶龙格—库塔方法和符号解法内置函数调用，求解如下的一阶常微分方程组初值，并比较求解的结果。

$$\begin{pmatrix} u' \\ v' \end{pmatrix} = \begin{pmatrix} -2 & 1 \\ 998 & -999 \end{pmatrix} \begin{pmatrix} u \\ v \end{pmatrix} + \begin{pmatrix} 2\sin x \\ 999(\cos x - \sin x) \end{pmatrix}, \quad 0 < x \le 10, \quad \begin{pmatrix} u(0) = 2 \\ v(0) = 3 \end{pmatrix}$$

由函数句柄列出需求解的常微分方程组，在求解区域 $[a,b]$ 内，取 $a=0$，$b=10$，设离散点间距 $h=0.001$，调用 Matlab 内置函数 ode45 和 dsolve 求解，dsolve 得到精确解，编制的程序 ex6_9_2.m 如下。

```
%ex6_9_2.m求解常微分方程初值问题。
%采用龙格-库塔方法ode45调用
f=@(x,y) [-2,1;998,-999]*y+[2*sin(x);999*(cos(x)-sin(x))];   % equ
x0=0; xf=10; y0=[2,3]; h=0.001;    % cond
[x,y]=ode45(f,x0:h:xf,y0);
%符号求解dsolve调用
[u,v]=dsolve('Du=-2*u+v+2*sin(x)','Dv=998*u-999*v+999*(cos(x)-sin(x))', ...
         'u(0)=2','v(0)=3','x');
yture=double([subs([u,v],'x',x)]);
% max error
merr=norm(y-yture,inf);
% show the results
plot(x,y(:,1),'.-b', x,y(:,2),'.-r');
legend('u','v','location','NE');
title(['max err= ' num2str(merr,'%6.1e') ])
xlabel x; ylabel y; set(gca,'fontsize',15)
```

在 Matlab 命令行窗口运行 ex6_9_2.m，得到结果图 6-38。可以看出，该结果图与 ex6_8_3.m 的结果图 6-36 一致，但由四阶龙格—库塔方法编程得到的数值解与精确解在各离散点上函数值的极差为 2.4×10^{-8}，调用内置函数 ode45 得到的极差为 2.8×10^{-3}，由此可见，前者的计算精度更高。

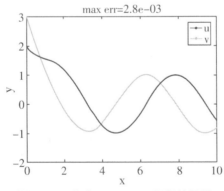

图 6-38 程序 ex6_9_2.m 运行结果图

（3）内置函数调用求解常微分方程。龙格—库塔方法的 ode45 调用以及符号解法 dsolve 调用：采用四阶龙格—库塔方法求解如下的高阶常微分方程初值问题，并与符号解结果比较。

$$\begin{cases} y''' = -y, & 0 < x \le 6 \\ y(0) = 1, \ y'(0) = 0, \ y''(0) = 0 \end{cases}$$

根据题意，将高阶常微分方程化为一阶常微分方程组，如下所示：

$$\begin{cases} y1' = y2, \\ y2' = y3, & 0 < x \le 6 \\ y3' = -y1, \end{cases} \qquad \begin{cases} y1(0) = 1 \\ y2(0) = 0 \\ y3(0) = 0 \end{cases}$$

由函数句柄列出需求解的常微分方程组，在求解区域 $[a,b]$ 内，取 $a=0$，$b=6$，设置离散点间距 $h=0.001$，调用龙格—库塔方法的内置函数 ode45 和符号解内置函数 dsolve，求解高阶常微分方程初值，编制 Matlab 程序 ex6_9_3.m 如下。

```
%ex6_9_3.m求解常微分方程初值问题。
%采用龙格-库塔方法ode45调用
f=@(x,y) [0,1,0;0,0,1;-1,0,0]*y;   x0=0; xf=6; y0=[1,0,0]; h=0.001;
[x,y]=ode45(f,x0:h:xf,y0);
%符号求解dsolve调用
ys=dsolve('D3y=-y','y(0)=1','Dy(0)=0','D2y(0)=0','x');
yture=double(subs(ys,'x',x));
% max error
merr=norm(y(:,1)-yture,inf);
%show the results
plot(x,y(:,1),'.-b',x,y(:,2),'.-r',x,y(:,3),'.-k');
legend('y','Dy','D2y','location','NW'),
title(['max err= ' num2str(merr,'%6.1e') ])
xlabel x; ylabel y; set(gca,'fontsize',15)
```

在 Matlab 命令行窗口运行 ex6_9_3.m，得到结果图 6 - 39。可以看出，调用 ode45 得到的数值解 y、y 的一阶导数 Dy 以及 y 的二阶导数 D2y 随自变量 x 变化，y 的值与调用 dsolve 得到的精确解在各离散点上的极差为 8.6×10^{-4}。

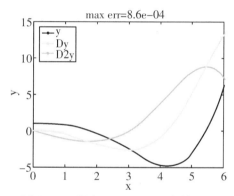

图 6 - 39　程序 ex6_9_3.m 运行结果图

6.5　应用实例

例 6.10　火箭运动过程的计算：设火箭点火发射时的初始重量为 13500 牛顿，其中 10800 牛顿为燃料，该燃料消耗速度为 180 牛顿/秒，可产生 31500 牛顿推力，试求火箭飞行过程中的位移、速度和加速度。

解：按以下步骤完成该问题的求解。

（1）问题分析：火箭在运动过程中所受的力有：燃料燃烧后产生的推力 F、火箭运动过程中的重力 mg、运动中所受的空气阻力 kv^2，这些力分别为 $F = 31500$ 牛顿，$W = mg = (13500 - 180t)$ 牛顿，$kv^2 = k(\mathrm{d}y/\mathrm{d}t)^2$ 牛顿，火箭运动过程遵循牛顿第二定律，即 $F - mg - kv^2 = m(\mathrm{d}^2y/\mathrm{d}t^2)$。

（2）数学模型建立：根据牛顿第二定律建立火箭运动的数学模型：
$$\mathrm{d}^2y/\mathrm{d}t^2 = gF/W - g - (kg/W)(\mathrm{d}y/\mathrm{d}t)^2 \tag{6-32}$$
其中：$g = 9.8 \text{ m/s}^2$，$F = 31500 \text{ N}$，$W0 = 13500 \text{ N}$，$p = 180 \text{ N/s}$，$pm = 10800 \text{ N}$，$W = W0 - pt \text{ N}$，$k = 0.39 \text{ N} \cdot \text{s}^2/\text{m}^2$，模型中 t 的最大取值为 $t_{\max} = pm/p = 60 \text{ s}$，该模型的定解条件为 $t = 0$，$y = 0$，$\mathrm{d}y/\mathrm{d}t = 0$。

该数学模型是一阶常微分方程定解问题，求解中将模型式（6-32）转化为：

$$\begin{cases} \dfrac{dy}{dt} = v \\[2mm] \dfrac{dv}{dt} = \dfrac{g}{W}(F - kv^2) - g \end{cases} ,0 < t < t_{\max} \tag{6-33}$$

$$\begin{cases} y(0) = 0 \\ v(0) = 0 \end{cases}$$

（3）计算方法：数学模型式（6-32）是二阶常微分方程的初值问题，变换为一阶常微分方程组的初值问题（6-33），求解方法可采用四阶龙格—库塔方法，具体计算公式如下：

$$\begin{cases} y_{i+1} = y_i + hv_i + \dfrac{h^2}{6}(k_1 + k_2 + k_3) \\[3mm] v_{i+1} = v_i + \dfrac{h}{6}(k_1 + 2k_2 + 2k_3 + k_4) \end{cases} \tag{6-34}$$

其中：$$\begin{cases} f(t,y,v) = 9.8 \cdot (31500 - 0.39v^2)/(13500 - 180t) - 9.8 \\[2mm] k_1 = f(t_i,v_i), k_2 = f\left(t_i + \dfrac{h}{2}, v_i + \dfrac{h}{2}k_1\right) \\[2mm] k_3 = f\left(t_i + \dfrac{h}{2}, v_i + \dfrac{h}{2}k_2\right), k_4 = f(t_i + h, v_i + hk_3) \end{cases}$$

（4）计算流程：根据龙格—库塔方法的计算公式（6-34），编制计算流程图6-40如下。

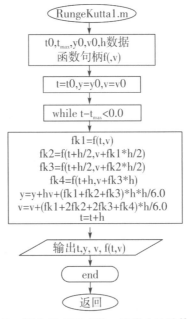

图6-40 例6.10 四阶龙格—库塔方法计算流程图

（5）Matlab程序实现：采用龙格—库塔方法数值求解式（6-33），求解中分别采用式（6-34）和调用内置函数ode45进行计算。在采用式（6-34）的计算中，根据计算流程图6-40编制程序语句，$f = @(t,v) g * (F - k * v.^* v)./(W0 - p * t) - g$为函数句柄，通过式（6-34）计算得到$fk1$、$fk2$、$fk3$、$fk4$、$y$、$v$、$a = f(t,v)$；在调用内置函数ode45的计算中，$dY = @(T,Y)[Y(2); g * (F - k * Y(2).^* Y(2))./(W0 - p * T) - g]$为函数句柄，直接得到$[T,Y] = ode45(dY, t0:h:t_{\max}, [Y0(1), Y0(2)])$。将两种方式计算得到的结果与位移极差yerr、速度极差verr和加速度极差aerr进行比较，编制的程序ex6_10_1.m如下。

```
%ex6_10_1.m 例1.火箭运动过程计算模拟
g=9.8; F=31500; k=0.39; W0=13500; p=180; pm=10800;
t0=0;tmax=pm/p; h=0.01; dt=h; nt=tmax/dt; y0=0; v0=0;
% 1）龙格-库塔公式(6.34)的计算
f=@(t,v) g*(F-k*v.*v)./(W0-p*t)-g;
t=zeros(nt,1); y=zeros(size(t)); v=y; a=y;
t(1)=t0; y(1)=y0; v(1)=v0; a(1)=f(t(1),v(1));
for i=1:nt
    fk1=f(t(i),v(i)); fk2=f(t(i)+h/2,v(i)+fk1*h/2);
    fk3=f(t(i)+h/2,v(i)+fk2*h/2); fk4=f(t(i)+h,v(i)+fk3*h);
    y(i+1)=y(i)+h*v(i)+(fk1+fk2+fk3)*h*h/6;
    v(i+1)=v(i)+(fk1+2*fk2+2*fk3+fk4)*h/6;
    t(i+1)=t(i)+dt; a(i+1)=f(t(i+1),v(i+1));
end
subplot(1,2,1); [S1,AX1]=plotmatrix(t,[y/1000,v,a],'.-b');
title('龙格-库塔公式计算','fontsize',15)
ylabel(AX1(1),'y (km)'); ylabel(AX1(2),'v (m/s)'); ylabel(AX1(3),'a (m^2/s)')
xlabel('t (s)','fontsize',15); set(AX1,'fontsize',15)
% 2）内置函数ode45调用
dY=@(T,Y) [Y(2); g*(F-k*Y(2).*Y(2))./(W0-p*T)-g];
[T,Y]=ode45(dY,t0:h:tmax,[y0,v0]); Y(:,1)=Y(:,1)/1000;
A=a(1); for i=1:nt; A1=dY(T(i),Y(i,:));A=[A;A1(2)];end
yerr=norm(y-Y(:,1)*1000,inf);verr=norm(v-Y(:,2),inf);aerr=norm(a-A,inf);
subplot(1,2,2);    [S2,AX2] = plotmatrix(T,[Y,A],'.-r');
title('内置函数ode45计算','fontsize',15)
text(AX2(1),35,2,['yerr = ' num2str(yerr,2) ' m'],'fontsize',13)
text(AX2(2),35,50,['verr = ' num2str(verr,2) ' m/s'],'fontsize',13)
text(AX2(3),35,12,['aerr = ' num2str(aerr,2) ' {m^2}/s'],'fontsize',13)
ylabel(AX2(1),'y (km)'); ylabel(AX2(2),'v (m/s)'); ylabel(AX2(3),'a (m^2/s)')
xlabel('t (s)','fontsize',15); set(AX2,'fontsize',15)
```

在 Matlab 命令行窗口运行 ex6_10_1. m，得到结果图 6 – 41。

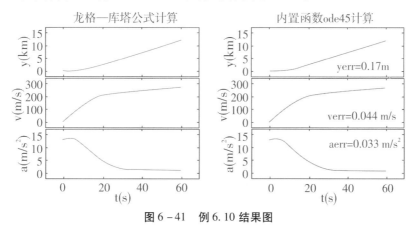

图 6 – 41　例 6.10 结果图

（6）结果分析：两种方式都得出位移 y、速度 v 和加速度 a 随时间变化的结论，它们的结果在极差范围内一致，位移极差 yerr、速度极差 verr 和加速度极差 aerr 分别为 0.17 m、0.044 m/s、0.033 m/s^2。

例 6.11　求解图 6-42 所示的双质量系统的位移 $y_1(t)$、$y_2(t)$。

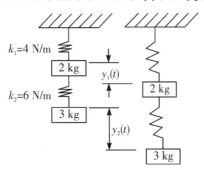

图 6-42　例 6.11 双质量系统示意图

解： 按以下步骤完成该问题的求解。

（1）问题分析：假设图 6-42 所示的双质量系统是在弹簧的弹性限度内伸长和收缩，在平衡位置，弹簧的伸长量分别为 d_1、d_2；在偏离平衡位置处，弹簧的伸长分别为 y_1、y_2，双质量系统的受力分析如图 6-43 所示：

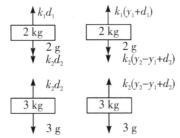

图 6-43　例 6.11 双质量系统受力分析图示

（2）数学模型：根据图 6-43 中物体的受力分析和牛顿运动定律建立数学模型，其中 $m_1 = 2$ kg，$m_2 = 3$ kg，$k_1 = 4$ N/m，$k_2 = 6$ N/m，有：

平衡状态下：
$$\begin{cases} k_2 d_2 - k_1 d_1 + m_1 g = 0 \\ m_2 g - k_2 d_2 = 0 \end{cases} \tag{6-35}$$

运动状态下：
$$\begin{cases} k_2(y_2 - y_1 + d_2) - k_1(y_1 + d_1) + m_1 g = m_1 y_1'' \\ m_2 g - k_2(y_2 - y_1 + d_2) = m_2 y_2'' \end{cases} \tag{6-36}$$

由此，双质量系统位移求解问题的数学模型由常微分方程组表示：

$$\begin{cases} y_1'' = -\dfrac{k_1 + k_2}{m_1} y_1 + \dfrac{k_2}{m_1} y_2 \\ y_2'' = \dfrac{k_2}{m_2} y_1 - \dfrac{k_2}{m_2} y_2 \end{cases} \tag{6-37}$$

常微分方程组（6-37）的定解条件为：

$$\begin{cases} y_1(0) = 1, y_2(0) = 1 \\ y_1'(0) = 0, y_2'(0) = 0 \end{cases} \tag{6-38}$$

（3）计算流程：采用两种方法求解常微分方程组定解问题 [式（6-37）、（6-38）]，其一是直接调用龙格—库塔方法内置函数 ode45，其二是调用符号解内置函数 dsolve。求解的计算流程如图 6-44 所示。

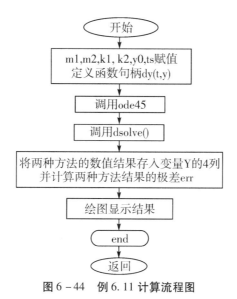

图6-44　例6.11 计算流程图

（4）程序实现：根据计算流程图6-44，编制 Matlab 程序 ex6_11_1. m 如下。

```
%ex6_11_1.m 求解双质量系统的位移
% ode45 求解
m1=2; m2=3; k1=4; k2=6; y0=[1;1;0;0]; ts=0:0.01:10;
dy=@(t,y)[0 0 1 0; 0 0 0 1; -(k1+k2)/m1 k2/m1 0 0; k2/m2 -k2/m2 0 0]*y;
[t,y]=ode45(dy,ts,y0);
% dsolve 求解
[y1,y2]=dsolve('-5*y1+3*y2=D2y1,2*y1-2*y2=D2y2',...
                        'y1(0)=1,Dy1(0)=0,y2(0)=1,Dy2(0)=0');
%plot the results
Y=zeros(length(t),4); Y(:,1:2)=y(:,1:2);
Y(:,3)=double(subs(y1,'t',t));Y(:,4)=double(subs(y2,'t',t));
err=[norm(Y(:,1)-Y(:,3),inf), norm(Y(:,2)-Y(:,4),inf)]
for i=1:2
    subplot(1,2,i); [S,AX]=plotmatrix(t,Y(:,2*(i-1)+[1,2]));
    if i==1
        set(S,'Marker','.','Color','b'); title('ode45求解','fontsize',15)
    else
        set(S,'LineStyle','-','Color','r'); title('dsolve求解','fontsize',15)
        text(AX(1),6,-1,['y_1 err = ' num2str(err(1),'%6.1e')],'fontsize',13)
        text(AX(2),6,-2,['y_2 err = ' num2str(err(2),'%6.1e')],'fontsize',13)
    end
    ylabel(AX(1),'y_1 (m)'); ylabel(AX(2),'y_2 (m)');
    xlabel('t (s)','fontsize',15); set(AX,'fontsize',15)
end
```

在 Matlab 命令行窗口运行 ex6_11_1. m，求得的双质量系统位移 $y_1(t)$、$y_2(t)$ 的数值解如图6-45所示。

（5）结果及分析：从图6-45可以看出，龙格—库塔方法 ode45 和符号解 dsolve 的调用得到的结果一致，两种方法计算得到的质量为 2 kg 和 3 kg 的位移 $y_1(t)$ 和 $y_2(t)$ 的极差分别为 7.7×10^{-4} 和 3.6×10^{-4}。

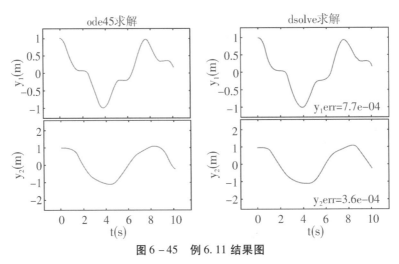

图 6-45 例 6.11 结果图

习 题

1. 已知物理量 x 和 y 的几组测量值（如下表所示），分别采用拉格朗日插值和分段插值计算 $x=1.25$ 处 y 的值。根据合理的插值结果分析，说明哪种插值更合理。

x_i	0	1	2	3	4
y_i	0.0248	1.0832	4.0789	9.0191	16.2246

2. 已知物理量 x 与 y 的几组测量值如下表所示：

x	0	1	2	3	4
y	0.0248	1.0832	4.0789	9.0191	16.2246

（1）根据拟合模型 $y=a+bx^2$，用最小二乘拟合求出拟合系数 a、b 和均方误差，并绘出测量值及其拟合曲线；

（2）根据拟合模型 $y=a+bx+cx^2$，用最小二乘拟合求出拟合系数 a、b、c 和均方误差，并绘出测量值及其拟合曲线；

（3）根据拟合均方误差说明以上两种模型的拟合效果。

3. 分别调用辛普森积分和符号积分内置函数，求定积分 $S=\dfrac{1}{\sqrt{2\pi}}\displaystyle\int_{-3}^{3} x^2 e^{-\frac{x^2}{2}} dx$ 和 $R=\displaystyle\int_{1}^{5}\dfrac{1}{e^{5/x}-1}dx$ 的值，它们是否都有符号积分结果？之后比较两种方法得到的精度为 10^{-8} 的数值结果。

4. 求函数 $F=x^2 e^x$ 在 $x=1.0$ 处的一阶、二阶导数值。

5. 分别采用矩阵除法、雅可比迭代法、高斯—塞德尔迭代法以及符号解法，求解下列线性方程组，并对计算时间、计算结果进行比较。

（1）方程组：$\begin{cases} 8x_1 - 3x_2 + 2x_3 = 20 \\ 4x_1 + 11x_2 - x_3 = 33 \\ 2x_1 + x_2 + 4x_3 = 12 \end{cases}$

（2）方程组：$\begin{pmatrix} 10 & -1 & 2 & 0 \\ -1 & 11 & -1 & 3 \\ 2 & -1 & 10 & -1 \\ 0 & 3 & -1 & 8 \end{pmatrix} \begin{pmatrix} x_1 \\ x_2 \\ x_3 \\ x_4 \end{pmatrix} = \begin{pmatrix} 6 \\ 25 \\ -11 \\ 15 \end{pmatrix}$

6. 利用矩阵除法求解下列线性方程组。设方程个数 $n = 1000$，对系数矩阵分别取稀疏矩阵和满系数矩阵时，比较矩阵除法求解所需时间以及两组解的极差。

$$\begin{pmatrix} 1 & 1 & & & \\ 1 & 2 & \ddots & & \\ & \ddots & \ddots & 1 & \\ & & 1 & n \end{pmatrix}_{n \times n} \begin{pmatrix} x_1 \\ x_2 \\ \vdots \\ x_n \end{pmatrix} = \begin{pmatrix} 1 \\ 1 \\ \vdots \\ 1 \end{pmatrix}$$

7. 分别采用数值解法（二分法、不动点迭代法、牛顿迭代法）和 Matlab 内置函数 solve、fsolve 的调用，求解下列非线性方程（组），并对不同方法的计算时间、计算结果进行比较。

（1）方程：$t^3 + t^2 - 3t - 3 = 0$

（2）方程组：$\begin{cases} 2x_1 - x_2 - e^{-x_1} = 0 \\ -x_1 + 2x_2 - e^{-x_2} = 0 \end{cases}$

8. 常微分方程初值问题：$\begin{cases} y' = x + y \\ y(0) = 1 \end{cases}$，取步长 $h = 0.001$，求从 $x = 0.001$ 到 0.006 各节点上函数 y 的值。

9. 采用四阶龙格—库塔方法求解常微分方程初值问题 $\begin{cases} y' = \dfrac{y^2 - 2x}{y^2 + x} \\ y(0) = 1 \end{cases}$，取步长 $h = 0.1$，求从 $x = 0.1$ 到 1.0 各节点上函数 y 的值。

10. 采用四阶龙格—库塔方法求解常微分方程组 $\begin{cases} y_1' = y_2, y_1(0) = 1 \\ y_2' = xy_2 + y_1, y_2(0) = 1 \end{cases}$，取步长 $h = 0.1$，求从 $x = 0.1$ 到 1.0 各节点上函数 y 的值。

11. 调用内置函数 dsolve 求解常微分方程组 $\begin{cases} y'' + xy' - xy = 2x \\ y(0) = 1, y(1) = 0 \end{cases}$，取步长 $h = 0.1$，求从 $x = 0.1$ 到 0.9 各节点上函数 y 的值。

参考文献

［1］王沫然. MATLAB 与科学计算［M］. 3 版. 北京：电子工业出版社，2012.

［2］Mathworks 公司网上服务和资源［EB/OL］. http://www.mathworks.com.

［3］孙霞，吴自勤，黄畇. 分形原理及其应用［M］. 合肥：中国科学技术大学出版社，2003.

［4］乔达诺，纳卡尼什. 计算物理（英文版）［M］. 2 版. 北京：清华大学出版社，2007.

［5］PANG T. An introduction to computational physics［M］. Cambridge: Cambridge University Press, 2010.

［6］李华，郑嵅浩. 数值计算方法及其程序实现［M］. 2 版. 广州：暨南大学出版社，2022.